360 Problems for Mathematical Contests

360个数学竞赛问题

● [罗] 提图·安德烈斯库　[罗] 多林·安德里卡 著
● 郑元禄 译

黑版贸审字　08－2014－047 号

内容简介

全书共分为 6 章，分别为：代数学、数论、几何学、三角学、数学分析、综合性问题，详细地介绍了 360 个数学竞赛试题. 另外，其他方面的数学内容也能在本书中找到，如组合问题、复数、不等式问题等.

本书适合大、中学师生及数学爱好者研读.

图书在版编目(CIP)数据

360 个数学竞赛问题/(罗)提图·安德烈斯库，(罗)多林·安德里卡著；郑元禄译. —哈尔滨：哈尔滨工业大学出版社，2016.8

书名原文：360 problems for mathematical contests

ISBN 978－7－5603－6134－5

Ⅰ.①3…　Ⅱ.①提…　②多…　③郑…　Ⅲ.①数学－竞赛题 Ⅳ.①O1－44

中国版本图书馆 CIP 数据核字(2016)第 167195 号

策划编辑　刘培杰　张永芹
责任编辑　张永芹　张　佳
封面设计　孙茵艾
出版发行　哈尔滨工业大学出版社
社　　址　哈尔滨市南岗区复华四道街 10 号　邮编 150006
传　　真　0451－86414749
网　　址　http://hitpress. hit. edu. cn
印　　刷　哈尔滨市工大节能印刷厂
开　　本　787mm×1092mm　1/16　印张 19　字数 341 千字
版　　次　2016 年 8 月第 1 版　2016 年 8 月第 1 次印刷
书　　号　ISBN 978－7－5603－6134－5
定　　价　58.00 元

(如因印装质量问题影响阅读，我社负责调换)

序

我非常高兴地向罗马尼亚国内外所有读者推荐 T. Andreescu 与 D. Andrica 教授的这本书. 本书是这两位作者 —— 奥林匹克与其他数学竞赛数学问题的著名创建者 —— 的出色工作的成果. 他们在许多数学刊物上发表了无数的新颖问题.

本书由 6 章组成:代数学,数论,几何学,三角学,数学分析与综合性问题. 另外,其他方面的数学内容也可以在本书中找到它们的位置,例如组合问题可以在最后一章中找到,复数包含在三角学部分中. 并且,在本书的所有各章中,认真的读者可以找到许多有趣的不等式问题,随着困难程度的增加,所有颇具特点的问题都是有趣的,其中一些问题是真正的佳作,它们将带给试图解决或推广它们的数学爱好者以巨大的满足感.

由于两位作者都曾是罗马尼亚全国数学奥林匹克、巴尔干数学竞赛与国际数学奥林匹克(IMO) 的评奖成员,在他们的带领和支持下,罗马尼亚竞赛参加者在这些竞赛中获得了优异的成绩. 他们在准备数学夏令营与冬令营的讲义及编写原创性问题用于选拔真正有数学才能的学生的考试中,都做了大量的工作. 为了支持这样的要求,即被选出的罗马尼亚学生代表国家真正能够获得崇高荣誉的人,我们指出只有两位罗马尼亚血统的数学家,即前国际数学奥林匹克金质奖章获得者,新近被邀请参加了世界数学家大会的 D. Voiculescu(祖利奇,1994) 与 D. Tataru(柏林,2002). 罗马尼亚数学界一致公认这是 T. Andreescu 与 D. Andrica 教授的杰出功绩. T. Andreescu 当时是在 Timi Soara 的 Loga 学院的教授,在参加国际数学奥林匹克的代表队中有他的学生,他被任命为国家代表队副队长. 现在,T. Andreescu 的潜力,如同不同领域的其他罗马尼亚人一样,被美国完全了解,他领导了参加国际数学奥林匹克的美国代表队,配合参赛选手的培训与选拔,并且作为多个国家与地区的数学竞赛评奖人参加服务.

我再次强烈地表达我的意见,本书中颇具特色的360个数学问题将向所有学生显示出数学之美,并将是他们的老师们的指导书.

布加勒斯特大学数学与计算机科学系教授,
罗马尼亚科学院通讯院士 I. Tomescu

作者前言

这本书是打算帮助那些为所有各种层次的数学奥林匹克或所有其他重大数学竞赛做准备的学生们.教师们也将找到对培训有才能的学生们有用的练习题.

作为竞赛的参加者,我们的经验是编写本书的主要内容.为此,我们作为数学问题的创建者与许多竞赛委员会成员,为克服各方面的"障碍物",补充了大量的个人经验.

所有颇具特色的数学问题应该是新颖的.它们是最近30年来与遍及全世界很多初等数学杂志合作的产物.其中许多问题在这些年中被利用于竞赛中,从最初一系列较低水平的竞赛到具有国际水平的竞赛.一些数学问题可能是众所周知的了,但这不是主要的,重要的事情是读者们在一定程度上受到了训练,将在本书中找到这样的问题,它们将产生一些新的数学问题,并将指导学生们研究主要数学概念的方法及各种解题的方法、技巧与策略.

数学问题被分成各章,虽然这种分法不是固定的,因为一些问题要求各自数学领域的背景.

除了传统的范围:代数学、几何学、三角学与分析学以外,我们还对数论提供了整整一章篇幅,因为许多竞赛问题要求这方面的知识.

最后一章综合性问题也是打算帮助正要参加数学竞赛,并渴望获得解题技巧的学生们.学生们与教师可以在这里找到的想法与问题,可能是数学界有趣的论题.

鉴于本书中所包含的数学问题的困难程度,所以我们认为,对所有解答给出很清晰与完整的说明是合适的.在许多情形中提供了其他的解法.

作为给所有读者的一个忠告,我们建议他们在阅读本书的解答之前,要努力地找出自己的解题方法.许多问题可以用多种方法解答,并有相关的有趣推广.

本书与2002年罗马尼亚版本有很大不同.它的特点是比所有已经出版的数学问题更新颖,解法更完善.

我们要感谢以各种方式影响了本书最后版本的每一个人.

我们将很乐意接受读者们的意见.

作者们

目　录 | Contents

第1章 代 数 学

1 令 C 是 n 个字符的集合 $\{C_1,C_2,\cdots,C_n\}$. 我们称一个单词指是一行中至多 m 个字符, $m\leqslant n$, 它不以 C_1 开始也不以 C_1 结束.

问:由集合 C 的字符可以构成多少个单词?

解 令 N_k 是恰有集合 C 中 k 个字符的单词的个数, $1\leqslant k\leqslant m$. 显然

$$N_1 = n - 1$$

我们要寻找的个数是

$$N_1 + N_2 + \cdots + N_m$$

令 $A_k = \{1,2,\cdots,k\}$, $1\leqslant k\leqslant m$. 我们需要求出具有以下性质的函数

$$f:A_k \to A, k = \overline{2,n}$$

的个数

$$f(1) \neq a, f(k) \neq a_i$$

对于 $f(1)$ 与 $f(k)$, 有以 $C_2,\cdots,C_n$ 中选出字符的 $n-1$ 种可能性;对于 $f(i)$, $1\leqslant i\leqslant k$, 有 n 种这样的可能性. 因此, 行 $f(1)f(2)\cdots f(k-1)f(k)$ 的个数是

$$N_k = (n-1)^2 n^{k-2}, k \geqslant 2$$

由此得出

$$\begin{aligned} N_1 + N_2 + \cdots + N_m &= (n-1) + (n-1)^2 n^0 + \\ &\quad (n-1)^2 n^1 + \cdots + (n-1)^2 n^{m-2} \\ &= n^m - n^{m-1} \end{aligned}$$

(D. Andrica)①

2 把数 $1,2,\cdots,5n$ 分成两个不相交集合.

求证:这些集合至少包含 n 个数对 (x,y), $x > y$, 使数 $x-y$ 也是包含这对数的集合的元素.

---

① 本书作者之一,也是本题作者.

证 为了否定起见,设有两个集合 A 与 B,使

$$A \cup B = \{1,2,\cdots,5n\}, A \cap B = \varnothing$$

这些集合一起包含少于 n 对数 (x,y),$x > y$,具有所要求性质.

令 k 是已知数,$k = \overline{1,n}$. 如果 k 与 $2k$ 在相同集合 $-A$ 或 $-B$ 中,那么关于差 $2k-k=k$ 也可以这样说. 同一论证对 $4k$ 与 $2k$ 也适用. 考虑 k 与 $4k$ 是集合 A 中的元素,$2k$ 是集合 B 中的元素的情形. 如果 $3k$ 是 A 的元素,那么 $4k-3k=k\in A$,于是令 $3k\in B$. 现在如果 $5k\in A$,那么 $5k-4k=k\in A$;如果 $5k\in B$,那么 $5k-3k=2k\in B$. 于是在数 $k,2k,3k,4k,5k$ 中,至少有一对数具有所要求的性质. 因为 $k=1,2,\cdots,n$,所以由此得出,至少有 n 对数具有所要求的性质.

(D. Andrica, Revista Matematică Timi Sqara(RMT)(数学杂志)①, NO. 2(1978), pp. 75, 问题 3696)

3 令 $a_1,a_2,\cdots,a_n$ 是区间 $[a,b]$ 中的不同数,令 σ 是 $\{1,2,\cdots,n\}$ 的一个置换.

定义函数 $f:[a,b]\to[a,b]$ 如下

$$f(x)=\begin{cases}a_{\sigma}(i),\text{当 } x=a_i, i=\overline{1,n} \text{ 时}\\ x,\text{在其他情形时}\end{cases}$$

求证:有这样的正整数 h,使

$$f^{[h]}(x)=x$$

其中

$$f^{[h]}=\underbrace{f\circ f\circ\cdots\circ f}_{h\text{次}}$$

证法一 注意

$$f^{[k+1]}=f\circ f^{[k]}, k\geqslant 1 \quad ①$$

而且对于所有整数 $m_1,m_2\geqslant 1$,有

$$f^{[m_1+m_2]}=f^{[m_1]}\circ f^{[m_2]} \quad ②$$

对所有整数 $k\geqslant 1$,设我们有

$$f^{[k]}(x)\neq x$$

因为有 $n!$ 个置换,所以由此得出,对于 $k>n!$,有不同的正整数 $n_1>n_2$,使

$$f^{[n_1]}(x)=f^{[n_2]}(x) \quad ③$$

令 $h=n_1-n_2>0$,并注意到,对于所有的 k,函数 $f^{[k]}$ 是单射的,因为数 a_i,$i=\overline{1,n}$ 是不同的. 由关系式③,我们推导出

$$f^{[n_2+h]}(x)=f^{[n_2]}(x), x\in[a,b]$$

① 以后简称为"RMT 数学杂志".

或

$$(f\circ f^{[n_2+h-1]})(x)=(f\circ f^{[n_2-1]})(x),x\in[a,b]$$

因为f是单射的,所以我们得出

$$f^{[n_2+h-1]}(x)=f^{[n_2-1]}(x),x\in[a,b]$$

用相同方法得出

$$f^{[h+1]}(x)=f(x),x\in[a,b]$$

或

$$f^{[h]}(x)=x,x\in[a,b]$$

证法二 令S_n是n阶对称群,H_n是σ产生的循环子群. 显然,H_n是有限群,从而有一整数h,使$\sigma^{[h]}$是恒等置换.

注意

$$f^{[k]}(x)=\begin{cases}a_\sigma^{[k]}(i),\text{当} x=a_i,i=\overline{1,n}\text{时}\\ x,\text{在其他情形时}\end{cases}$$

于是

$$f^{[h]}(x)=x$$

解答完成.

(D. Andrica,RMT 数学杂志,NO. 2(1978),pp. 53,问题 3540)

4 求证:如果x,y,z是不为0的实数,且$x+y+z=0$,那么

$$\frac{x^2+y^2}{x+y}+\frac{y^2+z^2}{y+z}+\frac{z^2+x^2}{z+x}=\frac{x^3}{yz}+\frac{y^3}{zx}+\frac{z^3}{xy}$$

证 因为$x+y+z=0$,所以我们得出

$$x+y=-z,y+z=-x,z+x=-y$$

或者用平方且重排,得出

$$x^2+y^2=z^2-2xy,y^2+z^2=x^2-2yz,z^2+x^2=y^2-2zx$$

则所求的等式等价于

$$\frac{z^2-2xy}{-z}+\frac{x^2-2yz}{-x}+\frac{y^2-2zx}{-y}=\frac{x^3}{yz}+\frac{y^3}{zx}+\frac{z^3}{xy}$$

因此等价于

$$-(x+y+z)+2\left(\frac{xy}{z}+\frac{yz}{x}+\frac{zx}{y}\right)=\frac{x^3}{yz}+\frac{y^3}{zx}+\frac{z^3}{xy}$$

最后的等式等价于

$$2(x^2y^2+y^2z^2+z^2x^2)=x^4+y^4+z^4$$

另一方面,我们从$x+y+z=0$,得出

$$(x+y+z)^2=0$$

或

$$x^2+y^2+z^2=-2(xy+yz+zx)$$

平方给出

$$x^4+y^4+z^4+2(x^2y^2+y^2z^2+z^2x^2)$$
$$=4(x^2y^2+y^2z^2+z^2x^2)+8xyz(x+y+z)$$

整理,得

$$x^4+y^4+z^4=2(x^2y^2+y^2z^2+z^2x^2)$$

这正是所要求的结果.

(T. Andreescu①,RMT 数学杂志,NO. 3(1971),pp. 25,问题483;Gazeta Matematică(GM - B)(数学杂志)②,NO. 12(1977),pp. 501,问题6090)

5 令 a,b,c,d 是复数,且 $a+b+c+d=0$.

求证

$$a^3+b^3+c^3+d^3=3(abc+bcd+cda+dab)$$

证 我们设数 a,b,c,d 不为0. 考虑含根 a,b,c,d 的方程

$$x^4-(\sum a)x^3+(\sum ab)x^2-(\sum abc)x+abcd=0$$

用 a,b,c 代替 x,由 $a,b,c,d\neq 0$ 化简,在求和后,我们得出

$$\sum a^3-(\sum a)(\sum a^2)+(\sum ab)(\sum a)-3\sum abc=0$$

因为 $\sum a=0$,所以由此得出

$$\sum a^3=3\sum abc$$

如果这些数中之一,例如 $a=0$,那么

$$b+c+d=0$$

即

$$b+c=-d$$

剩下只要证明 $b^3+c^3+d^3=3bcd$. 现在

$$b^3+c^3+d^3=b^3+c^3-(b+c)^3=-3bc(b+c)=3bcd$$

这正是所需要的结果.

(D. Andrica,RMT 数学杂志,NO.1 - 2(1979),pp. 47,问题3803)

6 令 a,b,c 是不为0的实数,使

$$a+b+c=0$$

且

$$a^3+b^3+c^3=a^5+b^5+c^5$$

求证

$$a^2+b^2+c^2=\frac{6}{5}$$

---

① 本书作者之一,也是本题作者.

② 以后简称为"GM - B"数学杂志.

证 因为 $a+b+c=0$,所以我们得出已知的关系式变为

$$3abc=5abc(a^2+b^2+c^2+ab+bc+ca)$$

即

$$a^2+b^2+c^2+ab+bc+ca=\frac{3}{5}$$

因为 a,b,c 是非零数,由此得出

$$\frac{1}{2}[(a+b+c)^2+a^2+b^2+c^2]=\frac{3}{5}$$

再利用关系式 $a+b+c=0$,我们得出

$$a^2+b^2+c^2=\frac{6}{5}$$

这正是所要求的结果.

(T. Andreescu,RMT 数学杂志,NO. 2(1977),pp. 59,问题 3016)

7 令 a,b,c,d 是整数.

求证:$a+b+c+d$ 整除 $2(a^4+b^4+c^4+d^4)-(a^2+b^2+c^2+d^2)^2+8abcd$.

证 考虑含根 a,b,c 的方程

$$x^4-(\sum a)x^3+(\sum ab)x^2-(\sum abc)x+abcd=0$$

分别用 a,b,c 代替 x,在求和后,我们得出

$$\sum a^4+(\sum ab)\sum a^2+4abcd$$

可被 $\sum a$ 整除. 考虑到

$$\sum ab=\frac{(\sum a)^2-\sum a^2}{2}$$

我们推出

$$2\sum a^4+[(\sum a)^2-\sum a^2]\sum a^2+8abcd$$

可被 $\sum a$ 整除. 因此

$$2(a^4+b^4+c^4+d^4)-(a^2+b^2+c^2+d^2)^2+8abcd$$

可被 $a+b+c+d$ 整除,这正是所要求的结果.

(D. Andrica)

8 在复数中解方程

$$(x+1)(x+2)(x+3)^2(x+4)(x+5)=360$$

解 这个方程等价于

$$(x^2+6x+5)(x^2+6x+8)(x^2+6x+9)=360$$

令 $x^2+6x=y$,给出

$$(y+5)(y+8)(y+9)=360$$

即

$$y^3+22y^2+157y=0$$

它有解

$$y_1=0, y_2=-11+6i, y_3=-11-6i$$

回到代换,我们得出第1个方程 $x^2+6x=0$ 有解

$$x_1=0, x_2=-6$$

方程 $x^2+6x=-11+6i$ 等价于

$$(x+3)^2=-2+6i$$

令 $x+3=u+iv, u,v\in\mathbf{R}$,我们得出方程组

$$\begin{cases}u^2-v^2=-2\\2uv=6\end{cases}$$

由此得出

$$(u^2+v^2)^2=(u^2-v^2)^2+(2uv)^2=4+36=40$$

因此

$$\begin{cases}u^2-v^2=-2\\u^2+v^2=2\sqrt{10}\end{cases}$$

即

$$u^2=\sqrt{10}-1, v^2=\sqrt{10}+1$$

这给出解

$$x_{3,4}=-3\pm\sqrt{\sqrt{10}-1}\pm i\sqrt{\sqrt{10}+1}$$

其中有对应的符号"+"与"-".

方程 $x^2+6x=-11-6i$ 可以用类似的方法解答,它有解

$$x_5=-3+\sqrt{\sqrt{10}-1}-i\sqrt{\sqrt{10}+1}$$

$$x_6=-3-\sqrt{\sqrt{10}-1}+i\sqrt{\sqrt{10}+1}$$

(T. Andreescu,RMT 数学杂志,NO.3(1972),pp.26,问题1255)

9 在实数中解方程

$$\sqrt{x}+\sqrt{y}+2\sqrt{z-2}+\sqrt{u}+\sqrt{v}=x+y+z+u+v$$

解 这个方程等价于

$$x-\sqrt{x}+y-\sqrt{y}+z-2\sqrt{z-2}+u-\sqrt{u}+v-\sqrt{v}=0$$

或

$$\left(\sqrt{x}-\frac{1}{2}\right)^2+\left(\sqrt{y}-\frac{1}{2}\right)^2+(\sqrt{z-2}-1)^2+\left(\sqrt{u}-\frac{1}{2}\right)^2+$$
$$\left(\sqrt{v}-\frac{1}{2}\right)^2=0$$

因为 x,y,z,u,v 是实数,所以由此得出

$$\sqrt{x}=\sqrt{y}=\sqrt{u}=\sqrt{v}=\frac{1}{2}$$

与

$$\sqrt{z-2}=1$$

因此

$$x=y=u=v=\frac{1}{4},z=3$$

(T. Andreescu,RMT 数学杂志,NO. 2(1974),pp. 47,问题2002;GM - B 数学杂志,NO. 10(1974),pp. 500,问题14536)

10 求方程

$$(x+y)^2=(x+1)(y-1)$$

的实数解.

解 令

$$X=x+1,Y=y-1$$

给出

$$(X+Y)^2=XY$$

即

$$\frac{1}{2}[X^2+Y^2+(X+Y)^2]=0$$

因此

$$X=Y=0$$

从而解是

$$x=-1,y=1$$

(T. Andreescu,RMT 数学杂志,NO. 1(1977),pp. 40,问题2811)

11 解方程

$$\sqrt{x+\sqrt{4x+\sqrt{16x+\sqrt{\cdots+\sqrt{4^nx+3}}}}}-\sqrt{x}=1$$

解 这个方程等价于

$$\sqrt{x+\sqrt{4x+\sqrt{16x+\sqrt{\cdots+\sqrt{4^nx+3}}}}}=\sqrt{x}+1$$

把这个方程平方,给出

$$\sqrt{4x+\sqrt{16x+\sqrt{\cdots+\sqrt{4^nx+3}}}}=2\sqrt{x}+1$$

再次平方,蕴含

$$\sqrt{16x+\sqrt{\cdots+\sqrt{4^n x+3}}}=4\sqrt{x}+1$$

继续这个过程,给出

$$4^n x+3=4^n x+2\cdot 2^n\sqrt{x}+1$$

即

$$2\cdot 2^n\sqrt{x}=2$$

因此

$$x=\frac{1}{4^n}$$

(T. Andreescu,RMT 数学杂志,NO.4 – 5(1972),pp.43,问题 1385)

12 解方程

$$\sqrt{x+a}+\sqrt{x+b}+\sqrt{x+c}=\sqrt{x+a+b-c}$$

其中 a,b,c 是实参数.用这些参数的值讨论这个方程.

解 我们区分两种情形:

(1)$b=c$.方程变为

$$\sqrt{x+a}+2\sqrt{x+b}=\sqrt{x+a}$$

于是

$$x=-b$$

(2)$b\neq c$.方程等价于

$$\sqrt{x+b}+\sqrt{x+c}=\sqrt{x+a+b-c}-\sqrt{x+a} \qquad ①$$

或

$$\frac{b-c}{\sqrt{x+b}-\sqrt{x+c}}=\frac{b-c}{\sqrt{x+a+b-c}+\sqrt{x+a}}$$

于是

$$\sqrt{x+b}-\sqrt{x+c}=\sqrt{x+a+b-c}+\sqrt{x+a} \qquad ②$$

把关系式 ① 与 ② 相加,我们得出

$$\sqrt{x+b}=\sqrt{x+a+b-c}$$

从而

$$a=c$$

最后我们求出:

(i) 如果 $b=c$,那么方程有解 $x=-b$;

(ii) 如果 $b\neq c$ 且 $a\neq c$,那么没有解;

(iii) 如果 $b\neq c$ 且 $a=c$,那么 $x=-a$ 是唯一解.

(T. Andreescu,RMT 数学杂志,NO.2(1978),pp.26,问题 3017)

13 令 a 与 b 是不同的正实数. 求方程组

$$\begin{cases}x^4-y^4=ax-by\\ x^2-y^2=\sqrt[3]{a^2-b^2}\end{cases}$$

的所有正实数解 (x,y).

解 因为 a 与 b 是不同的数,所以 x 与 y 也是不同的数. 第2个方程可以写作

$$a^2-b^2=(x^2-y^2)^3$$

用 a 与 b 解方程组,我们有

$$a^2b^2=b^2y^2+2by(x^4-y^4)+(x^4-y^4)^2$$
$$a^2x^2=b^2x^2+x^2(x^2-y^2)^3$$

从第2个方程减去第1个方程,给出

$$b^2(x^2-y^2)-2by(x^2-y^2)(x^2+y^2)+x^2(x^2-y^2)^3-(x^2-y^2)^2(x^2+y^2)^2=0$$

它化为

$$b^2-2by(x^2+y^2)-y^2(x^2-y^2)(3x^2+y^2)=0$$

关于 b 解这个二次方程,给出

$$b=y^3+3x^2y\quad(\text{与 } a=x^3+3xy^2)$$

或

$$b=y^3-x^2y\quad(\text{与 } a=x^3-xy^2)$$

第2种情形是不可能的,因为 $a=x(x^2-y^2)$ 与 $b=y(y^2-x^2)$ 二者不能是正数. 由此得出

$$a=x^3+3xy^2$$

与

$$b=3x^2y+y^3$$

因此

$$a+b=(x+y)^3$$

与

$$a-b=(x-y)^3$$

现在方程组变为

$$\begin{cases}x+y=\sqrt[3]{a+b}\\ x-y=\sqrt[3]{a-b}\end{cases}$$

它的唯一解是

$$\begin{cases}x=\dfrac{\sqrt[3]{a+b}+\sqrt[3]{a-b}}{2}\\ y=\dfrac{\sqrt[3]{a+b}-\sqrt[3]{a-b}}{2}\end{cases}$$

(T. Andreescu,朝鲜数学竞赛,2001)

14 解方程

$$\left[\frac{25x-2}{4}\right]=\frac{13x+4}{3}$$

其中$[a]$表示实数a的整数部分.

解 令$\frac{13x+4}{3}=y, y\in\mathbf{Z}$. 由此得出

$$x=\frac{3y-4}{13}$$

方程等价于

$$\left[\frac{\frac{25}{13}(3y-4)-2}{4}\right]=y$$

即

$$\left[\frac{75y-126}{52}\right]=y$$

对任何实数a,利用$[a]\leqslant a<[a]+1$,我们得出

$$y\leqslant\frac{75y-126}{52}<y+1$$

即

$$126\leqslant 23y<178$$

于是

$$\frac{126}{23}\leqslant y<\frac{178}{23}$$

注意$y\in\mathbf{Z}$,于是

$$y=6 \text{ 或 } y=7$$

因此

$$x_1=\frac{14}{13}, x_2=\frac{17}{13}$$

是所求的解.

(T. Andreescu,RMT 数学杂志,NO. 3(1972),pp. 25,问题 1552)

15 求证:如果$a\geqslant\frac{1+\sqrt{5}}{2}$,那么

$$\left[\frac{1+\left[\frac{1+na^2}{a}\right]}{a}\right]=n, n=0,1,2,\cdots$$

证 我们从$a\geqslant\frac{1+\sqrt{5}}{2}$得出

$$a^2 - a - 1 \geqslant 0$$

即

$$a \geqslant \frac{1}{a} + 1$$

我们有

$$\left[\frac{1 + na^2}{a}\right] = \frac{1}{a} + na - \alpha, 0 \leqslant \alpha < 1$$

因此

$$\left[\frac{1 + \left[\frac{1 + na^2}{a}\right]}{a}\right]$$

$$= \left[\frac{1 + \frac{1}{a} + na - \alpha}{a}\right]$$

$$= \left[\left(1 + \frac{1}{a} - \alpha\right)\frac{1}{a} + n\right] = n, n \geqslant 0$$

这是因为

$$1 + \frac{1}{a} - \alpha \leqslant (a - \alpha)\frac{1}{a} = 1 - \frac{\alpha}{a} < 1$$

与

$$\left(1 + \frac{1}{a} - \alpha\right)\frac{1}{a} > \frac{1}{a^2} > 0$$

(T. Andreescu,RMT 数学杂志,NO.2(1978),pp.45,问题3479)

16 求证:如果 x, y, z 是实数,使 $x^3 + y^3 + z^3 \neq 0$,那么当且仅当 $x + y + z = 0$ 时,比

$$\frac{2xyz - (x + y + z)}{x^3 + y^3 + z^3}$$

等于$\frac{2}{3}$.

证 首先,我们考虑 $x + y + z = 0$ 的情形. 于是

$$x^3 + y^3 + z^3 = 3xyz$$

比等于$\frac{2}{3}$,这正是所要求的结果.

反之,如果

$$\frac{2xyz - (x + y + z)}{x^3 + y^3 + z^3} = \frac{2}{3}$$

那么

$$6xyz - 3(x + y + z) = 2(x^3 + y^3 + z^3)$$

于是

$$2(x^3+y^3+z^3-3xyz)+3(x+y+z)=0$$

利用公式

$$x^3+y^3+z^3-3xyz=(x+y+z)(x^2+y^2+z^2-xy-yz-zx)$$

我们用分解因式得出

$$(x+y+z)[2(x^2+y^2+z^2-xy-yz-zx)+3]=0$$

从而

$$(x+y+z)[(x-y)^2+(y-z)^2+(z-x)^2+3]=0$$

因为第2个因式是正的,所以由此得出 $x+y+z=0$,这正是所要求的结果.

(T. Andreescu,RMT 数学杂志,NO. 1(1973),pp. 30,问题 1513)

17 在实数中解方程

$$\sqrt{x_1-1}+2\sqrt{x_2-4}+\cdots+n\sqrt{x_n-n^2}=\frac{1}{2}(x_1+x_2+\cdots+x_n)$$

解 我们把方程写成

$$x_1-2\sqrt{x_1-1}+x_2-2\cdot 2\sqrt{x_2-2^2}+\cdots+x_n-2n\sqrt{x_n-n^2}=0$$

或

$$(\sqrt{x_1-1}-1)^2+(\sqrt{x_2-2^2}-2)^2+\cdots+(\sqrt{x_n-n^2}-n)^2=0$$

因为数 $x_i,i=\overline{1,n}$ 是实数,所以由此得出

$$x_1=2,x_2=2\cdot 2^2,\cdots,x_n=2n^2$$

(T. Andreescu,RMT 数学杂志,NO. 1(1977),pp. 14,问题 2243)

18 求方程组

$$\begin{cases}\dfrac{1}{x}+\dfrac{1}{y}=9\\ \left(\dfrac{1}{\sqrt[3]{x}}+\dfrac{1}{\sqrt[3]{y}}\right)\left(1+\dfrac{1}{\sqrt[3]{x}}\right)\left(1+\dfrac{1}{\sqrt[3]{y}}\right)=18\end{cases}$$

的实数解.

解 利用恒等式

$$(a+b+c)^3=a^3+b^3+c^3+3(a+b)(b+c)(c+a)$$

我们得出

$$\left(\frac{1}{\sqrt[3]{x}}+\frac{1}{\sqrt[3]{y}}+1\right)^3=\frac{1}{x}+\frac{1}{y}+1+3\left(\frac{1}{\sqrt[3]{x}}+\frac{1}{\sqrt[3]{y}}\right)\left(1+\frac{1}{\sqrt[3]{x}}\right)\left(1+\frac{1}{\sqrt[3]{y}}\right)$$

$$=9+1+54=64$$

因此

$$\frac{1}{\sqrt[3]{x}}+\frac{1}{\sqrt[3]{y}}+1=4$$

于是

$$\frac{1}{\sqrt[3]{x}}+\frac{1}{\sqrt[3]{y}}=3$$

方程现在化为

$$\begin{cases}\frac{1}{x}+\frac{1}{y}=9\\ \frac{1}{\sqrt[3]{x}}+\frac{1}{\sqrt[3]{y}}=3\end{cases}$$

它是对称方程组,有解

$$x=\frac{1}{8},y=1$$

或

$$x=1,y=\frac{1}{8}$$

(T. Andreescu,RMT数学杂志,NO.4 - 5(1972),pp.43,问题1386)

19 在实数中解方程组

$$\begin{cases}y^2+u^2+v^2+w^2=4x-1\\ x^2+u^2+v^2+w^2=4y-1\\ x^2+y^2+v^2+w^2=4u-1\\ x^2+y^2+u^2+w^2=4v-1\\ x^2+y^2+u^2+v^2=4w-1\end{cases}$$

解 把方程组的各个方程相加,我们得出

$$(4x^2-4x+1)+(4y^2-4y+1)+(4u^2-4u+1)+(4v^2-4v+1)+(4w^2-4w+1)=0$$

由此得出

$$(2x-1)^2+(2y-1)^2+(2u-1)^2+(2v-1)^2+(2w-1)^2=0$$

由于 x,y,u,v,w 是实数,所以我们得出

$$x=y=u=v=w=\frac{1}{2}$$

(D. Andrica,GM - B数学杂志,NO.8(1977),pp.321,问题16782)

20 令 a_1, a_2, a_3, a_4, a_5 是实数,使

$$a_1 + a_2 + a_3 + a_4 + a_5 = 0$$

且

$$\max_{1 \leqslant i \leqslant j \leqslant 5} |a_i - a_j| \leqslant 1$$

求证

$$a_1^2 + a_2^2 + a_3^2 + a_4^2 + a_5^2 \leqslant 10$$

证 从三角不等式我们推出

$$\begin{aligned} |a_i - a_j| &\leqslant |a_i - a_{i+1}| + \cdots + |a_{j-1} - a_j| \\ &\leqslant (j-i) \max_{1 \leqslant i \leqslant j \leqslant 5} |a_i - a_j| \\ &\leqslant j - i, 1 \leqslant i \leqslant j \leqslant 5 \end{aligned}$$

因此

$$\sum_{1 \leqslant i \leqslant j \leqslant 5} (a_i - a_j)^2 \leqslant \sum_{1 \leqslant i \leqslant j \leqslant 5} (i-j)^2$$

$$= (1^2 + 2^2 + 3^2 + 4^2) + (1^2 + 2^2 + 3^2) + (1^2 + 2^2) + 1^2 = 50$$

于是

$$4\sum_{i=1}^{5} a_i^2 - 2\sum_{\substack{i,j=1 \\ i \neq j}}^{5} a_i a_j \leqslant 50$$

从而

$$5\sum_{i=1}^{5} a_i^2 - \left(\sum_{i=1}^{5} a_i\right)^2 \leqslant 50$$

注意 $\sum_{i=1}^{5} a_i = 0$,于是

$$\sum_{i=1}^{5} a_i^2 \leqslant 10$$

这正是所要求的结果.

(T. Andreescu,罗马尼亚数学奥林匹克——1979 年第 2 次;RMT 数学杂志,NO. 1 - 2(1980),pp. 61,问题 4094)

21 令 a, b, c 是正实数.

求证

$$\frac{1}{2a} + \frac{1}{2b} + \frac{1}{2c} \geqslant \frac{1}{a+b} + \frac{1}{b+c} + \frac{1}{c+a}$$

证 由不等式 $(a+b)^2 \geqslant 4ab$,得出

$$\frac{1}{a} + \frac{1}{b} \geqslant \frac{4}{a+b}$$

类似地,有

$$\frac{1}{b}+\frac{1}{c}\geqslant\frac{4}{b+c},\frac{1}{c}+\frac{1}{a}\geqslant\frac{4}{c+a}$$

把这些不等式相加,得出

$$\frac{1}{2a}+\frac{1}{2b}+\frac{1}{2c}\geqslant\frac{1}{a+b}+\frac{1}{b+c}+\frac{1}{c+a}$$

这正是所要求的结果.

(D. Andrica, GM - B 数学杂志, NO. 8(1977), 问题5966)

22 令 a,b,c 是实数,使其中任意两个数之和不等于0.

求证

$$\frac{a^5+b^5+c^5-(a+b+c)^5}{a^3+b^3+c^3-(a+b+c)^3}\geqslant\frac{10}{9}(a+b+c)^2$$

证 利用恒等式

$$a^5+b^5+c^5=(a+b+c)^5-5(a+b)(b+c)(c+a)\cdot(a^2+b^2+c^2+ab+bc+ca)$$

与

$$a^3+b^3+c^3=(a+b+c)^3-3(a+b)(b+c)(c+a)$$

我们得出

$$\frac{a^5+b^5+c^5-(a+b+c)^5}{a^3+b^3+c^3-(a+b+c)^3}=\frac{5}{3}(a^2+b^2+c^2+ab+bc+ca)$$

只要证明

$$\frac{5}{3}(a^2+b^2+c^2+ab+bc+ca)\geqslant\frac{10}{9}(a+b+c)^2$$

或

$$3(a^2+b^2+c^2+ab+bc+ca)\geqslant 2(a^2+b^2+c^2+2ab+2bc+2ca)$$

最后这个不等式等价于

$$a^2+b^2+c^2\geqslant ab+bc+ca$$

这显然成立.

(T. Andreescu, RMT 数学杂志, NO. 1(1981), pp. 49, 问题4295; GM - B 数学杂志, NO. 6(1980), pp. 280, 问题 O - 148; NO. 11(1982), pp. 422, 问题19450)

23 令 a,b,c 是实数,使 $abc=1$.

求证:数

$$2a-\frac{1}{b},2b-\frac{1}{c},2c-\frac{1}{a}$$

中至多有两个大于1.

证 用反证法,设所有的数$2a-\frac{1}{b}$,$2b-\frac{1}{c}$,$2c-\frac{1}{a}$都大于1,则

$$\left(2a-\frac{1}{b}\right)\left(2b-\frac{1}{c}\right)\left(2c-\frac{1}{a}\right)>1 \quad ①$$

与

$$\left(2a-\frac{1}{b}\right)+\left(2b-\frac{1}{c}\right)+\left(2c-\frac{1}{a}\right)>3 \quad ②$$

由关系式 ① 并利用$abc=1$,我们得出

$$3>2(a+b+c)-\left(\frac{1}{a}+\frac{1}{b}+\frac{1}{c}\right) \quad ③$$

另一方面,由关系式 ② 得出

$$2(a+b+c)-\left(\frac{1}{a}+\frac{1}{b}+\frac{1}{c}\right)>3$$

这是一个矛盾.

证明完成.

(T. Andreescu,RMT 数学杂志,NO.2(1986),pp.72,问题5982)

24 令a,b,c,d是实数.

求证

$$\min\{a-b^2,b-c^2,c-d^2,d-a^2\}\leqslant\frac{1}{4}$$

证 用反证法,设所有的数都大于$\frac{1}{4}$,则

$$a-b^2+b-c^2+c-d^2+d-a^2>\frac{1}{4}+\frac{1}{4}+\frac{1}{4}+\frac{1}{4}$$

从而

$$0>\left(\frac{1}{2}-a\right)^2+\left(\frac{1}{2}-b\right)^2+\left(\frac{1}{2}-c\right)^2+\left(\frac{1}{2}-d\right)^2$$

这是一个矛盾,因此结论成立.

(T. Andreescu,RMT 数学杂志,NO.1(1985),pp.59,问题5479)

25 令$a_1,a_2,\cdots,a_n$是区间$(0,1)$内的数,$k\geqslant 2$是整数.

求表达式

$$\sum_{i=1}^{n}\sqrt[k]{a_i(1-a_{i+1})}$$

的最大值,其中

$$a_{n+1}=a_1$$

解 对于$i=\overline{1,n}$,设

$$a_i = \sin^2\alpha_i$$

其中 $\alpha_1,\alpha_2,\cdots,\alpha_n$ 是实数,则表达式变为

$$E = \sum_{i=1}^{n}\sqrt[k]{\sin^2\alpha_i\cos^2\alpha_{i+1}},\alpha_{n+1} = \alpha_1$$

利用算术平均数与几何平均数不等式,得出

$$\frac{1}{k}\sum_{i=1}^{k}b_i^k \geqslant b_1b_2\cdots b_k,b_i > 0,i = \overline{1,k}$$

对于

$$b_1 = \sin\alpha_i,b_2 = \cos\alpha_{i+1},b_3 = b_4 = \cdots = b_k = \frac{1}{\sqrt[k]{2}}$$

我们得出

$$\frac{1}{k}\left(\sin^2\alpha_i + \cos^2\alpha_{i+1} + \frac{k-2}{2}\right) \geqslant \frac{1}{2^{\frac{k-2}{k}}}\sqrt[k]{\sin^2\alpha_i\cos^2\alpha_{i+1}}$$

对于 $k = 1,2,\cdots,n$,把这些关系式相加,给出

$$\frac{1}{k}\left[n + \frac{n(k-2)}{2}\right] \geqslant \frac{1}{2^{\frac{k-2}{k}}}E$$

于是

$$E \leqslant \frac{n\cdot 2^{\frac{k-2}{k}}}{2} = \frac{n\cdot 2^{1-\frac{2}{k}}}{2} = \frac{n}{\sqrt[k]{4}}$$

因此,当且仅当

$$a_1 = a_2 = \cdots = a_n = \frac{1}{2}$$

时,达到 E 的最大值 $\frac{n}{\sqrt[k]{4}}$.

(D. Andrica,RMT 数学杂志,NO. 1(1978),pp. 63,问题 3266)

26 令 m 与 n 是正整数.

求证:对于任何正实数 x,有

$$\frac{x^{mn}-1}{m} \geqslant \frac{x^n-1}{x}$$

证 因为 x 与 m 是正数,所以我们要证明

$$x(x^{mn}-1) - m(x^n-1) \geqslant 0$$

或

$$(x^n-1)[(x^n)^{m-1}x + (x^n)^{m-2}x + \cdots + x - m] \geqslant 0$$

定义

$$E(x) = (x^n)^{m-1}x + (x^n)^{m-2}x + \cdots + x - m$$

注意,如果 $x \geqslant 1$,那么

$$x^n \geqslant 1,E(x) \geqslant 0$$

于是不等式成立. 在 $x<1$ 的其他情形中,我们有

$$x^n<1,E(x)<0$$

不等式也成立,这正是所要求的结果.

(T. Andreescu,RMT 数学杂志,NO. 2(1978),pp. 45,问题 3480)

27 求证:对于所有正整数 m 与 n,有

$$m!\geqslant(n!)^{[\frac{m}{n}]}$$

证 对于 $m\leqslant n$,不等式显然成立,于是考虑 $m>n$,定义

$$p=[\frac{m}{n}]$$

这蕴含

$$m=pn+q$$

其中 $q\in\{0,1,\cdots,n-1\}$,不等式可以写成

$$(pn+q)!\geqslant(n!)^p$$

我们有

$$\begin{aligned}(pn+q)!&\geqslant(pn)!\\&=(1\cdot2\cdot\cdots\cdot n)(n+1)\cdots(2n)\cdot\cdots\cdot\\&\quad[(p-1)n+1]\cdots(pn)\geqslant(n!)^p\end{aligned}$$

证明完成.

(T. Andreescu,RMT 数学杂志,NO. 2(1977),pp. 61,问题 3034)

28 求证:对于任何整数 $n\geqslant2$,有

$$1+\frac{1}{\sqrt[n]{2}}+\frac{1}{\sqrt[n]{3}}+\cdots+\frac{1}{\sqrt[n]{n}}>n\sqrt[n]{\frac{2}{n+1}}$$

证 我们将利用不等式

$$x_1^m+x_2^m+\cdots+x_n^m\geqslant\frac{1}{n^{m-1}}(x_1+x_2+\cdots+x_n)^m$$

它对所有正实数 $x_1,x_2,\cdots,x_n$ 与所有 $m\in(-\infty,0]\cup[1,+\infty)$ 成立.

现在令

$$x_1=1,x_2=2,\cdots,x_n=n,m=-\frac{1}{n}$$

我们得出

$$1+\frac{1}{\sqrt[n]{2}}+\frac{1}{\sqrt[n]{3}}+\cdots+\frac{1}{\sqrt[n]{n}}>\frac{1}{n^{-\frac{1}{n}-1}}\left[\frac{n(n+1)}{2}\right]^{-\frac{1}{n}}=n\sqrt[n]{\frac{2}{n+1}}$$

这正是所要求的结果.

(T. Andreescu,RMT 数学杂志,NO. 2(1974),pp. 52,问题 2035)

29 求证:对于任何正整数 n,有

$$n\left(1-\frac{1}{\sqrt[n]{n}}\right)+1>1+\frac{1}{2}+\frac{1}{3}+\cdots+\frac{1}{n}>n(\sqrt[n]{n+1}-1)$$

证　从算术平均数 - 几何平均数不等式,我们推出

$$\frac{1}{n}\sum_{i=1}^{n}\frac{i+1}{i}\geqslant\sqrt[n]{\prod_{i=1}^{n}\frac{i+1}{i}}=\sqrt[n]{n+1}$$

或

$$1+\frac{1}{n}\sum_{i=1}^{n}\frac{1}{i}\geqslant\sqrt[n]{n+1}$$

于是

$$1+\frac{1}{2}+\frac{1}{3}+\cdots+\frac{1}{n}>n(\sqrt[n]{n+1}-1)$$

这正是所要求的结果.

注意,这个不等式是严格的,因为数$\frac{i+1}{i}$,$i=\overline{1,n}$ 是不同的.

为了证明第1个不等式,我们应用以下形式的算术平均数 - 几何平均数不等式

$$\frac{1+\frac{1}{2}+\frac{2}{3}+\cdots+\frac{n-1}{n}}{n}>\sqrt[n]{\frac{1}{n}}=\frac{1}{\sqrt[n]{n}}$$

因此

$$\frac{1+\left(1-\frac{1}{2}\right)+\left(1-\frac{1}{3}\right)+\cdots+\left(1-\frac{1}{n}\right)}{n}>\frac{1}{\sqrt[n]{n}}$$

即

$$n\left(1-\frac{1}{\sqrt[n]{n}}\right)+1>1+\frac{1}{2}+\cdots+\frac{1}{n}$$

(D. Andrica,RMT 数学杂志,NO. 2(1977),pp. 62,问题 3037)

30 令 $a_1,a_2,\cdots,a_n\in(0,1)$,又令

$$t_n=\frac{na_1a_2\cdots a_n}{a_1+a_2+\cdots+a_n}$$

求证

$$\sum_{i=1}^{n}\log_{a_i}t_n\geqslant(n-1)n$$

证　因为数 $a_1,a_2,\cdots,a_n$ 是正的,所以从算术平均数 - 几何平均数不等式

$$\frac{a_1+a_2+\cdots+a_n}{n} \geqslant \sqrt[n]{a_1a_2\cdots a_n}$$

我们推出

$$t_n \leqslant (a_1a_2\cdots a_n)^{\frac{n-1}{n}}$$

利用数 $a_1<1$,我们得出

$$\log_{a_i} t_n \geqslant \frac{n-1}{n}\log_{a_i}(a_1a_2\cdots a_n)$$

把这些不等式相加,给出

$$\begin{aligned}\sum_{i=1}^{n}\log_{a_i} t_n &\geqslant \frac{n-1}{n}\sum_{i=1}^{n}\log_{a_i}(a_1a_2\cdots a_n)\\ &= \frac{n-1}{n}[n+(\log_{a_1}a_2+\log_{a_2}a_1)+\cdots+\\ &\quad(\log_{a_1}a_n+\log_{a_n}a_1)+\cdots+(\log_{a_n}a_{n-1}+\log_{a_{n-1}}a_n)]\end{aligned}$$

注意,对于所有的 $a>0$,有

$$a+\frac{1}{a} \geqslant 2$$

因此

$$\begin{aligned}\sum_{i=1}^{n}\log_{a_i} t_n &\geqslant \frac{n-1}{n}[n+2(n-1)+2(n-2)+\cdots+2]\\ &=(n-1)n\end{aligned}$$

这正是所要求的结果.

(D. Andrica,RMT数学杂志,NO.2(1977),pp.62,问题3038)

31 求证:在 n 与 $3n$ 之间,对于任何整数 $n \geqslant 10$,至少有一个完全立方数.

证 我们从以下引理开始:

引理 令 $a>b$ 是正整数,使

$$\sqrt[3]{a}-\sqrt[3]{b}>1$$

则在数 a 与 b 之间至少有一个完全立方数.

证 为了否定起见,设在 a 与 b 之间没有一个完全立方数,则有一整数 c,使

$$c^3 \leqslant b < a \leqslant (c+1)^3$$

这表示

$$c \leqslant \sqrt[3]{b} < \sqrt[3]{a} \leqslant c+1$$

于是

$$\sqrt[3]{a}-\sqrt[3]{b} \leqslant 1$$

这不成立.

现在我们可以容易检验,当 $n=10,11,12,13,14,15$ 时,本题的陈

述成立.

如果 $n \geqslant 16$,那么

$$n > (2,5)^3 = \frac{1}{(1,4-1)^3} > \frac{1}{(\sqrt[3]{3}-1)^3}$$

或

$$\sqrt[3]{n} > \frac{1}{\sqrt[3]{3}-1}$$

因此

$$\sqrt[3]{3n} - \sqrt[3]{n} > 1$$

利用上述引理,问题得到解答.

(T. Andreescn,RMT 数学杂志,NO.1 - 2(1990),pp.59; 问题4080)

32 计算和

$$S_n = \sum_{k=1}^{n} (-1)^{\frac{k(k+1)}{2}} k$$

解 注意,当 $k = 4p+1$ 或 $k = 4p+2$ 时,数 $\frac{k(k+1)}{2}$ 是奇数;当 $k = 4p+3$ 或 $k = 4p$ 时,数 $\frac{k(k+1)}{2}$ 是偶数,其中 p 是正整数.

我们有以下四种情形:

(1) 如果 $n = 4m$,那么

$$\begin{aligned} S_n &= \sum_{k=1}^{n} (-1)^{\frac{k(k+1)}{2}} k \\ &= \sum_{p=0}^{m-1} (-4p-1-4p-2+4p+3+4p+4) \\ &= 4m \end{aligned}$$

(2) 如果 $n = 4m+1$,那么

$$S_n = 4m - (4m+1) = -1$$

(3) 如果 $n = 4m+2$,那么

$$S_n = 4m - (4m+1) - (4m+2) = -(4m+3)$$

(4) 如果 $n = 4m+3$,那么

$$S_n = 4m - (4m+1) - (4m+2) + (4m+3) = 0$$

因此

$$S_n = \begin{cases} 4m, 当 n = 4m 时 \\ -1, 当 n = 4m+1 时 \\ -(4m+3), 当 n = 4m+2 时 \\ 0, 当 n = 4m+3 时 \end{cases}$$

(D. Andrica, RMT 数学杂志, NO. 1(1981), pp. 50, 问题 4303)

33 计算和

a) $S_n = \sum_{k=0}^{n} \frac{1}{(k+1)(k+2)}\binom{n}{k}$;

b) $T_n = \sum_{k=0}^{n} \frac{1}{(k+1)(k+2)(k+3)}\binom{n}{k}$;

解 a) 对从 $k=0$ 到 $k=n$ 的恒等式

$$\binom{n+2}{k} = \frac{(n+2)(n+1)}{(n+2-k)(n+1-k)}\binom{n}{k}$$

求和, 得出

$$S_n = \frac{1}{(n+2)(n+1)}\left[\sum_{k=0}^{n+2}\binom{n+2}{k} - \binom{n+2}{n+1} - \binom{n+2}{n+2}\right]$$

$$= \frac{1}{(n+2)(n+1)}\left[2^{n+2} - (n+2) - 1\right]$$

$$= \frac{2^{n+2} - (n+3)}{(n+2)(n+1)}$$

b) 对从 $k=0$ 到 $k=n$ 的恒等式

$$\binom{n+3}{k} = \frac{(n+3)(n+2)(n+1)}{(n+3-k)(n+2-k)(n+1-k)}\binom{n}{k}$$

求和, 得出

$$T_n = \frac{1}{(n+3)(n+2)(n+1)} \cdot$$

$$\sum_{k=0}^{n+3}\binom{n+3}{k} - \binom{n+3}{n+1} - \binom{n+3}{n+2} - \binom{n+3}{n+3}$$

$$= \frac{1}{(n+3)(n+2)(n+1)}\left[2^{n+3} - \frac{1}{2}(n^2+3n+2)\right]$$

$$= \frac{2^{n+4} - (n^2+3n+2)}{2(n+3)(n+2)(n+1)}$$

(D. Andrica, RMT 数学杂志, NO. 2(1975), pp. 43, 问题 2116)

34 求证: 对于任一正整数 n, 数

$$\binom{2n+1}{0}2^{2n} + \binom{2n+1}{2}2^{2n-2} \cdot 3 + \cdots + \binom{2n+1}{2n}3^n$$

是两个相邻完全平方数之和.

证 令 S_n 是本题陈述中的数.

不难看出

$$S_n = \frac{1}{4}[(2+\sqrt{3})^{2n+1} + (2-\sqrt{3})^{2n+1}]$$

所要求的性质说明:存在 $k > 0$,使

$$S_n = (k-1)^2 + k^2$$

或者等价于

$$2k^2 - 2k + 1 - S_n = 0$$

这个方程的判别式是 $\Delta = 4(2S_n - 1)$,在通常的计算后,我们得出

$$\Delta = \left[\frac{(1+\sqrt{3})^{2n+1} + (1-\sqrt{3})^{2n+1}}{2^n}\right]^2$$

解这个方程,我们求出

$$k = \frac{2^{n+1} + (1+\sqrt{3})^{2n+1} + (1-\sqrt{3})^{2n+1}}{2^{n+2}}$$

因此,只要证明 k 是整数即可. 让我们记

$$E_m = (1+\sqrt{3})^m + (1-\sqrt{3})^m$$

其中 m 是正整数. 显然,对于所有的 m,E_m 是整数. 我们将证明 $2^{\left[\frac{m}{2}\right]}$ 整除 E_m,$m = 1,2,3,\cdots$. 此外,数 E_m 满足关系式

$$E_m = 2E_{m-1} + 2E_{m-2}$$

这个性质现在由归纳法推出.

(D. Andrica,罗马尼亚国际数学奥林匹克选拔考试,1999)

35 求和

$$S_n = \binom{n}{1} - 3\binom{n}{3} + 5\binom{n}{5} - 7\binom{n}{7} + \cdots$$

的值.

解　微分恒等式

$$\sin nx = \sin^n x\left[\binom{n}{1}\cot^{n-1}x - \binom{n}{3}\cot^{n-3}x + \binom{n}{5}\cot^{n-5}x - \cdots\right]$$

给出

$$n\cos nx = n\sin^{n-1}x\cos xP(\cot x) - \sin^n x\frac{1}{\sin^2 x}P'(\cot x)$$

其中

$$P(y) = \binom{n}{1}y^{n-1} - \binom{n}{3}y^{n-3} + \binom{n}{5}y^{n-5} - \cdots$$

对于 $x = \frac{\pi}{4}$,我们得出

$$n\cos\frac{n\pi}{4} = \left(\frac{\sqrt{2}}{2}\right)^n (nP(1) - 2P'(1))$$

因为

$$nP(1) = n\binom{n}{1} - n\binom{n}{3} + n\binom{n}{5} - \cdots$$

与

$$-2P'(1) = -2(n-1)\binom{n}{1} + 2(n-3)\binom{n}{3} - 2(n-5)\binom{n}{5} + \cdots$$

我们有

$$nP(1) - 2P'(1) = -\left[(n-2)\binom{n}{1} - (n-6)\binom{n}{3} + (n-10)\binom{n}{5} - \cdots\right]$$

$$= -n\left[\binom{n}{1} - \binom{n}{3} + \binom{n}{5} - \cdots\right] + 2S_n$$

最后,利用

$$\binom{n}{1} - \binom{n}{3} + \binom{n}{5} - \cdots = (\sqrt{2})^n \sin\frac{n\pi}{4}$$

因此

$$S_n = \frac{n(\sqrt{2})^n}{2}\left(\cos\frac{n\pi}{4} + \sin\frac{n\pi}{4}\right)$$

(D. Andrica,RMT 数学杂志,NO. 2(1977),pp. 89,问题 3200)

36 求证:对于所有整数 $n \geq 3$,有

$$1^2\binom{n}{1} + 3^2\binom{n}{3} + 5^2\binom{n}{5} + \cdots = n(n+1)2^{n-3}$$

证 关于 x 的微分恒等式

$$(x+1)^n = \binom{n}{0} + \binom{n}{1}x + \cdots + \binom{n}{n}x^n$$

与

$$(x-1)^n = \binom{n}{n}x^n - \binom{n}{n-1}x^{n-1} + \cdots + (-1)^n\binom{n}{0}$$

给出

$$n(x+1)^{n-1} = \binom{n}{1} + 2\binom{n}{2}x + \cdots + n\binom{n}{n}x^{n-1}$$

与

$$n(x-1)^{n-1} = n\binom{n}{n}x^{n-1} - (n-1)\binom{n}{n-1}x^{n-2} + \cdots + (-1)^{n-1}\binom{n}{1}$$

两边同乘以 x,给出

$$nx(x+1)^{n-1} = \binom{n}{1}x + 2\binom{n}{2}x^2 + \cdots + n\binom{n}{n}x^n$$

与

$$nx(x-1)^{n-1}=n\binom{n}{n}x^n-(n-1)\binom{n}{n-1}x^{n-1}+\cdots+(-1)^{n-1}\binom{n}{1}x$$

再微分,我们得出

$$n(x+1)^{n-1}+n(n-1)x(x+1)^{n-2}$$
$$=\binom{n}{1}+2^2\binom{n}{2}x+\cdots+n^2\binom{n}{n}x^{n-1}$$
$$n(x-1)^{n-1}+n(n-1)x(x-1)^{n-2}$$
$$=n^2\binom{n}{n}x^{n-1}-(n-1)^2\binom{n}{n-1}x^{n-2}+\cdots+(-1)^{n-1}\binom{n}{1}$$

令 $x=1$,给出

$$1^2\binom{n}{1}+2^2\binom{n}{2}+\cdots+n^2\binom{n}{n}=n(n+1)2^{n-2}$$

与

$$1^2\binom{n}{1}-2^2\binom{n}{2}+3^2\binom{n}{3}-\cdots=0$$

把最后两个恒等式相加,给出

$$S_n=1^2\binom{n}{1}+3^2\binom{n}{3}+\cdots=n(n+1)2^{n-3}$$

这正是所要求的结果.

(D. Andrica,RMT 数学杂志,NO.1(1978),pp.90,问题3438)

37 求证:对于所有正整数 n,有

$$\sum_{k=1}^{2^n}[\log_2 k]=(n-2)2^n+n+2$$

证 注意,对于 $2^2\leqslant k<2^{i+1}$,有

$$\sum_{k=1}^{2^n}[\log_2 k]=\sum_{i=0}^{n-1}\sum_{k=2^i}^{2^{i+1}-1}[\log_2 k]+[\log_2 2^n]$$

与

$$[\log_2 k]=i$$

因此

$$\sum_{k=1}^{2^n}[\log_2 k]=\sum_{i=0}^{n-1}i\cdot 2^i+[\log_2 2^n]=(n-2)2^n+n+2$$

这正是所要求的结果.

(D. Andrica,RMT 数学杂志,NO.2(1981),pp.63, 问题4585;GM - B 数学杂志,NO.2 - 3(1982),pp.83,问题19113)

38 令 $x_n = 2^{2^n}+1, n=1,2,3,\cdots$.

求证:对于所有正整数 x,有

$$\frac{1}{x_1}+\frac{2}{x_2}+\frac{2^2}{x_3}+\cdots+\frac{2^{n-1}}{x_n}<\frac{1}{3}$$

证 对所有的正整数 n,令

$$y_n = 2^{2^n}-1$$

则

$$\begin{aligned}\frac{1}{y_n}-\frac{2}{y_{n+1}} &= \frac{1}{2^{2^n}-1}-\frac{2}{2^{2^{n+1}}-1}\\ &= \frac{(2^{2^n})^2-2\cdot 2^{2^n}+1}{(2^{2^n}-1)(2^{2^{n+1}}-1)}\\ &= \frac{(2^{2^n}-1)^2}{(2^{2^n}-1)(2^{2^{n+1}}-1)}\\ &= \frac{2^{2^n}-1}{(2^{2^n})^2-1}\\ &= \frac{1}{2^{2^n}+1}=\frac{1}{x_n}\end{aligned}$$

因此

$$\frac{1}{x_1}=\frac{1}{y_1}-\frac{2}{y_2}$$

$$\frac{2}{x_2}=\frac{2}{y_2}-\frac{2^2}{y_3}$$

$$\vdots$$

$$\frac{2^{n-1}}{x_n}=\frac{2^{n-1}}{y_n}-\frac{2^n}{y_{n+1}}$$

把这些关系式相加,对于所有的正整数 n,给出

$$\frac{1}{x_1}+\frac{2}{x_2}+\frac{2^2}{x_3}+\cdots+\frac{2^{n-1}}{x_n}=\frac{1}{y_1}-\frac{2^n}{y_{n+1}}<\frac{1}{y_1}=\frac{1}{3}$$

这正是所要求的结果.

(D. Andrica,RMT 数学杂志,NO.1 - 2(1980),pp.67,问题4135)

39 令 $f:\mathbf{C}\to\mathbf{C}$ 是一函数,使得对于所有的 $z\in\mathbf{C}$,有

$$f(z)f(\mathrm{i}z)=z^2$$

求证:对于所有的 $z\in\mathbf{C}$,有

$$f(z)+f(-z)=0$$

证 在关系式

$$f(z)f(\mathrm{i}z)=z^2$$

中用 $\mathrm{i}z$ 代替 z,给出

$$f(\mathrm{i}z)f(-z)=-z^2$$

把它们相加,给出

$$f(\mathrm{i}z)[f(z)+f(-z)]=0$$

于是

$$f(\mathrm{i}z)=0$$

或

$$f(z)+f(-z)=0$$

我们从关系式 $f(z)f(\mathrm{i}z)=z^2$ 推出,当且仅当 $z=0$ 时 $f(z)=0$. 因此,如果 $z\neq 0$,那么 $f(\mathrm{i}z)\neq 0$,于是 $f(z)+f(-z)=0$. 并且,如果 $z=0$,那么 $f(z)+f(-z)=2f(0)=0$. 显然对于所有的数 $z\in\mathbf{C}$,有 $f(z)+f(-z)=0$,这正是所要求的结果.

注 满足关系式 $f(z)f(\mathrm{i}z)=z^2$ 的函数 $f:\mathbf{C}\to\mathbf{C}$ 是 $f(z)=\left(-\frac{\sqrt{2}}{2}+\mathrm{i}\frac{\sqrt{2}}{2}\right)z$.

(T. Andreescu,RMT 数学杂志,NO. 2(1976),pp. 56,问题 2583)

40 考虑函数 $f:(0,+\infty)\to\mathbf{R}$ 与实数 $a>0$,使 $f(a)=1$. 求证:如果对于所有的 $x,y\in(0,+\infty)$,有

$$f(x)f(y)+f\left(\frac{a}{x}\right)f\left(\frac{a}{y}\right)=2f(xy)$$

那么 f 是常值函数.

证 令 $x=y=1$,得出

$$f^2(1)+f^2(a)=2f(1)$$

即

$$(f(1)-1)^2=0$$

于是

$$f(1)=1$$

令 $y=1$,得出

$$f(x)f(1)+f\left(\frac{a}{x}\right)f(a)=2f(x)$$

即

$$f(x)=f\left(\frac{a}{x}\right),x>0$$

现在取

$$y=\frac{a}{x}$$

并注意有

$$f(x)f\left(\frac{a}{x}\right)+f\left(\frac{a}{x}\right)f(x) = 2f(a)$$

从而

$$f(x)f\left(\frac{a}{x}\right) = 1$$

因此

$$f^{2}(x) = 1, x > 0$$

现在令 $x = y = \sqrt{t}$,则得出

$$f^{2}(\sqrt{t}) + f^{2}\left(\frac{a}{\sqrt{t}}\right) = 2f(t)$$

因为左边是正的,所以由此得出 f 是正的,并且对于所有的 x,$f(x) = 1$. 于是 f 是常值函数,这正是所要求的结果.

(T. Andreescu,RMT 数学杂志,NO. 12(1977),pp. 45,问题 2849;GM - B 数学杂志,NO. 10(1980),pp. 439,问题 18455)

41 求并证明:如果 $f:\mathbf{R}\to[-1,1]$,$f(x) = \sin[x]$,那么 f 不是周期函数.

证 函数不是周期函数. 用反证法,设有一数 $T > 0$,使得对于所有的 $x \in \mathbf{R}$,有

$$f(x + T) = f(x)$$

或

$$\sin[x + T] = \sin[x]$$

由此得出

$$[x + T] - [x] = 2k(x)\pi, x \in \mathbf{R}$$

其中 $k:\mathbf{R}\to\mathbf{Z}$ 是一函数. 因为 π 是无理数,所以我们推出,对于所有的 $x \in \mathbf{R}$,$k(x) = 0$,因此对于所有的 $x \in \mathbf{R}$,有

$$[x] = [x + T]$$

这不成立,因为最大的整函数不是周期函数.

(D. Andrica,RMT 数学杂志,NO. 1(1978),pp. 89,问题 3430)

42 对于所有的 $i,j = \overline{1,n}$,定义 $S(i,j) = \sum_{k=1}^{n} k^{i+j}$.

求行列式 $\Delta = |S(i,j)|$ 的值.

解 考虑行列式

$$\delta=\begin{vmatrix}1&2&3&\cdots&n\\1^2&2^2&3^2&\cdots&n^2\\\vdots&\vdots&\vdots&&\vdots\\1^n&2^n&3^n&\cdots&n^n\end{vmatrix}$$

我们有

$$\Delta=|S(i,j)|=\delta\cdot\begin{vmatrix}1&1^2&1^3&\cdots&1^n\\2^1&2^2&2^3&\cdots&2^n\\\vdots&\vdots&\vdots&&\vdots\\n^1&n^2&n^3&\cdots&n^n\end{vmatrix}=\delta^2$$

因为第2个行列式是由δ交换行与列得出的.

另一方面

$$\delta=n!\begin{vmatrix}1&1&1&\cdots&1\\1&2&3&\cdots&n\\\vdots&\vdots&\vdots&&\vdots\\1^{n-1}&2^{n-1}&3^{n-1}&\cdots&n^{n-1}\end{vmatrix}=n![1^{n-1}\cdot 2^{n-2}\cdots(n-1)^1]$$

(我们这里利用了范德蒙德行列式的著名结果). 因此

$$|S(i,j)|=\delta^2=[1^n\cdot 2^{n-1}\cdots(n-1)^2n]^2$$

(D. Andrica,RMT 数学杂志,NO.1(1982),pp.52,问题3862)

43 令

$$x_{ij}=\begin{cases}a_i,\text{当 } i=j \text{ 时}\\0,\text{当 } i\neq j,i+j\neq 2n+1 \text{ 时}\\b_i,\text{当 } i+j=2n+1 \text{ 时}\end{cases}$$

其中a_i,b_i是实数.

求行列式

$$\Delta_{2n}=|x_{ij}|$$

的值.

解 行列式是

$$\Delta_{2n}=\begin{vmatrix}a_1&0&0&\cdots&0&0&b_1\\0&a_2&0&\cdots&0&b_2&0\\0&0&a_3&\cdots&b_3&0&0\\\vdots&\vdots&\vdots&&\vdots&\vdots&\vdots\\0&0&b_{2n-2}&\cdots&a_{2n-2}&0&0\\0&b_{2n-1}&0&\cdots&0&a_{2n-1}&0\\b_{2n}&0&0&\cdots&0&0&a_{2n}\end{vmatrix}$$

先按照第1行,后按照最后1行展开,我们得出

$$\Delta_{2n} = (a_1a_{2n} - b_1b_{2n})\Delta_{2n-2}$$

这给出

$$\Delta_{2n} = \prod_{k=1}^{n}(a_ka_{2n-k+1} - b_kb_{2n-k+1})$$

(D. Andrica, RMT 数学杂志, NO.2(1977), pp.90, 问题3201; GM - B 数学杂志, NO.8(1977), pp.325, 问题16808)

44 a) 计算行列式

$$\begin{vmatrix} x & y & z & v \\ y & x & v & z \\ z & v & x & y \\ v & z & y & x \end{vmatrix}$$

b) 求证:如果数$\overline{abcd}, \overline{badc}, \overline{cdab}, \overline{dcba}$被质数$p$整除,那么数$a+b+c+d, a+b-c-d, a-b+c-d, a-b-c+d$中至少有一个数被$p$整除.

解 a) 把最后3列加到第1列,给出$x+y+z+v$整除行列式.

把第1列与第2列相加,把最后两列相减,蕴含$x+y-z-v$整除行列式.

类似地,我们可以检验$x-y+z-v$与$x-y-z+v$整除行列式,考虑到它在每个变量上是四次的,行列式等于

$\lambda(x+y+z+v)(x+y-z-v)(x-y+z-v)(x-y-z+v)$

其中λ是常数.

因为x^4的系数等于1,所以我们有

$$\lambda = 1$$

于是

$$\begin{vmatrix} x & y & z & w \\ y & x & v & z \\ z & v & x & y \\ v & z & y & x \end{vmatrix} = (x+y+z+v)(x+y-z-v)\cdot (x-y+z-v)(x-y-z+v)$$

b) 同以上证明,我们有

$$\Delta = \begin{vmatrix} a & b & c & d \\ b & a & d & c \\ c & d & a & b \\ d & c & b & a \end{vmatrix} = (a+b+c+d)(a+b-c-d)\cdot (a-b+c-d)(a-b-c+d)$$

另一方面,第1列乘以1 000,第2列乘以100,第3列乘以10,把这3列加到第4列,我们在最后一列上得到数$\overline{abcd}, \overline{badc}, \overline{cdab}, \overline{dcba}$. 因为所有这些数都被质数$p$整除,所以由此得出$p$整除$\Delta$,

因此 p 至少整除数 $a+b+c+d,a+b-c-d,a-b+c-d,a-b-c+d$ 之一.

(T. Andreescu)

45 考虑二次三项式

$$t_1(x)=x^2+p_1x+q_1^2$$

与

$$t_2(x)=x^2+p_2x+q_2^2$$

其中 p_1,p_2,q_1,q_2 是实数.

求证:如果三项式 $t_1(x)$ 与 $t_2(x)$ 有相同性质的零点,那么多项式

$$t(x)=x^2+(p_1p_2+4q_1q_2)x+(p_1q_2+p_2q_1)^2$$

有实零点.

证 因为二次三项式 $t_1(x)$ 与 $t_2(x)$ 有相同性质的零点,所以由此得出它们的判别式同号,从而

$$(p_1^2-4q_1^2)(p_2^2-4q_2^2)\geqslant 0$$

因此

$$(p_1p_2+4q_1q_2)^2-4(p_1q_2+p_2q_1)^2\geqslant 0$$

现在注意,不等式的左边是二次三项式 $t(x)$ 的判别式,这就推出结论.

(T. Andreescu,RMT 数学杂志,NO.1(1978),pp.63,问题3267;GM-B 数学杂志,NO.5(1979),pp.191,问题17740)

46 令 a,b,c 是实数且 $a>0$,使二次多项式

$$T(x)=ax^2+bcx+b^3+c^3-4abc$$

有非实数零点.

求证:多项式

$$T_1(x)=ax^2+bx+c$$

与

$$T_2(x)=ax^2+cx+b$$

中恰有一个只有正值.

证 因为二次三项式 $T(x)$ 有非实数零点,所以判别式

$$\Delta=b^2c^2-4a(b^3+c^3-4abc)$$

是负的.

注意到

$$\Delta = (b^2 - 4ac)(c^2 - 4ab) < 0$$

其中

$$\Delta_1 = b^2 - 4ac$$

与

$$\Delta_2 = c^2 - 4ab$$

是二次三项式 $T_1(x)$ 与 $T_2(x)$ 的判别式. 因此数 Δ_1 与 Δ_2 中恰好有一个数是负的,因为 $a > 0$,这就推出结论.

(T. Andreescu,RMT 数学杂志,NO.1(1977),pp.40,问题 2810)

47 考虑复系数多项式

$$P(x) = x^n + a_1x^{n-1} + \cdots + a_n$$

与

$$Q(x) = x^n + b_1x^{n-1} + \cdots + b_n$$

它们分别有零点 $x_1, x_2, \cdots, x_n$ 与 $x_1^2, x_2^2, \cdots, x_n^2$.

求证:如果 $a_1 + a_3 + a_5 + \cdots$ 与 $a_2 + a_4 + a_6 + \cdots$ 都是实数,那么 $b_1 + b_2 + \cdots + b_n$ 也是实数.

证 注意 $a_1 + a_2 + \cdots + a_n$ 与 $a_1 - a_2 + \cdots + (-1)^{n-1}a_n$ 是实数,即 $P(1)$ 与 $P(-1)$ 是实数.

因此

$$P(1) = \overline{P(1)}, P(-1) = \overline{P(-1)} \quad ①$$

因为

$$P(x) = (x - x_1)\cdots(x - x_n)$$

所以关系式 ① 变成

$$(1 - x_1)\cdots(1 - x_n) = (1 - \overline{x}_1)\cdots(1 - \overline{x}_n)$$

与

$$(1 + x_1)\cdots(1 + x_n) = (1 + \overline{x}_1)\cdots(1 + \overline{x}_n)$$

把这些关系式相乘,给出

$$(1 - x_1^2)\cdots(1 - x_n^2) = (1 - \overline{x}_1^{\,2})\cdots(1 - \overline{x}_n^{\,2})$$

或

$$Q(1) = \overline{Q(1)}$$

因此 $b_1 + b_2 + \cdots + b_n$ 是实数.

(T. Andreescu,RMT 数学杂志,NO.1(1977),pp.47,问题 2864)

48 令 $P(x)$ 是 n 次多项式. 如果对于 $k = \overline{0,n}$,有

$$P(k) = \frac{k}{k+1}$$

求 $P(m)$ 的值,其中 $m > n$.

解 因为 $P(0)=0$,所以有多项式 $Q(x)$,使

$$P(x)=xQ(x)$$

于是

$$Q(k)=\frac{1}{k+1},k=\overline{1,n}$$

记

$$H(x)=(x+1)Q(x)-1$$

显然 $H(x)$ 的次数为 n,且对于所有的 $k=\overline{1,n}$,有

$$H(k)=0$$

因此

$$H(x)=(x+1)Q(x)-1=a_0(x-1)(x-2)\cdots(x-n) \quad ①$$

在关系式 ① 中,令

$$x=m,m>n$$

则得出

$$Q(m)=\frac{a_0(m-1)(m-2)\cdots(m-n)+1}{m+1}$$

另一方面,在关系式 ① 中,令 $x=-1$,蕴含

$$a_0=\frac{(-1)^{n+1}}{(n+1)!}$$

因此

$$Q(m)=\frac{(-1)^{n+1}(m-1)(m-2)\cdots(m-n)}{(n+1)!(m+1)}+\frac{1}{m+1}$$

从而

$$P(m)=\frac{(-1)^{n+1}m(m-1)\cdots(m-n)}{(n+1)!(m+1)}+\frac{m}{m+1}$$

(D. Andrica,GM - B 数学杂志,NO.8(1977),pp.329,问题16833;RMT 数学杂志,NO.1 - 2(1980),pp.67,问题4133)

49 求所有的整系数多项式 $P(x)$,使得对于所有实数 x,有

$$P(P'(x))=P'(P(x))$$

解 我们来寻找整系数多项式

$$P(x)=a_0x^n+a_1x^{n-1}+\cdots+a_n,a_0\neq 0$$

我们有

$$P'(x)=na_0x^{n-1}+(n-1)a_1x^{n-2}+\cdots+a_{n-1}$$

使关系式 $P(P'(x))=P'(P(x))$ 中 $x^{(n-1)n}$ 的系数相等,我们得出

$$a_0^{n+1}\cdot n^n=a_0^n\cdot n$$

即

$$a_0n^{n-1}=1$$

因此

$$a_0 = \frac{1}{n^{n-1}}$$

因为 a_0 是整数,所以我们推出

$$n = 1, a_0 = 1$$

于是

$$P(x) = x + a_1$$
$$P'(x) = 1$$

由 $P(P'(x)) = P'(P(x))$ 给出

$$1 + a_1 = 1$$

即

$$a_1 = 0$$

因此 $P(x) = x$ 是具有所要求性质的唯一多项式.

(T. Andreescu, RMT 数学杂志, NO. 1 - 2(1979), 问题3902)

50 考虑次数至少是一次的多项式 $p_i(x), i = \overline{1,n}$.

求证:如果多项式

$$P(x) = p_1(x^{n+1}) + xp_2(x^{n+1}) + \cdots + x^{n-1}p_n(x^{n+1})$$

被 $x^n + x^{n-1} + \cdots + x + 1$ 整除,那么所有多项式 $p_i(x), i = \overline{1,n}$ 被 $x - 1$ 整除.

证 令 $\theta_1, \theta_2, \cdots, \theta_n$ 是方程

$$x^n + x^{n-1} + \cdots + x + 1 = 0$$

的根,它们是都不同的,且

$$\theta_i^{n+1} = 1, i = \overline{1,n}$$

因为 $P(x)$ 被 $x^n + x^{n-1} + \cdots + x + 1$ 整除,所以

$$P(\theta_i) = 0, i = \overline{1,n}$$

因此

$$p_1(1) + \theta_1 p_2(1) + \cdots + \theta_1^{n-1} p_n(1) = 0$$
$$p_1(1) + \theta_2 p_2(1) + \cdots + \theta_2^{n-1} p_n(1) = 0$$
$$\vdots$$
$$p_1(1) + \theta_n p_2(1) + \cdots + \theta_n^{n-1} p_n(1) = 0$$

以上方程组有行列式

$$V = \begin{vmatrix} 1 & \theta_1 & \cdots & \theta_1^{n-1} \\ 1 & \theta_2 & \cdots & \theta_2^{n-1} \\ \vdots & \vdots & & \vdots \\ 1 & \theta_n & \cdots & \theta_n^{n-1} \end{vmatrix}$$

因为所有的数 $\theta_1, \theta_2, \cdots, \theta_n$ 都不同,所以由此得出 $V \neq 0$, 于

是方程组中有平凡解 $p_1(1)=p_2(1)=\cdots=p_n(1)=0$. 这只是当所有的 $i=\overline{1,n}$ 时 $x-1$ 整除 $p_i(x)$ 的另一种说法.

(D. Andrica, RMT 数学杂志, NO. 2(1977), pp. 75, 问题 3120; GM - B 数学杂志, NO. 8(1977), pp. 329, 问题 16834)

51 令 p 是质数, 且

$$P(x)=a_0x^n+a_1x^{n-1}+\cdots+a_n$$

是整系数多项式, 使 $a_n\not\equiv 0\pmod p$.

求证: 如果有 $n+1$ 个整数 $\alpha_1,\alpha_2,\cdots,\alpha_{n+1}$, 使得对于所有的 $r=\overline{1,n+1}$, 有 $P(\alpha r)\equiv 0\pmod p$, 那么存在具有 $i\neq j$ 的 i,j, 使 $\alpha_i\equiv\alpha_j\pmod p$.

证 考虑行列式

$$V=\begin{vmatrix} a_n & a_n & \cdots & a_n \\ \alpha_1 & \alpha_2 & \cdots & \alpha_{n+1} \\ \alpha_1^2 & \alpha_2^2 & \cdots & \alpha_{n+1}^2 \\ \vdots & \vdots & & \vdots \\ \alpha_1^n & \alpha_2^n & \cdots & \alpha_{n+1}^n \end{vmatrix}=a_n\prod_{\substack{k,l=1\\k>l}}^{n+1}(\alpha_k-\alpha_l)$$

把第2行乘以 a_{n-1}, 第3行乘以 a_{n-2}, ……, 最后一行乘以 a_0, 把所有这些行加到第1行, 给出

$$V=\begin{vmatrix} P(\alpha_1) & P(\alpha_2) & \cdots & P(\alpha_{n+1}) \\ \alpha_1 & \alpha_2 & \cdots & \alpha_{n+1} \\ \alpha_1^2 & \alpha_2^2 & \cdots & \alpha_{n+1}^2 \\ \vdots & \vdots & & \vdots \\ \alpha_1^n & \alpha_2^n & \cdots & \alpha_{n+1}^n \end{vmatrix}=a_n\prod_{\substack{k,l=1\\k>l}}^{n+1}(\alpha_k-\alpha_l)$$

另一方面, 对于所有的 $r=\overline{1,n+1}$ 与 $a_n\not\equiv 0\pmod p$, 有

$$P(\alpha_r)\equiv 0\pmod p$$

这蕴含

$$\prod_{1\leqslant l<k\leqslant n+1}(\alpha_k-\alpha_l)\equiv 0\pmod p$$

因此至少有两个数 $\alpha_i,\alpha_j,i\neq j$, 使 $\alpha_i-\alpha_j\equiv 0\pmod p$, 于是 $\alpha_i\equiv\alpha_j\pmod p$, 这正是所要求的结果.

(D. Andrica, GM - B 数学杂志, NO. 8(1977), pp. 329, 问题 16835)

52 求所有实系数多项式 $P(x)$, 使得对于所有实数 x, 有 $P^n(x)=P(x^n)$, 其中 $n>1$ 是一个已知整数.

解法一 令 $m = P(x)$ 的次数,且

$$P(x) = a_0x^m + Q(x), a_0 = 0$$

由此得出 $Q(x)$ 的次数 $= r \leqslant m - 1$.

我们从 $P^n(x) = P(x^n)$,得出

$$a_0^n x^{mn} + \binom{n}{1} a_0^{n-1} x^{m(n-1)} Q(x) + \cdots + Q^n(x) = a_0 x^{mn} + Q(x^n)$$

即

$$a_0^n x^{mn} + R(x) = a_0 x^{mn} + S(x)$$

其中

$$R(x) \text{ 的次数} = m(n-1) + r$$

与

$$S(x) \text{ 的次数} = nr$$

因为 $a_0 \neq 0$,所以由此得出:当 n 是偶数时,$a_0 = 1$;当 n 是奇数时,$a_0 = -1$. 此外

$$R(x) \text{ 的次数} = S(x) \text{ 的次数}$$

即

$$m(n-1) + r = nr$$

于是

$$(n-1)(m-r) = 0$$

当 $Q(x) \neq 0$ 时这是不可能的,因为 $n > 1$ 与 $m > r$,因此

$$Q(x) = 0$$

多项式是

$$P(x) = \begin{cases} x^m, \text{当 } n \text{ 是偶数时} \\ \pm x^m, \text{当 } n \text{ 是奇数时} \end{cases}$$

解法二 令 $P(x)$ 的次数 $= m$,且

$$P(x) = a_0x^m + a_1x^{m-1} + \cdots + a_m$$

如果 $P(x) = x^kQ(x)$,其中 k 是正整数,那么

$$x^{kn}Q^n(x) = x^{kn}Q(x^n)$$

即

$$Q^n(x) = Q(x^n)$$

注意,Q 满足与 P 相同的条件. 设 $P(0) \neq 0$.

在初始条件中,令 $x = 0$,给出

$$a_m^n = a_m$$

则当 n 是偶数时,有 $a_m = 1$;当 n 是奇数时,有 $a_m = \pm 1$. 微分这个关系式,蕴含

$$nP^{n-1}(x)P'(x) = nP'(x^n)x^{n-1} \qquad ①$$

现在令 $x = 0$,给出

$$P'(0) = 0$$

于是

$$a_{m-1}=0$$

在关系式 ① 中再次微分，类似地给出

$$a_{m-2}=0$$

然后给出

$$a_{m-3}=a_{m-4}=\cdots=a_0=0$$

故多项式是

$$P(x)=\begin{cases}x^m,当 n 是偶数时\\ \pm x^m,当 n 是奇数时\end{cases}$$

(T. Andreescu, RMT 数学杂志, NO. 1 - 2(1979), pp. 59, 问题 3884)

 令

$$P(x)=a_0x^n+a_1x^{n-1}+\cdots+a_n,a_n\neq 0$$

是一个复系数多项式，使得有一整数 m，使

$$\left|\frac{a_m}{a_n}\right|>\binom{n}{m}$$

求证：多项式 $P(x)$ 至少有一个绝对值小于 1 的零点.

证　我们从零点与系数之间的关系式得出

$$\frac{a_m}{a_0}=(-1)^m\sum x_1x_2\cdots x_m$$

与

$$\frac{a_n}{a_0}=(-1)^nx_1x_2\cdots x_n$$

由此得出

$$\left|\sum\frac{1}{x_1x_2\cdots x_{n-m}}\right|=\left|\frac{a_m}{a_n}\right|>\binom{n}{m}$$

应用复数的三角不等式，我们推出

$$\sum\frac{1}{|x_1||x_2|\cdots|x_{n-m}|}>\binom{n}{m}$$

考虑 $x_0=\min\{|x_1|,|x_2|,\cdots,|x_{n-m}|\}$. 于是

$$\binom{n}{n-m}\frac{1}{x_0^{n-m}}>\binom{n}{m}$$

从而 $x_0<1$，这正是所要求的结果.

(T. Andreescu, RMT 数学杂志, NO. 2(1978), pp. 52, 问题 3531)

54 求所有仅有实零点 $x_1, x_2, \cdots, x_n$ 的 n 次多项式 $P(x)$，使得对于所有非零实数 x，有

$$\sum_{i=1}^{n} \frac{1}{P(x) - x_i} = \frac{n^2}{xP'(x)}$$

解 我们有

$$\sum_{i=1}^{n} \frac{P'(x)}{P(x) - x_i} = \frac{n^2}{x}$$

对这个方程求积分，给出

$$\sum_{i=1}^{n} \ln | P(x) - x_i | = n^2 \ln C | x |, C > 0$$

或

$$\ln \prod_{i=1}^{n} | P(x) - x_i | = \ln C^{n^2} | x |^{n^2}$$

因此

$$\left| \prod_{i=1}^{n} (P(x) - x_i) \right| = k | x |^{n^2}, k > 0$$

或

$$| P(P(x)) | = k | x |^{n^2}$$

消去绝对值，给出

$$P(P(x)) = \lambda x^{n^2}, \lambda \in \mathbf{R}$$

因此

$$P(x) = ax^2$$

其中 $a \in \mathbf{R}$.

(T. Andreescu, RMT 数学杂志, NO. 1(1977), pp. 47, 问题 2863; GM - B 数学杂志, NO. 1(1977), pp. 22, 问题 17034)

55 考虑实系数多项式

$$P(x) = a_0 x^n + a_1 x^{n-1} + \cdots + a_n, a_n \neq 0$$

求证：如果方程 $P(x) = 0$ 的所有根是实数且不相同，那么方程

$$x^2 P''(x) + 3xP'(x) + P(x) = 0$$

有相同的性质.

证 定义

$$Q(x) = xP(x)$$

因为 $a_n \neq 0$，所以多项式 $Q(x)$ 有不同的实零点，从而多项式 $Q'(x)$ 也有不同的实零点.

考虑

$$H(x)=xQ'(x)$$

我们又推出 $H'(x)$ 有不同的实零点,因为

$$H'(x)=x^2P''(x)+3xP'(x)+P(x)$$

所以就推出结论.

(D. Andrica,RMT 数学杂志,NO. 2(1978),pp. 52,问题 3530)

56 令 $\mathbf{R}_{[x]}^{(0)}$ 与 $\mathbf{R}_{[x]}^{(n)}$ 是实系数多项式集合,分别没有多重 n 阶零点与有多重 n 阶零点.

求证:如果 $P(x)\in\mathbf{R}_{[x]}^{(0)}$ 与 $P(Q(x))\in\mathbf{R}_{[x]}^{(k)}$,那么 $Q'(x)\in\mathbf{R}_{[x]}^{(k-1)}$.

证　令 m 为 $P(x)$ 的次数,且

$$P(x)=a_0(x-x_1)(x-x_2)\cdots(x-x_m)$$

因为 $P(x)\in\mathbf{R}[x]$,所以 $x_1,x_2,\cdots,x_m$ 是不同的零点.

现在

$$P(Q(x))=(Q(x)-x_1)(Q(x)-x_2)\cdots(Q(x)-x_m)$$

有 k 阶多重零点 α. 因为

$$P(Q(\alpha))=0$$

所以我们有

$$a_0\prod_{i=1}^{m}(Q(\alpha)-x_i)=0$$

从而有一整数 $p,1\leqslant p\leqslant m$,使

$$Q(\alpha)-x_p=0$$

注意,对于所有的 $j\neq p$,有

$$Q(\alpha)-x_p\neq 0$$

否则

$$x_j=x_p$$

这不成立. 因此 $Q(x)-x_j$ 有 k 阶多重零点 α,于是

$$Q'(x)=(Q(x)-x_p)'=Q'(x)$$

有 $k-1$ 阶多重零点. 这就完成了证明.

(D. Andrica,罗马尼亚奥林匹克——决赛,1978;RMT 数学杂志,NO. 2(1978),pp. 67,问题 3614)

57 令 $P(x)$ 是至少二次的实系数多项式.

求证:如果有一实数 a,使

$$P(a)P''(a)>(P'(a))^2$$

那么 $P(x)$ 至少有两个非实零点.

证 用反证法,设$P(x)$有小于两个实零点.因为实系数多项式$P(x)$不能只有一个非实零点,所以它的全部零点是实的.令x_1,$x_2,\cdots,x_n$是$P(x)$的零点.

于是

$$\frac{P'(x)}{P(x)}=\sum_{i=1}^{n}\frac{1}{x-x_i}$$

两边同时求微分,我们得出

$$\frac{P''(x)P(x)-[P'(x)]^2}{P^2(x)}=-\sum_{i=1}^{n}\frac{1}{(x-x_i)^2}$$

令$x=a$,我们得出矛盾,因此$P(x)$至少有两个非实零点,这正是所要求的结果.

(T. Andreescu,RMT 数学杂志,NO.1 - 2(1979),pp.59, 问题3883)

58 考虑含实系数a_i的方程

$$a_0x^n+a_1x^{n-1}+\cdots+a_n=0$$

求证:如果方程的所有根是实数,那么

$$(n-1)a_1^2\geqslant 2na_0a_2$$

其逆正确吗?

证 令

$$P(x)=a_0x^n+a_1x^{n-1}+\cdots+a_n$$

是一个实系数多项式.

如果它的所有零点是实的,那么这对多项式$P',P'',\cdots,P^{(n-2)}$一样成立.

因为

$$P^{n-2}(x)=\frac{(n-2)!}{2}[n(n-1)a_0x^2+2(n-1)a_1x+2a_2]$$

是含有实零点的二次多项式,所以我们有

$$\Delta=(n-1)^2a_1^2-2n(n-1)a_0a_2\geqslant 0$$

即

$$(n-1)a_1^2\geqslant 2na_0a_2$$

其逆不一定总是成立,正如我们从下例中可以看到的一样:即

$$P(x)=x^3+(a+1)x^2+(a+1)x+a$$

其中$a\in(-\infty,-1]\cup[2,+\infty)$.

注意

$$2(a+1)^2\geqslant 2\cdot 3(a+1)$$

即

$$(a+1)(a-2)\geqslant 0$$

从而不等式成立. 另一方面, $P(x)=(x+a)(x^2+x+1)$ 没有所有零点是实的.

(D. Andrica)

59 解方程

$$x^4-(2m+1)x^3+(m-1)x^2+(2m^2+1)x+m=0$$

其中 m 是一实参数.

解 对于 $m=0$, 方程变成

$$x^4-x^3-x^2+x=0$$

有根

$$x_1=0, x_2=-1, x_3=x_4=1$$

如果 $m\neq 0$, 那么我们将用 m 解方程. 我们有

$$2xm^2+(x^2-2x^3+1)m+x^4-x^3-x^2+x=0$$

$$\Delta=(x^2-2x^3+1)^2-8x^2(x^3-x^2-x+1)=(2x^3-3x^2+1)^2$$

由此得出

$$m_1=x^2-x$$

和

$$m_2=\frac{x^2-1}{2x}$$

原方程变成

$$[m-(x^2-x)]\left(m-\frac{x^2-1}{2x}\right)=0$$

因此

$$x^2-x-m=0$$

有解

$$x_{1,2}=\frac{1\pm\sqrt{1+4m}}{2}$$

与

$$x^2-2mx-1=0$$

有解

$$x_{3,4}=m\pm\sqrt{1+m^2}$$

(D. Andrica, RMT 数学杂志, NO. 2(1977), pp. 75, 问题 3121)

60 若方程

$$x^{2n}+a_1x^{2n-1}+\cdots+a_{2n-2}x^2-2nx+1=0$$

的所有根是实数, 解此方程.

解 我们从零点与系数之间的关系式得出

$$\sum x_1 x_2 \cdots x_{2n-1} = 2n$$

和

$$x_1 x_2 \cdots x_{2n} = 1$$

因此

$$\sum_{k=1}^{2n} \frac{1}{x_k} = 2n$$

于是在算术平均数 - 几何平均数不等式中有等式的情形. 因此

$$x_1 = x_2 = \cdots = x_{2n}$$

因为

$$x_1 x_2 \cdots x_{2n} = 1$$

与

$$\sum_{k=1}^{2n} \frac{1}{x_k} > 0$$

所以我们有

$$x_1 = x_2 = \cdots = x_{2n} = 1$$

(T. Andreescu,RMT 数学杂志,NO.2(1977),pp.52,问题 2299)

第2章 数 论

1 有多少个7位数既不以1开始也不以1结束?

解 问题等价于求函数

$$f:\{1,2,3,4,5,6,7\} \to \{0,1,2,\cdots,9\}$$

的个数,使

$$f(1) \neq 0, f(1) \neq 1, f(7) \neq 1$$

因为$f(1) \in \{2,3,\cdots,9\}$,所以有确定$f(1)$的8种可能性.对于$f(7)$有9种可能性,对于$f(2),f(3),f(4),f(5),f(6)$有10种可能性.

最后,具有所要求性质的个数是$8 \times 9 \times 10^5 = 72 \times 10^5 = 7.2 \times 10^6$.

(D. Andrica, GM－B数学杂志, NO.11(1979), pp.421,问题17999)

2 在数

$$\frac{1 \cdot m}{n}, \frac{2 \cdot m}{n}, \cdots, \frac{p \cdot m}{n}$$

中有多少个整数?其中p,m,n是已知的正整数.

解 令d是m与n的最大公因数.从而对于某些整数m_1与n_1,有

$$m = m_1 d$$

与

$$n = n_1 d$$

数是

$$\frac{1 \cdot m_1}{n_1}, \frac{2 \cdot m_1}{n_1}, \cdots, \frac{p \cdot m_1}{n_1}$$

因为m_1,n_1互质,所以其中有$\left[\frac{p}{n_1}\right]$个整数.因为

$$n_1 = \frac{n}{d} = \frac{n}{\gcd(m,n)}①$$

① gcd表示最大公因数.

所以由此得出有$\left[\frac{dp}{n}\right]$个整数.

(D. Andrica, GM - B 数学杂志, NO. 11(1979), pp. 429, 问题 O:89)

3 令 $p>2$ 是一个质数, n 是正整数.

求证: p 整除 $1^{p^n}+2^{p^n}+\cdots+(p-1)^{p^n}$.

证 定义 $k=p^n$, 注意 k 是奇数. 于是

$$d^k+(p-d)^k=p[d^{k-1}-d^{k-2}(p-d)+\cdots+(p-d)^{k-1}]$$

对等式从 $d=1$ 到 $d=\left[\frac{p}{2}\right]$ 求和, 这蕴含 p 整除 $1^k+2^k+\cdots+(p-1)^k$, 这正是所要求的结果.

(D. Andrica, RMT 数学杂志, NO. 1 - 2(1979), pp. 49, 问题 3813)

4 求证: 对于任一整数 n, 数

$$5^{5^{n+1}}+5^{5^n}+1$$

不是质数.

证 定义 $m=5^{5^n}$, 则

$$5^{5^{n+1}}+5^{5^n}+1=m^5+m+1=(m^2+m+1)(m^3-m^2+1)$$

因为两个因式都大于 1, 所以推出结论.

(T. Andreescu, 朝鲜数学竞赛, 2001)

5 令 n 是一个大于或等于 5 的奇整数.

求证

$$\binom{n}{1}-5\binom{n}{2}+5^2\binom{n}{3}-\cdots+5^{n-1}\binom{n}{n}$$

不是质数.

证 令

$$N=\binom{n}{1}-5\binom{n}{2}+5^2\binom{n}{3}-\cdots+5^{n-1}\binom{n}{n}$$

则

$$5N=1-1+5\binom{n}{1}-5^2\binom{n}{2}+5^3\binom{n}{3}-\cdots+5^n\binom{n}{n}$$

$$=1+(-1+5)^n$$

从而

$$N=\frac{1}{5}(4^n+1)=\frac{1}{5}[(2^n+1)^2-(2^{\frac{n+1}{2}})^2]$$
$$=\frac{1}{5}(2^n-2^{\frac{n+1}{2}}+1)(2^n+2^{\frac{n+1}{2}}+1)$$
$$=\frac{1}{5}[(2^{\frac{n-1}{2}}-1)^2+2^{n-1}][(2^{\frac{n-1}{2}}+1)^2+2^{n-1}]$$

因为 $n\geqslant 5$,所以分子的两个因式大于 5. 其中一因式可被 5 整除,称它为 $5N_1$,$N_1>1$;另一因式是 N_2. 于是

$$N=N_1N_2$$

其中 N_1 与 N_2 是大于 1 的整数,我们证明完毕.

(T. Andreescu,朝鲜数学竞赛,2001)

6 求证

$$3^{4^5}+4^{5^6}$$

是两个整数的乘积,其中每个数都大于 $10^{2\,002}$.

证 已知数具有形式 $m^4+\frac{1}{4}n^4$,其中

$$m=3^{4^4}$$
$$n=4^{\frac{5^6+1}{4}}=2^{\frac{5^6+1}{2}}$$

结论由恒等式

$$m^4+\frac{n^4}{4}=m^4+m^2n^2+\frac{1}{4}n^4-m^2n^2$$
$$=\left(m^2+\frac{1}{2}n^2\right)^2-m^2n^2$$
$$=\left(m^2+mn+\frac{1}{2}n^2\right)\left(m^2-mn+\frac{1}{2}n^2\right)$$

与不等式

$$m^2-mn+\frac{1}{2}n^2>n\left(\frac{1}{2}n-m\right)=2^{\frac{5^6+1}{2}}(2^{\frac{5^6-1}{2}}-3^{4^4})$$
$$>2^{\frac{5^6+1}{2}}(2^{\frac{5^6-1}{2}}-2^{2\times 4^4})$$
$$>2^{\frac{5^6+1}{2}}\times 2^{512}(2^{\frac{5^6-1}{2}-512}-1)$$
$$>2^{10\times\frac{5^6+1}{20}}\times 2^{512}>2^{10\times 5^4}\times 2^{10\times 50}$$
$$>10^{3\times 5^4}\times 10^{3\times 50}>10^{2\,002}$$

推出.

(T. Andreescu,朝鲜数学竞赛,2002)

7 求所有的正整数 n,使$[\sqrt[n]{111}]$整除 111.

解 111 的正除数是 1,3,37,111. 于是我们有以下几种情形:

1) $[\sqrt[n]{111}] = 1$ 或 $1 \leqslant 111 < 2^n$,从而 $n \geqslant 7$;

2) $[\sqrt[n]{111}] = 3$ 或 $3^n \leqslant 111 < 4^n$,从而 $n = 4$;

3) $[\sqrt[n]{111}] = 37$ 或 $37^n \leqslant 111 < 38^n$,不可能;

4) $[\sqrt[n]{111}] = 111$ 或 $111^n \leqslant 111 < 112^n$,从而 $n = 1$.

因此

$$n = 1, n = 4 \text{ 或 } n \geqslant 7$$

(T. Andreescu)

8 求证:对于任何不同的正整数 a 与 b,数 $2a(a^2 + 3b^2)$ 不是完全立方数.

证 注意

$$2a(a^2 + 3b^2) = (a + b)^3 + (a - b)^3$$

$n = 3$ 时的费马方程

$$x^3 + y^3 = z^3$$

没有正整数解(T. Andreescu, D. Andrica,《丢番图方程引论》,GIL 出版社,2002,pp. 87 - 93).

因此当 $a > b$ 时,没有一整数 c,使

$$(a + b)^3 + (a - b)^3 = c^3$$

另一方面,如果 $b > a$,那么没有一整数 c,使

$$(b - a)^3 + c^3 = (a + b)^3$$

这就完成了证明.

(T. Andreescu, RMT 数学杂志, NO. 1(1974), pp. 24,问题 1911)

9 令 p 是一个大于 5 的质数.

求证:$p - 4$ 不能是一整数的四次幂.

证 对某一正整数 q,设

$$p - 4 = q^4$$

则

$$p = q^4 + 4, q > 1$$

我们得出

$$p = (q^2 - 2q + 2)(q^2 + 2q + 2)$$

两个整数之乘积大于 1,与 p 是质数的事实矛盾.

(T. Andreescu, Math Path Qualifying Quiz, 2003)

10 求所有的非负整数对(x,y),使x^2+3y与y^2+3x同时是完全平方数.

解 不等式

$$x^2+3y \geqslant (x+2)^2, y^2+3x \geqslant (y+2)^2$$

不能同时成立,因为它们之和给出$0 \geqslant x+y+8$,这是错误的. 因此$x^2+3y<(x+2)^2$或$y^2+3x<(y+2)^2$中至少一个成立. 不失一般性,设$x^2+3y<(x+2)^2$.

我们从$x^2<x^2+3y<(x+2)^2$,推出

$$x^2+3y=(x+1)^2$$

从而

$$3y=2x+1$$

于是对于某一$k \geqslant 0$,有

$$x=3k+1$$

与

$$y=2k+1$$

那么

$$y^2+3x=4k^2+13k+4$$

如果$k>5$,那么

$$(2k+3)^2<4k^2+13k+4<(2k+4)^2$$

从而y^2+3x不能是平方数. 容易检验,对于$k \in \{0,1,2,3,4\}$, y^2+3x不是平方数,但是对于$k=0$,有$y^2+3x=4=2^2$. 因此唯一解是$(x,y)=(1,1)$.

(T. Andreescu)

11 求证:对于任一正整数n,数

$$\frac{(17+12\sqrt{2})^n-(17-12\sqrt{2})^n}{4\sqrt{2}}$$

是整数,但不是完全平方数.

证 注意

$$17+12\sqrt{2}=(\sqrt{2}+1)^4, 17-12\sqrt{2}=(\sqrt{2}-1)^4$$

于是

$$\frac{(17+12\sqrt{2})^n-(17-12\sqrt{2})^n}{4\sqrt{2}}$$

$$=\frac{(\sqrt{2}+1)^{4n}-(\sqrt{2}-1)^{4n}}{4\sqrt{2}}$$

$$= \frac{(\sqrt{2}+1)^{2n}+(\sqrt{2}-1)^{2n}}{2} \cdot \frac{(\sqrt{2}+1)^{2n}-(\sqrt{2}-1)^{2n}}{2\sqrt{2}}$$

定义

$$A = \frac{(\sqrt{2}+1)^{2n}+(\sqrt{2}-1)^{2n}}{2}$$

及

$$B = \frac{(\sqrt{2}+1)^{2n}-(\sqrt{2}-1)^{2n}}{2\sqrt{2}}$$

利用二项式定理,我们得出正整数 x 与 y,使

$$(\sqrt{2}+1)^{2n} = x+y\sqrt{2}, (\sqrt{2}-1)^{2n} = x-y\sqrt{2}$$

从而

$$x = \frac{(\sqrt{2}+1)^{2n}+(\sqrt{2}-1)^{2n}}{2}, y = \frac{(\sqrt{2}+1)^{2n}-(\sqrt{2}-1)^{2n}}{2\sqrt{2}}$$

于是 AB 是整数,这正是所要求的结果.

注意

$$\begin{aligned} A^2-2B^2 &= (A+\sqrt{2}B)(A-\sqrt{2}B) \\ &= (\sqrt{2}+1)^{2n}(\sqrt{2}-1)^{2n} = 1 \end{aligned}$$

于是 A 与 B 互质. 只要证明其中至少有一数不是完全平方数即可.

我们有

$$\begin{aligned} A &= \frac{(\sqrt{2}+1)^{2n}+(\sqrt{2}-1)^{2n}}{2} \\ &= \left[\frac{(\sqrt{2}+1)^{n}+(\sqrt{2}-1)^{n}}{\sqrt{2}}\right]^2 - 1 \end{aligned} \quad ①$$

与

$$\begin{aligned} A &= \frac{(\sqrt{2}+1)^{2n}+(\sqrt{2}-1)^{2n}}{2} \\ &= \left[\frac{(\sqrt{2}+1)^{n}-(\sqrt{2}-1)^{n}}{\sqrt{2}}\right]^2 + 1 \end{aligned} \quad ②$$

因为根据 n 的奇偶性,数

$$\frac{(\sqrt{2}+1)^{n}+(\sqrt{2}-1)^{n}}{\sqrt{2}}, \frac{(\sqrt{2}+1)^{n}-(\sqrt{2}-1)^{n}}{\sqrt{2}}$$

中只有一个数是整数,所以我们从关系式 ① 与 ② 推出 A 不是平方数. 这就完成了证明.

(D. Andrica,RMT 数学杂志,NO. 1(1981),pp. 48,问题4255)

12 令$(u_n)_{n\geqslant 1}$是斐波那契数列，且

$$u_{n+2}=u_{n+1}+u_n,u_1=u_2=1$$

求证：对于所有的整数$n\geqslant 6$，在u_n与u_{n+1}之间有一个完全平方数.

证　当$n=6$与$n=7$时结论是正确的，因为$u_6=8<9<u_7=13<16<u_8=21$.

如果$n\geqslant 8$，那么

$$\sqrt{u_{n+1}}-\sqrt{u_n}=\frac{u_{n+1}-u_n}{\sqrt{u_{n+1}}+\sqrt{u_n}}\geqslant\frac{u_{n-1}}{2\sqrt{u_{n+1}}}$$

$$\geqslant\frac{u_{n-1}}{2\sqrt{3u_{n-1}}}=\frac{1}{2\sqrt{3}}\sqrt{u_{n-1}}>1$$

从而在u_n与u_{n+1}之间有一完全平方数.

(D. Andrica)

13 求证：对于所有的正整数n，数$n!+5$不是完全平方数.

证　如果$n=1,2,3$或4，那么

$$n!+5=7,11\text{ 或 }29$$

从而它不是平方数. 如果$n\geqslant 5$，那么对于某一整数k，有

$$n!+5=5(5k+1)$$

因此它不是完全平方数，这正是所要求的结果.

(D. Andrica，GM－B数学杂志，NO.8(1977)，pp.321，问题16781；RMT数学杂志，NO.1(1978)，pp.61，问题3254)

14 求证：如果n是一完全立方数，那么n^2+3n+3不能是完全立方数.

证　用反证法，设n^2+3n+3是一立方数. 从而$n(n^2+3n+3)$是立方数. 注意

$$n(n^2+3n+3)=n^3+3n^2+3n=(n+1)^3-1$$

因为$(n+1)^3-1$不是立方数，所以我们得出矛盾.

(D. Andrica，GM－B数学杂志，NO.8(1977)，pp.312，问题E5965；RMT数学杂志，NO.1－2(1979)，pp.28，问题3253)

15 令p是质数.

求证：$2p+1$个相继正整数之乘积不能是一整数的$2p+1$次幂.

证 考虑 $2p+1$ 个相继数的乘积

$$P(n)=(n+1)(n+2)\cdots(n+2p+1)$$

注意

$$P(n)>(n+1)^{2p+1}$$

另一方面,从算术平均数 - 几何平均数不等式,有

$$P(n)<\left[\frac{(n+1)+(n+2)+\cdots+(n+2p+1)}{2p+1}\right]^{2p+1}$$
$$=(n+p+1)^{2p+1}$$

如果 $P(n)=m^{2p+1}$,那么 $m\in\{n+2,\cdots,n+p\}$. 用反证法,设有 $k\in\{2,3,\cdots,p\}$,使 $P(n)=(n+k)^{2p+1}$,则

$$(n+1)(n+2)\cdots(n+k-1)(n+k+1)\cdots(n+2p+1)$$
$$=(n+k)^{2p} \qquad ①$$

我们有两种情形:

Ⅰ. $k=p$

1) 如果 $n\equiv 0(\bmod p)$,那么 $(n+k)^{2p}$ 被 p^{2p} 整除. 等式①的左边显然不被 p^{2p} 整除,从而我们得出矛盾.

2) 如果 $n\equiv r(\bmod p)$,$r\neq 0$,那么等式①的左边被 p^2 整除,因为因式 $n+p-r$ 与 $n+2p-r$ 被 p 整除,而右边不被 p^2 整除,因为 $(n+k)^{2p}\equiv r^{2p}(\bmod p)$. 这是矛盾.

Ⅱ. $k\in\{2,3,\cdots,p-1\}$

1) 如果 $n\equiv -k(\bmod p)$,那么等式①的右边被 p^{2p} 整除,但是左边不被 p^{2p} 整除.

2) 如果 $n\equiv -q(\bmod p)$,$q\neq k$ 且 $q\in\{0,1,\cdots,p-1\}$,那么等式①的左边被 p 整除. 另一方面

$$(n+k)^{2p}\equiv (q-k)^2(\bmod p)\not\equiv 0(\bmod p)$$

因为 $0<|q-k|<p$.

两种情形都得出矛盾,因此问题得证.

(D. Andrica)

16 令 p 是一质数,α 是一正实数,使 $p\alpha^2<\frac{1}{4}$.

求证:对于所有整数

$$n\geqslant\left[\frac{\alpha}{\sqrt{1-2\alpha\sqrt{p}}}\right]+1$$

有

$$\left[n\sqrt{p}-\frac{\alpha}{n}\right]=\left[n\sqrt{p}+\frac{\alpha}{n}\right]$$

证 只要证明,对于 $n\geqslant\left[\frac{\alpha}{\sqrt{1-2\alpha\sqrt{p}}}\right]+1$,在区间 $(n\sqrt{p}-$

$\frac{\alpha}{n}, n\sqrt{p}+\frac{\alpha}{n}]$ 内没有整数即可.

用反证法,设有一整数 k,使

$$n\sqrt{p}-\frac{\alpha}{n}<k\leqslant n\sqrt{p}+\frac{\alpha}{n}$$

因此

$$n^2p+\frac{\alpha^2}{n^2}-2\alpha\sqrt{p}<k^2\leqslant n^2p+\frac{\alpha^2}{n^2}+2\alpha\sqrt{p}$$

注意

$$\frac{\alpha^2}{n^2}-2\alpha\sqrt{p}>-1$$

如果 $n\geqslant\left[\frac{\alpha}{\sqrt{1-2\alpha\sqrt{p}}}\right]+1$,那么

$$\frac{\alpha^2}{n^2}+2\alpha\sqrt{p}<1$$

于是

$$n^2p-1<k^2<n^2p+1$$

由此得出

$$k^2=pn^2$$

或

$$\sqrt{p}=\frac{k}{n}$$

这是错误的,因为 p 是质数.

(D. Andrica,GM-B 数学杂志,NO.8(1977),pp.324,问题16804)

17 令 n 是一正奇数.

求证:集合

$$\left\{\binom{n}{1},\binom{n}{2},\cdots,\binom{n}{\frac{n-1}{2}}\right\}$$

包含奇数个奇数.

证 对于 $n=1$,结论是显然的,于是令 $n\geqslant 3$.

定义

$$S_n=\binom{n}{1}+\binom{n}{2}+\cdots+\binom{n}{\frac{n-1}{2}}$$

则

$$2S_n=\binom{n}{1}+\binom{n}{2}+\cdots+\binom{n}{n-1}=2^n-2$$

即

$$S_n = 2^{n-1} - 1$$

因为 S_n 是奇数，所以由此得出和 S_n 包含奇数个奇数项，这正是所要求的结果.

(T. Andreescu, RMT 数学杂志, NO. 2(1984), pp. 71, 问题 5346)

18 求所有的正整数 m 与 n，使 $\binom{m}{n} = 1\ 984$.

解 因为 $\binom{m}{n} = \binom{m}{m-n}$，所以我们可以设 $m \leqslant \left[\frac{n}{2}\right]$.

如果 $n = 0$，那么 $1 = 1\ 984$，错误.

如果 $n = 1$，那么 $m = 1\ 984$.

如果 $n = 2$，那么 $\frac{m(m-1)}{2} = 1\ 984$，没有整数解.

如果 $n \geqslant 3$，那么

$$\binom{m}{n} \geqslant \binom{m}{3}$$

从而

$$1\ 984 \geqslant \frac{m(m-1)(m-2)}{6}$$

因此

$$11\ 904 \geqslant m^3 - 3m^2 + 2m$$

或

$$(m-30)(m^2 + 27m + 812) \leqslant -12\ 456 < 0$$

于是

$$m < 30$$

这蕴含 $\binom{m}{n} \neq 1\ 984$，因为

$$\frac{m(m-1)\cdots(m-n+1)}{n!}$$

不包含 1 984 的因数 31.

最后，解是

$$m_1 = 1\ 984, n_1 = 1$$

或

$$m_2 = 1\ 984, n_2 = 1\ 983$$

(T. Andreescu, RMT 数学杂志, NO. 1(1985), pp. 80, 问题 5)

19 在非负整数中解方程

$$x^2 + 8y^2 + 6xy + 3x - 6y = 3$$

解 方程等价于

$$(x+2y)(x+4y)-3(x+2y)=3$$

即

$$(x+2y)(x+4y-3)=3$$

我们有：

(i) $\begin{cases}x+2y=3\\x+4y-3=1\end{cases}$，有解$(x,y)=\left(2,\frac{1}{2}\right)$；

(ii) $\begin{cases}x+2y=1\\x+4y-3=3\end{cases}$，有解$(x,y)=\left(-4,\frac{5}{2}\right)$.

注意，没有整数解，这正是所要求的结果.

(T. Andreescu，RMT 数学杂志，NO. 1(1971)，pp. 20，问题 312)

20 在整数中解方程

$$(x^2+1)(y^2+1)+2(x-y)(1-xy)=4(1+xy)$$

解 方程等价于

$$x^2y^2-2xy+1+x^2+y^2-2xy+2(x-y)(1-xy)=4$$

即

$$(xy-1)^2+(x-y)^2+2(x-y)(1-xy)=4$$

从而

$$(1-xy+x-y)^2=4$$

因此

$$|(1+x)(1-y)|=2$$

我们有两种情形：

Ⅰ. $(1+x)(1-y)=2$. 则：

a) $1+x=2,1-y=1$，于是 $x=1,y=0$；

b) $1+x=-2,1-y=-1$，于是 $x=-3,y=2$；

c) $1+x=1,1-y=2$，于是 $x=0,y=-1$；

d) $1+x=-1,1-y=-2$，于是 $x=-2,y=3$.

Ⅱ. $(1+x)(1-y)=-2$. 则：

a) $1+x=2,1-y=-1$，于是 $x=1,y=2$；

b) $1+x=-2,1-y=1$，于是 $x=-3,y=0$；

c) $1+x=1,1-y=-2$，于是 $x=0,y=3$；

d) $1+x=-1,1-y=2$，于是 $x=-2,y=-1$.

(T. Andreescu，RMT 数学杂志，NO. 4 − 5(1972)，pp. 43，问题 1383)

21 令 p 与 q 是质数,求所有的正整数 x 与 y,使

$$\frac{1}{x}+\frac{1}{y}=\frac{1}{pq}$$

解 方程等价于

$$(x-pq)(y-pq)=p^2q^2$$

我们有以下几种情形:

1) $x-pq=1, y-pq=p^2q^2$,于是 $x=1+pq, y=pq(1+pq)$;

2) $x-pq=p, y-pq=pq^2$,于是 $x=p(1+q), y=pq(1+q)$;

3) $x-pq=q, y-pq=p^2q$,于是 $x=q(1+p), y=pq(1+p)$;

4) $x-pq=p^2, y-pq=q^2$,于是 $x=p(p+q), y=q(p+q)$;

5) $x-pq=pq, y-pq=pq$,于是 $x=2pq, y=2pq$.

由于方程是对称的,因此我们还有:

6) $x=pq(1+pq), y=1+pq$;

7) $x=pq(1+q), y=p(1+q)$;

8) $x=pq(1+p), y=q(1+p)$;

9) $x=q(1+q), y=p(p+q)$.

(T. Andreescu, RMT 数学杂志, NO. 2(1978), pp. 45, 问题 3486)

22 求证:方程

$$x^2-y^2=u^v$$

在正整数中有无限多个解,使 u 与 v 都是质数.

证法一 对于所有的 $n\geq 1$,数列 $(x_n)_{n\geq 1}$ 与 $(y_n)_{n\geq 1}$ 定义为

$$x_1=2, y_1=1$$

$$x_{n+1}=2x_n+y_n, y_{n+1}=x_n+2y_n$$

用归纳法,我们得出

$$3^n=x_n^2-y_n^2, n\geq 1$$

用 p_k 表示第 k 个质数,则对于任一整数 $k>0$,有

$$x=x_{p_k}, y=y_{p_k}, u=3, v=p_k$$

是方程 $x^2-y^2=u^v$ 的解.

证法二 令 p 与 q 是两个任意质数,$p\geq 3$,则对于某一正整数 k,有

$$p^q=2k+1$$

因为 $2k+1=(k+1)^2-k^2$,所以由此得出所有四元数组 $(x, y, u, v)=\left(\frac{p^q+1}{2}, \frac{p^q-1}{2}, p, q\right)$ 满足方程.

(D. Andrica)

23 求整数的所有三元数组(x,y,z),使

$$x^2(y-z)+y^2(z-x)+z^2(x-y)=2$$

解 方程等价于

$$(x-y)(x-z)(y-z)=2$$

注意

$$(x-y)+(y-z)=x-z$$

另一方面,2 可以用以下方法写成 3 个不同整数的乘积:

i)$2=(-1)\times(-1)\times 2$;

ii)$2=1\times 1\times 2$;

iii)$2=(-1)\times 1\times(-2)$.

因为在第 1 种情形中,任意两个因数相加不等于第 3 个因数,所以我们只有 3 种可能性:

a)$\begin{cases}x-y=1\\x-z=2\\y-z=1\end{cases}$,于是对于某一整数 k,有

$$(x,y,z)=(k+1,k,k-1)$$

b)$\begin{cases}x-y=-2\\x-z=-1\\y-z=1\end{cases}$,于是对于某一整数 k,有

$$(x,y,z)=(k-1,k+1,k)$$

c)$\begin{cases}x-y=1\\x-z=-1\\y-z=-2\end{cases}$,于是对于某一整数 k,有

$$(x,y,z)=(k,k-1,k+1)$$

(T. Andreescu,RMT 数学杂志,NO.1 - 2(1989),pp.97,问题2)

24 在非负整数中解方程

$$x+y+z+xyz=xy+yz+zx+2$$

解 我们有

$$xyz-(xy+yz+zx)+x+y+z-1=1$$

因此

$$(x-1)(y-1)(z-1)=1$$

因为 x,y,z 是整数,所以我们得出

$$x-1=y-1=z-1=1$$

从而

$$x=y=z=2$$

(T. Andreescu, RMT 数学杂志, NO. 3(1971), pp. 26, 问题487)

25 在整数中解方程

$$xy(x^2+y^2)=2z^4$$

解 乘以8,给出

$$8xy(x^2+y^2)=16z^4$$

即

$$(x+y)^4-(x-y)^4=(2z)^4$$

于是

$$(x-y)^4+(2z)^4=(x+y)^4$$

这是 $n=4$ 情形下的费马方程,众所周知,这个方程只有当 $x-y=0$ 或 $2z=0$ 时才有解(见 T. Andreescu, D. Andrica,《丢番图方程引论》, GIL 出版社, 2002, pp. 85-87).

情形 Ⅰ. 如果 $x-y=0$, 那么

$$x=y,z=\pm x$$

对于任一整数 m, 解是

$$x=y=m,z=\pm m$$

情形 Ⅱ. 如果 $z=0$, 那么

$$(x-y)^4=(x+y)^4$$

于是

$$x=0 \text{ 或 } y=0$$

对于任一整数 m, 解是

$$x=0,y=m,z=0$$

与

$$x=m,y=0,z=0$$

(T. Andreescu, RMT 数学杂志, NO. 1(1978), 问题 2813; GM-B 数学杂志, NO. 11(1981), pp. 424, 问题 O:264)

26 求证:对于所有的正整数 n, 方程

$$x^2+y^2+z^2=59^n$$

有整数解.

证 考虑数列

$$(x_n)_{n\geq1},(y_n)_{n\geq1},(z_n)_{n\geq1}$$

对于所有的 $n\geq1$, 其定义为

$$x_{n+2}=59^2x_n,x_1=1,x_2=14$$

$$y_{n+2}=59^2y_n,y_1=3,y_2=39$$

$$z_{n+2}=59^2z_n,z_1=7,z_2=42$$

容易检验,对于所有的整数 $n \geqslant 1$,有

$$x_n^2 + y_n^2 + z_n^2 = 59^n$$

(D. Andrica,罗马尼亚数学奥林匹克 —— 第 2 轮,1979,RMT 数学杂志,NO. 1 - 2(1980),pp. 58,问题 4075)

27 令 n 是正整数.

求证:方程

$$x^n + y^n + z^n + u^n = v^{n-1}$$

与

$$x^n + y^n + z^n + u^n = v^{n+1}$$

有无限多个不同正整数的解.

证 注意方程

$$x^n + y^n = z^{n-1} \quad ①$$

在不同的非负整数中有无限多个解. 例如,对于任一整数 $k \geqslant 0$,有

$$x_k = (1 + k^n)^{n-2}, y_k = k(1 + k^n)^{n-2}, z_k = (1 + k^n)^{n-1}$$

令 $(x_{k_1}, y_{k_1}, z_{k_1})$ 与 $(x_{k_2}, y_{k_2}, z_{k_2})$ 是方程 ① 的两个解,其中 $k_1 \neq k_2$,则

$$x_{k_1}^n + y_{k_1}^n = z_{k_1}^{n-1}, x_{k_2}^n + y_{k_2}^n = z_{k_2}^{n-1}$$

相乘给出

$$(x_{k_1}x_{k_2})^n + (x_{k_1}y_{k_2})^n + (y_{k_1}x_{k_2})^n + (y_{k_1}y_{k_2})^n = (z_{k_1}z_{k_2})^{n-1}$$

这表示

$$(x, y, z, u, v) = (x_{k_1}x_{k_2}, x_{k_1}y_{k_2}, y_{k_1}x_{k_2}, y_{k_1}y_{k_2}, z_{k_1}z_{k_2})$$

是方程

$$x^n + y^n + z^n + u^n = v^{n-1}$$

的解.

因为 $k_1 \neq k_2$ 是任意正整数,所以就推出结论.

对于第 2 个方程,证明是类似的,根据的是事实:方程

$$x^n + y^n = z^{n+1}$$

在不同的非负整数中有无限多个解. 例如,对于任一整数 $k \geqslant 0$,有

$$x_k = 1 + k^n, y_k = k(1 + k^n), z_k = 1 + k^n$$

(D. Andrica)

28 令 n 是正整数. 在有理数中解方程

$$x^n + y^n = x^{n-1} + y^{n-1}$$

解 显然

$$x=0,y=0$$

是方程

$$x^n+y^n=x^{n-1}+y^{n-1}$$

的解.

令 $\alpha\neq-1$ 是一有理数,使

$$y=\alpha x$$

因此

$$x^n+\alpha^n x^n=x^{n-1}+\alpha^{n-1}x^{n-1}$$

从而

$$x=\frac{1+\alpha^{n-1}}{1+\alpha^n},y=\alpha\frac{1+\alpha^{n-1}}{1+\alpha^n}$$

利用方程的对称性,我们还有解

$$x=\alpha\frac{1+\alpha^{n-1}}{1+\alpha^n},y=\frac{1+\alpha^{n-1}}{1+\alpha^n}$$

其中 $\alpha\neq-1$ 是有理数.

如果 $\alpha=-1$ 与 $n>1$,那么又有 $x=y=0$. 这就完成了证明.

(D. Andrica,RMT 数学杂志,NO.2(1981),pp.62,问题4578)

29 求所有的非负整数 x 与 y,使

$$x(x+2)(x+8)=3^y$$

解 令

$$x=3^u,x+2=3^v,x+8=3^t$$

于是

$$u+v+t=y$$

从而

$$3^v-3^u=2,3^t-3^u=8$$

由此得出

$$3^u(3^{v-u}-1)=2,3^u(3^{t-u}-1)=8$$

因此

$$u=0,3^v-1=2,3^t-1=8$$

则

$$v=1,t=2$$

故解是

$$x=1,y=3$$

(T. Andreescu,RMT 数学杂志,NO.2(1978),pp.47,问题2812;GM-B 数学杂志,NO.12(1980),pp.496,问题18541)

30 在非负整数中解方程

$$(1+x!)(1+y!)=(x+y)!$$

解 如果 $x,y\geqslant 2$，那么 $1+x!$ 与 $1+y!$ 两者都是奇数，且 $(x+y)!$ 是偶数. 因此方程没有解.

考虑 $x=1$ 的情形. 方程变成

$$2(1+y!)=(1+y)!$$

不难看出解 $y=2$. 如果 $y\geqslant 3$，那么 3 整除 $(1+y)!$，但不整除 $2(1+y!)$，$y=1$ 不满足上述等式.

因此由方程的对称性，知 $x=1,y=2$ 或 $x=2,y=1$.

(T. Andreescu, RMT 数学杂志, NO. 2(1977), pp. 60, 问题 3028; GM－B 数学杂志, NO. 2(1980), pp. 75, 问题 O:118)

31 解方程

$$x!+y!+z!=2^{v!}$$

解 不失一般性，我们可以设 $x\geqslant y\geqslant z$. 方程等价于

$$z![x(x-1)\cdots(z+1)+y(y-1)\cdots(z+1)+1]=2^{v!}$$

如果 $z\geqslant 3$，那么上述方程的右边被 3 整除，但左边不被 3 整除，于是

$$z\leqslant 2$$

我们有两种情形：

情形 Ⅰ. $z=1$. 从而，我们有

$$x!+y!=2^{v!}-1$$

即

$$y![x(x-1)\cdots(y+1)+1]=2^{v!}-1$$

如果 $y\geqslant 2$，那么上式右边是偶数，但上式左边是奇数，于是 $y=1$. 从而

$$x!=2(2^{v!-1}-1)$$

如果 $x\geqslant 4$，那么 $2(2^{v!-1}-1)\equiv 0(\bmod 8)$，错误.

剩下的只要检验 $x=1,x=2,x=3$ 的情形；

如果 $x=1$，那么 $1=2(2^{v!-1}-1)$，不可能；

如果 $x=2$，那么 $2=2(2^{v!-1}-1)$ 或 $v!=2$，于是 $v=2$；

如果 $x=3$，那么 $2^{v!-1}-1=3$ 或 $v!=3$，错误.

因此在这种情形中，唯一的解是

$$x=2,y=1,z=1,v=2$$

情形 Ⅱ. $z=2$. 现在我们有

$$x!+y!=2^{v!}-2$$

即

$$y![x(x-1)\cdots(y+1)+1]=2(2^{v!-1}-1)$$

如果 $y\geqslant 4$，那么 $2(2^{v!-1}-1)=0$，错误.

由此得出 $y=1,y=2$ 或 $y=3$.

如果 $y=1$，那么 $x!=2^{v!}-3$. 因为 $x\geqslant 2$ 蕴含 $2^{v!}-3\equiv 0(\bmod 2)$，错误，从而 $x=1,v=2$.

如果 $y=2$，那么 $x!=2^{v!}-4$. 我们一定有 $v\geqslant 3$，于是 $x!=4(2^{v!-2}-1)$.

如果 $x\geqslant 3$，那么 $4(2^{v!-2}-1)\equiv 0(\bmod 8)$，错误.

因此 $x=1,x=2$ 或 $x=3$，所有这些情形导致矛盾.

如果 $y=3$，那么 $x!=2^{v!}-8$. 于是 $v\geqslant 3,x!=2^3(2^{v!-3}-1)\geqslant 2^3\times 7$. 由此得出 $x\geqslant 5$，因为 $x=5$ 不给出解，且 $x\geqslant 6$ 蕴含 $2^3(2^{v!-3}-1)\equiv 0(\bmod 16)$，这是错误的，我们在这里不得出解.

在情形 Ⅱ 中，我们只求出了

$$x=1,y=1,z=2,v=2$$

这不满足条件 $x\geqslant y>z$.

最后，我们从情形 Ⅰ 中有解

$$x=2,y=1,z=1,v=2$$

由于方程的对称性，我们还有

$$x=2,y=2,z=1,v=2$$

与

$$x=1,y=1,z=2,v=2$$

(T. Andreescu, RMT 数学杂志, NO. 2(1981), pp. 62, 问题 4576)

32 求所有不同的正整数 $x_1,x_2,\cdots,x_n$，使

$$x_k=k$$

解 方程等价于

$$x_1x_2\cdots x_n-(n-1)x_1x_2\cdots x_{n-1}-\cdots-2x_1x_2-x_1=1$$

即

$$x_1[x_2\cdots x_n-(n-1)x_2\cdots x_{n-1}-\cdots-2x_2-1]=1$$

从而

$$x_1=1$$

与

$$x_2[x_3\cdots x_n-(n-1)x_3\cdots x_{n-1}-\cdots-3x_3-2]=2$$

因为 $x_2\neq x_1$，所以由此得出

$$x_2=2$$

与

$$x_3[x_4\cdots x_n-(n-1)x_4\cdots x_{n-1}-\cdots-4x_4-3]=3$$

因为 $x_3 \neq x_2, x_3 \neq x_1$，所以我们得出

$$x_3 = 3$$

继续相同过程，我们推出，对于所有的 k，有 $x_k = k$.

注　回到方程，我们求出恒等式

$$1 + 1! \cdot 1 + 2! \cdot 2 + \cdots + (n-1)!(n-1) = n!n$$

（T. Andreescu，RMT 数学杂志，NO. 3(1973)，pp. 23，问题 1509）

33 求证：对于所有的正整数 n 与所有的整数 $a_1, a_2, \cdots, a_n$，$b_1, b_2, \cdots, b_n$，数

$$\prod_{k=1}^{n}(a_k^2 - b_k^2)$$

可以写成两个平方数之差.

证法一　我们对 n 用归纳法进行讨论. 对于 $n = 1$，结论成立. 利用恒等式

$$(x^2 - y^2)(u^2 - v^2) = (xu + yv)^2 - (xv + yu)^2$$

与结论对 n 成立这一事实，我们推出这个性质对 $n + 1$ 也成立，这正是所要求的结果.

证法二　我们有

$$\begin{aligned} P_n &= \prod_{k=1}^{n}(a_k^2 - b_k^2) \\ &= \prod_{k=1}^{n}(a_k - b_k)\prod_{k=1}^{n}(a_k + b_k) \\ &= (A_n - B_n)(A_n + B_n) \end{aligned}$$

其中 A_n, B_n 是整数.

因此

$$P_n = A_n^2 - B_n^2$$

（D. Andrica，RMT 数学杂志，NO. 2(1975)，pp. 45，问题 2239；GM - B 数学杂志，NO. 7(1975)，pp. 268，问题 15212）

34 求所有的整数 x, y, z, v, t，使

$$x + y + z + v + t = xyvt + (x + y)(v + t)$$
$$xy + z + vt = xy(v + t) + vt(x + y)$$

解　把题中两等式相减，给出

$$(x + y - xy) + (v + t - vt) = (x + y - xy)(v + t - vt)$$

即

$$[(x + y - xy) - 1][(v + t - vt) - 1] = 1$$

于是

$$(1-x)(1-y)(1-v)(1-t)=1$$

由此得出

$$|1-x|=|1-y|=|1-v|=|1-t|=1 \quad ①$$

利用式 ①,我们得出

$$(x,y,v,t)=(0,0,0,0),(0,0,2,2),(0,2,0,2),$$
$$(0,2,2,0),(2,0,0,2),(2,0,2,0),$$
$$(2,2,0,0),(2,2,2,2)$$

回到方程组,我们得出

$$(x,y,z,v,t)=(0,0,0,0,0),(0,0,-4,2,2),$$
$$(0,2,0,0,2),(0,2,0,2,0),(2,0,0,0,2),$$
$$(2,0,0,2,0),(2,2,-4,0,0),(2,2,24,2,2)$$

(T. Andreescu,RMT 数学杂志,NO. 2(1978),pp. 46,问题 3431;GM - B 数学杂志,NO. 5(1981),pp. 216,问题 18740)

35 求证:对于所有非负整数 a,b,c,d,使 a 与 b 互质,方程组

$$ax-yz-c=0$$
$$bx-yt+d=0$$

在非负整数中至少有一解.

证 我们从有用的引理开始:

引理 如果 a 与 b 是互质的正整数,那么有正整数 u 与 v,使

$$au-bv=1$$

证 考虑数

$$1\cdot 2,2\cdot a,\cdots,(b-1)\cdot a \quad ①$$

当这些数被 b 除时,余数是不同的. 实际上,在相反情形下,我们有 $k_1\neq k_2\in\{1,2,\cdots,b-1\}$,使得对于一些整数 p_1,p_2,有

$$k_1a=p_1b+r,k_2a=p_2b+r$$

因此

$$(k_1-k_2)a=(p_1-p_2)b\equiv 0(\bmod b)$$

因为 a 与 b 互质,所以由此得出

$$|k_1-k_2|\equiv 0(\bmod b)$$

这是错误的,因为 $1\leqslant|k_1-k_2|<b$.

另一方面,式 ① 中所列各数中没有一个数被 b 整除. 实际上,如果情形是如此,那么有 $k\in\{1,2,\cdots,n-1\}$,使得对于某一整数 p,有

$$k\cdot a=p\cdot b$$

令 d 是 k 与 p 的最大公因数. 因此对于一些整数 p_1,k_1,其中

$\gcd(p_1, k_1)$①$= 1$,有

$$k = k_1 d, p = p_1 d$$

于是

$$k_1 a = p_1 b$$

因为这里 $\gcd(a, b) = 1$,所以我们有

$$k_1 = b, p_1 = a$$

这是错误的,因为$k_1 < b$.

由此得出,式 ① 中一数被 b 除时有余数1,于是有 $u \in \{1, 2, \cdots, b-1\}$,使 $au = bv + 1$,引理证毕.

我们来证明:当a, b, c, d是非负整数,并且$\gcd(a, b) = 1$时,方程组

$$\begin{cases} ax - yz - c = 0 \\ bx - yt + d = 0 \end{cases}$$

在非负整数中至少有一解.

因为 $\gcd(a, b) = 1$,利用上述引理,有正整数 u 与 v,使

$$au - bv = 1$$

因此

$$x = cu + dv, y = ad + bc, z = v, t = u$$

是方程组的解.

(T. Andreescu, RMT 数学杂志, NO. 2(1977), pp. 60, 问题 3029)

36 令 p 是质数,$x_1, x_2, \cdots, x_p$ 是非负整数.

求证:如果

$$x_1 + x_2 + \cdots + x_p \equiv 0 \pmod p$$
$$x_1^2 + x_2^2 + \cdots + x_p^2 \equiv 0 \pmod p$$
$$\vdots$$
$$x_1^{p-1} + x_2^{p-1} + \cdots + x_p^{p-1} \equiv 0 \pmod p$$

那么有 $k, l \in \{1, 2, \cdots, p\}, k \neq l$,使 $x_k - x_l \equiv 0 \pmod p$.

证 考虑行列式

$$\Delta = \begin{vmatrix} 1 & 1 & \cdots & 1 \\ x_1 & x_2 & \cdots & x_p \\ \vdots & \vdots & & \vdots \\ x_1^{p-1} & x_2^{p-1} & \cdots & x_p^{p-1} \end{vmatrix} = \prod_{\substack{i,j=1 \\ i>j}}^{p} (x_i - x_j)$$

把所有的列加到第1列并应用假设,给出

$$\Delta \equiv 0 \pmod p$$

① gcd 表示最大公因数.

因此

$$\prod_{\substack{i,j=1\\i>j}}^{p}(x_i-x_j)=0(\bmod p)$$

因为 p 是质数,所以由此得出有不同的正整数 $k,l\in\{1,2,\cdots,p\}$,使 $x_k-x_l\equiv 0(\bmod p)$.

(D. Andrica)

37 求证:对于任何奇整数 $n,a_1,a_2,\cdots,a_n$,数 $a_1,a_2,\cdots,a_n$ 的最大公因数等于数 $\frac{a_1+a_2}{2},\frac{a_2+a_3}{2},\cdots,\frac{a_n+a_1}{2}$ 的最大公因数.

证 令

$$a=\gcd(a_1,a_2,\cdots,a_n)$$

与

$$b=\gcd\left(\frac{a_1+a_2}{2},\frac{a_2+a_3}{2},\cdots,\frac{a_n+a_1}{2}\right)$$

则对于一些整数 $\alpha_k,k=1,2,\cdots,n$,有

$$a_k=\alpha_k a$$

由此得出

$$\frac{a_k+a_{k+1}}{2}=\frac{\alpha_k+\alpha_{k+1}}{2}a \qquad ①$$

其中

$$a_{n+1}=a_1,\alpha_{n+1}=\alpha_1$$

因为 a_k 是奇数,所以 α_k 也是奇数,于是 $\frac{\alpha_k+\alpha_{k+1}}{2}$ 是整数.

从关系式 ① 得出,对于所有这样的 a 整除 b,a 整除 $\frac{a_k+a_{k+1}}{2}$.

另一方面,对于一些整数 β_k,有

$$\frac{a_k+a_{k+1}}{2}=\beta_k b$$

于是对于所有的 $k\in\{1,2,\cdots,n\}$,有

$$a_k+a_{k+1}\equiv 0(\bmod 2b) \qquad ②$$

从 $k=1$ 到 $k=n$ 求和,给出

$$2(a_1+a_2+\cdots+a_n)\equiv 0(\bmod 2b)$$

因为 $n,a_1,a_2,\cdots,a_n$ 都是奇数,所以

$$a_1+a_2+\cdots+a_n\not\equiv 0(\bmod 2)$$

因此

$$a_1 + a_2 + \cdots + a_n \equiv 0 (\bmod b) \quad ③$$

对 $k = 1,3,\cdots,n-2$ 求和,蕴含

$$a_1 + a_2 + \cdots + a_{n-1} \equiv 0 (\bmod 2b)$$

并且

$$a_1 + a_2 + \cdots + a_{n-1} \equiv 0 (\bmod b) \quad ④$$

从式 ③ 减去式 ④,蕴含

$$a_n \equiv 0 (\bmod b)$$

于是利用关系式 ②,我们对于所有的 k,得出

$$a_k \equiv 0 (\bmod b)$$

因此

$$b \mid a$$

证明完成.

(T. Andreescu,RMT 数学杂志,NO. 1(1978),pp. 47,问题 2814)

38 令 $\varphi(n)$ 是小于 n 且与 n 互质的数的个数.

求证:有无限多个正整数 n,使

$$\varphi(n) = \frac{n}{3}$$

证 众所周知,对于任何互质的正整数 k 与 l,有

$$\varphi(kl) = \varphi(k)\varphi(l)$$

另一方面,容易看出,如果 p 是质数,那么对于所有正整数 l,有

$$\varphi(p^l) = p^l - p^{l-1}$$

令

$$n = 2 \cdot 3^m$$

其中 m 是正整数,则对于 n 的无限多个值,有

$$\varphi(n) = \varphi(2 \cdot 3^m) = \varphi(2)\varphi(3^m) = 3^m - 3^{m-1} = 2 \cdot 3^{m-1} = \frac{n}{3}$$

这正是所要求的结果.

(D. Andrica,RMT 数学杂志,NO. 1(1978),pp. 61,问题 3255)

39 令 $\pi(x)$ 是小于或大于 x 的质数的个数.

求证:对于所有的正整数 n,有

$$\pi(n) < \frac{n}{3} + 2$$

证 对于从 $n = 1$ 到 $n = 6$,容易检验这个结论. 对于 $n \geqslant 7$,注意,小于 n 的正偶数的个数是 $\left[\frac{n}{2}\right]$,并且小于 n 的正奇数的 3 倍数的个数是 $\left[\frac{n}{3}\right] - \left[\frac{n}{6}\right]$. 于是

$$\pi(n) < n - \left[\frac{n}{2}\right] - \left(\left[\frac{n}{3}\right] - \left[\frac{n}{6}\right]\right), n \geqslant 7$$

因为

$$x - 1 < [x] \leqslant x$$

所以由此得出

$$\pi(n) < n - \left(\frac{n}{2} - 1\right) - \left(\frac{n}{3} - 1\right) + \frac{n}{6} = \frac{n}{3} + 2$$

这正是所要求的结果.

(D. Andrica, RMT 数学杂志, NO. 1(1978), pp. 61, 问题 3256)

40 令 p_k 是第 k 个质数.

求证:对于所有的正整数 m 与 n,有

$$p_1^m + p_2^m + \cdots + p_n^m > n^{m+1}$$

证 对不等式 $p_{k+1} - p_k \geqslant 2$ 从 $k = 1$ 到 $k = n - 1$ 求和,给出

$$p_n - 2 \geqslant 2(n-1)$$

于是

$$p_n > 2n - 1, n \geqslant 1$$

则

$$p_1 + p_2 + \cdots + p_n > 2 \cdot \frac{n(n+1)}{2} - n = n^2$$

利用不等式

$$\frac{a_1^m + a_2^m + \cdots + a_n^m}{n} \geqslant \left(\frac{a_1 + a_2 + \cdots + a_n}{n}\right)^m$$

对任何正实数 $a_1, a_2, \cdots, a_n$ 成立,因此有

$$p_1^m + p_2^m + \cdots + p_n^m \geqslant n\left(\frac{p_1 + p_2 + \cdots + p_n}{n}\right)^m > n\left(\frac{n^2}{n}\right)^m = n^{m+1}$$

这正是所要求的结果.

(D. Andrica, RMT 数学杂志, NO. 2(1978), pp. 45, 问题 348)

41 令 n 是一正整数.

求所有小于 $2n$ 且与 n 互质的正整数之和.

解 令 $S = \sum\limits_{\substack{d < 2n \\ \gcd(d,n)=1}} d$,且令 $\varphi(n)$ 是小于 n 且与 n 互质的数的个数.

注意

$$\gcd(n,d) = 1 \Leftrightarrow \gcd(n, n-d) = 1 \Leftrightarrow \gcd(n, n+d) = 1 \quad ①$$

令 $d_1, d_2, \cdots, d_{\varphi(n)}$ 是小于 n 且与 n 互质的数. 我们从式 ① 推

出

$$\begin{aligned} d_1 + d_{\varphi(n)} &= n \\ d_2 + d_{\varphi(n)-1} &= n \\ &\vdots \\ d_{\varphi(n)} + d_1 &= n \end{aligned}$$

从而

$$\sum_{\substack{d<n \\ \gcd(d,n)=1}} d = \frac{n\varphi(n)}{2}$$

另一方面

$$\begin{aligned} \sum_{\substack{n<d<2n \\ \gcd(d,n)=1}} d &= \sum_{\substack{d<n \\ \gcd(d,n)=1}} (n+d) \\ &= n\varphi(n) + \sum_{\substack{d<n \\ \gcd(d,n)=1}} d \\ &= n\varphi(n) + \frac{n\varphi(n)}{2} = \frac{3n\varphi(n)}{2} \end{aligned}$$

因此

$$S = \frac{n\varphi(n)}{2} + \frac{3n\varphi(n)}{2} = 2n\varphi(n)$$

(D. Andrica,RMT 数学杂志,NO. 2(1981),pp. 61,问题 4574)

42 求证:在 1 与 $n!$ 之间的任一数可以至多写成 $n!$ 的 n 个不同因数之和.

证 我们用归纳法进行讨论. 对于 $n = 3$,结论成立. 假设对 $n-1$ 成立. 令 $1 < k < n!$,且 k',q 是 k 被 n 除时的商数与余数. 因此

$$k = k'n + q, 0 \leqslant q < n$$

与

$$0 \leqslant k' < \frac{k}{n} < \frac{n!}{n} = (n-1)!$$

从归纳法假设,有整数 $d'_1 < d'_2 < \cdots < d'_s$,$s \leqslant n-1$,使 $d'_i \mid (n-1)!$,$i = 1,2,\cdots,s$,$k' = d'_1 + d'_2 + \cdots + d'_s$. 因此

$$k = nd'_1 + nd'_2 + \cdots + nd'_s + q$$

如果 $q = 0$,那么

$$k = d_1 + d_2 + \cdots + d_s$$

其中 $d_i = nd'_i$,$i = 1,2,\cdots$,d_i 是 $n!$ 的不同因数.

如果 $q \neq 0$,那么

$$k = d_1 + d_2 + \cdots + d_{s+1}$$

其中 $d_i = nd'_i$,$i = 1,2,\cdots,s$,$d_{s+1} = q$.

显然

$$d_i \mid n!, i = 1,2,\cdots,s, d_{s+1} \mid n!$$

因为 $q < n$. 另一方面

$$d_{s+1} < d_1 < d_2 < \cdots < d_s$$

因为

$$d_{s+1} = q < n \leqslant nd'_1 = d_1$$

因此 k 可以写成 $n!$ 的至多 n 个不同因数之和,这正是所要求的结果.

(T. Andreescu,RTM 数学杂志,NO. 2(1983),pp. 88,问题 C4:10)

43 求 n 的最大值,使含 $\{1,2,\cdots,1\ 984\}$ 中 n 个元素的任一子集的补集,至少包含两个互质元素.

解 如果 $n \geqslant 992$,那么从 $\{1,2,\cdots,1\ 984\}$ 中取出所有 992 个奇数组成的集合. 它的补集只有偶数,其中每两个数不互质. 因此 $n \leqslant 991$. 令 C 是含有集合 $\{1,2,\cdots,1\ 984\}$ 中 991 个元素的子集的补集. 定义

$$D = \{c + 1 \mid c \in C\}$$

如果 $C \cap D = \varnothing$,那么 $C \cup D$ 有 $2 \times 993 = 1\ 986$ 个元素,但是 $C \cup D \subset \{1,2,\cdots,1\ 985\}$,这是错误的.

因此 $C \cap D \neq \varnothing$,于是有一个元素 $a \in C \cap D$. 由此得出 $a \in C, a + 1 \in C$,因为 a 与 $a + 1$ 互质,所以我们证明完成.

(T. Andreescu,RMT 数学杂志,NO. 1(1984),pp. 102,问题 C4:7)

44 求所有的正整数 n,使得对于所有奇整数 a,如果 $a^2 \leqslant n$,那么 $a \mid n$.

证 令 a 是最大的奇整数,使 $a^2 < n$,从而

$$n < (a + 2)^2$$

如果 $a \geqslant 7$,那么 $a - 4, a - 2, a$ 是奇整数,可以整除 n. 注意,其中任何两个数互质,于是

$$(a - 4)(a - 2)a \mid n$$

由此得出

$$(a - 4)(a - 2)a < (a + 2)^2$$

于是

$$a^3 - 6a^2 + 8a < a^2 + 4a + 4$$

因此

$$a^3 - 7a^2 + 4a - 4 \leqslant 0$$

即

$$a^2(a - 7) + 4(a - 1) \leqslant 0$$

这是错误的,因为 $a \geqslant 7$. 所以

$$a = 1,3 \text{ 或 } 5$$

如果 $a = 1$,那么 $1^2 \leqslant n < 3^2$,于是 $n \in \{1,2,\cdots,8\}$.

如果 $a = 3$,那么 $3^2 \leqslant n < 5^2$, $1 \times 3 \mid n$,于是 $n \in \{9,12,15,18,21,24\}$.

如果 $a = 5$,那么 $5^2 \leqslant n < 7^2$, $1 \times 3 \times 5 \mid n$,于是 $n \in \{30,45\}$. 因此 $n \in \{1,2,3,4,5,6,7,8,9,12,15,18,21,24,30,45\}$.

(D. Andrica, A. P. Ghioca,罗马尼亚数学冬令营 1984;RMT 数学杂志,NO. 1(1985),pp. 78,问题 T:21)

45 考虑数列 $(u_n)_{n\geqslant 1}$, $(v_n)_{n\geqslant 1}$,其定义为

$$n_1 = 3, v_1 = 2$$

与

$$u_{n+1} = 3u_n + 4v_n, v_{n+1} = 2u_n + 3v_n, n \geqslant 1$$

同时定义

$$x_n = u_n + v_n, y_n = u_n + 2v_n, n \geqslant 1$$

求证:对于所有的 $n \geqslant 1$,有

$$y_n = [x_n \sqrt{2}]$$

证 我们用归纳法证明

$$u_n^2 - 2v_n^2 = 1, n \geqslant 1 \qquad ①$$

对于 $n = 1$,结论成立. 设等式对某个 n 成立,我们有

$$u_{n+1}^2 - 2v_{n+1}^2 = (3u_n + 4v_n)^2 - 2(2u_n + 3v_n)^2 = u_n^2 - 2v_n^2 = 1$$

因此式 ① 对所有的 $n \geqslant 1$ 成立.

我们现在来证明

$$2x_n^2 - y_n^2 = 1, n \geqslant 1 \qquad ②$$

实际上

$$2x_n^2 - y_n^2 = 2(u_n + v_n)^2 - (u_n + 2v_n)^2 = u_n^2 - 2v_n^2 = 1$$

这正是所要求的结果. 由此得出

$$(x_n\sqrt{2} - y_n)(x_n\sqrt{2} + y_n) = 1, n \geqslant 1$$

注意

$$x_n\sqrt{2} + y_n > 1$$

于是

$$0 < x_n\sqrt{2} - y_n < 1, n \geqslant 1$$

因此

$$y_n = [x_n\sqrt{2}]$$

这正是所要求的结果.

(D. Andrica, GM - B 数学杂志, NO. 11(1979), pp. 430, 问题 O:97)

46 对于所有正整数 n, 定义

$$x_n = 2^{2^{n-1}} + 1$$

求证:

(i) $x_n = x_1 x_2 \cdots x_{n-1} + 2, n \in \mathbf{N}$;

(ii) $(x_k, x_l) = 1, k, l \in \mathbf{N}, k \neq l$;

(iii) 对于所有的 $n \geqslant 3$, x_n 的个位数为 7.

证 (i) 我们有

$$\begin{aligned} x_k &= 2^{2^{k-1}} + 1 \\ &= 2^{2^{k-2} \cdot 2} + 1 \\ &= (x_{k-1} - 1)^2 + 1 \\ &= x_{k-1}^2 + 2x_{k-1} + 2 \end{aligned}$$

因此

$$x_k - 2 = x_{k-1}(x_{k-1} - 2) \qquad ①$$

把关系式 ① 从 $k = 2$ 到 $k = n$ 相乘, 得出

$$x_n - 2 = x_{n-1} \cdots x_2 x_1 (x_1 - 2)$$

因为 $x_1 = 3$, 所以我们得出, 对于所有的 $n \geqslant 2$, 有

$$x_n = x_1 x_2 \cdots x_{n-1} + 2 \qquad ②$$

对于不同的证明, 利用恒等式

$$\frac{x^{2^{n-1}} - 1}{x - 1} = \prod_{k=1}^{n-1} (x^{2^{k-1}} + 1)$$

(ii) 对于所有的 n, 我们从关系式 ② 得出

$$\gcd(x_n, x_1) = \gcd(x_n, x_2) = \gcd(x_n, x_{n-1}) = 1$$

因此对于不同的正整数 k 与 l, 有

$$\gcd(x_k, x_l) = 1$$

(iii) 因为 $x_2 = 5$, $x_1 x_2 \cdots x_{n-1}$ 是奇数, 所以利用关系式, 由此得出当所有的整数 $n \geqslant 3$ 时, x_n 的个位数是 7.

(D. Andrica)

47 对于所有的整数 $n \geqslant 1$, 数列 $(a_n)_{n \geqslant 1}$ 定义为

$$a_1 = 1$$

与

$$a_{n+1} = 2a_n + \sqrt{3a_n^2 - 2}$$

求证: 对于所有的 n, a_n 是一整数.

证 我们有

$$(a_{n+1}-2a_n)^2=3a_n^2-2,n\geqslant 1$$

于是

$$a_{n+1}^2+a_n^2-4a_{n+1}a_n=-2$$

与

$$a_{n+2}^2+a_{n+1}^2-4a_{n+2}a_{n+1}=-2,n\geqslant 1$$

把这些关系式相减,得出

$$a_{n+2}^2-a_n^2-4a_{n+1}(a_{n+2}-a_n)=0$$

与

$$(a_{n+2}-a_n)(a_{n+2}+a_n-4a_{n+1})=0,n\geqslant 1$$

因为数列$(a_n)_{n\geqslant 1}$是递增的,所以由此得出

$$a_{n+2}=4a_{n+1}-a_n,n\geqslant 1$$

考虑到$a_1=1,a_2=3$,对n用归纳法,我们得出结论.

(T. Andreescu,GM-B 数学杂志,NO. 11(1977),pp. 453,问题16947;RMT 数学杂志,NO. 1(1978),pp. 51,问题2840)

48 对于所有的正整数n,数列$(a_n)_{n\geqslant 0}$与$(b_n)_{n\geqslant 0}$定义为

$$a_0=1$$

$$a_n=\frac{2a_{n-1}}{1+2a_{n-1}^2}$$

与

$$b_n=\frac{1}{1-2a_{n-1}^2}$$

求证:数列$(a_n)_{n\geqslant 0}$的所有项是不可约函数,数列$(b_n)_{n\geqslant 0}$的所有项是平方数.

证 对于$n=2$,我们有

$$a_2=\frac{2}{1+2}=\frac{2}{3}$$

设

$$a_n=\frac{p_n}{q_n}$$

其中p_n,q_n是整数,$\gcd(p_n,q_n)=1$. 于是

$$a_{n+1}=\frac{2p_nq_n}{q_n^2+2p_n^2}$$

只要证明$\gcd(2p_nq_n,q_n^2+2p_n^2)=1$即可.

用归纳法,设有整数d与k_1,k_2,使

$$2p_nq_n=k_1d$$

与

$$q_n^2+2p_n^2=k_2d$$

如果 $d=2$,那么

$$q_n^2=2k_2-2p_n^2$$

于是 q_n 是偶数.这是矛盾,因为 $q_1,q_2,\cdots,q_n$ 都是奇数.

如果 $d>2$,那么

$$q_n^3=(k_2q_n-k_1p_n)d$$

于是

$$d\mid q_n$$

因为 $q_n^2+2p_n^2=k_2d$,所以由此得出

$$d\mid p_n$$

这是错误的,因为 $\gcd(p_n,q_n)=1$.这就证明了我们的断言.

我们来证明

$$q_n^2-2p_n^2=1,n\geqslant 2 \quad ①$$

对于 $n=2$,我们有

$$q_2^2-2p_2^2=3^2-2\times 2^2=1$$

设 $q_n^2-2p_n^2=1$.因为

$$\frac{p_{n+1}}{q_{n+1}}=\frac{2p_nq_n}{q_n^2+2p_n^2}$$

是不可约的,我们得出

$$q_{n+1}=q_n^2+2p_n^2,p_{n+1}=2p_nq_n$$

从而

$$q_{n+1}^2-2p_{n+1}^2=(q_n^2+2p_n^2)^2-8p_n^2q_n^2=(q_n^2-2p_n^2)^2=1$$

这正是所要求的结果.

因此

$$b_n=\frac{1}{1-2a_{n-1}^2}=\frac{1}{1-2\frac{p_{n-1}^2}{q_{n-1}^2}}=\frac{q_{n-1}^2}{q_{n-1}^2-2p_{n-1}^2}=q_{n-1}^2$$

从而,对于所有的 $n\geqslant 2$,b_n 是完全平方数.

(T. Andreescu,RMT 数学杂志,NO.2(1977),pp.63,问题 3083;GM-B 数学杂志,NO.1(1981),pp.44,问题 C:88)

49 对所有的正整数 n,数列 $(x_n)_{n\geqslant 0}$ 与 $(y_n)_{n\geqslant 0}$ 定义为

$$x_0=3,y_0=2$$

$$x_n=3x_{n-1}+4y_{n-1},y_n=2x_{n-1}+3y_{n-1}$$

求证:当 $z_n=1+4x_n^2y_n^2$ 时,数列 $(z_n)_{n\geqslant 0}$ 不包含质数.

证 对 n 用归纳法,我们得出

$$x_n^2-2y_n^2=1,n\geqslant 1$$

因此,对于所有的 $n \geqslant 1$,有

$$\begin{aligned} z_n &= 1 + 4x_n^2y_n^2 \\ &= (x_n^2 - 2y_n^2)^2 + 4x_n^2y_n^2 \\ &= (x_n^2 + 2y_n^2)^2 - 4x_n^2y_n^2 \\ &= (x_n^2 + 2y_n^2 + 2x_ny_n)(x_n^2 + 2y_n^2 - 2x_ny_n) \end{aligned}$$

因为两个因式都大于1,所以由此得出,所有的数 z_n 都不是质数.

(T. Andreescu,RMT 数学杂志,NO.2(1976),pp.54,问题2571)

50 令 p 是正整数,x_1 是正实数.对于所有的正整数 n,数列 $(x_n)_{n\geqslant 1}$ 定义为

$$x_{n+1} = \sqrt{p^2+1}\,x_n + p\sqrt{x_n^2+1}$$

求证:在数列的前 m 项中,至少有 $\left[\frac{m}{3}\right]$ 个无理数.

证 我们有

$$(x_{n+1} - \sqrt{p^2+1}\,x_n)^2 = p^2(x_n^2+1)$$

或

$$x_{n+1}^2 - 2\sqrt{p^2+1}\,x_{n+1}x_n + (p^2+1)x_n^2 = p^2(x_n^2+1)$$

因此

$$x_n^2 - 2\sqrt{p^2+1}\,x_{n+1}x_n + x_{n+1}^2 - p^2 = 0$$

则

$$x_n = \sqrt{p^2+1}\,x_{n+1} \pm p\sqrt{x_{n+1}^2+1}$$

由假设,我们有

$$x_{n+1} > x_n$$

从而

$$x_n = \sqrt{p^2+1}\,x_{n+1} - p\sqrt{x_{n+1}^2+1} \quad ①$$

但是

$$x_{n+2} = \sqrt{p^2+1}\,x_{n+1} + p\sqrt{x_{n+1}^2+1} \quad ②$$

于是求关系式①与②的和,有

$$x_{n+2} = 2\sqrt{p^2+1}\,x_{n+1} - x_n \quad ③$$

因为 p 是正整数,所以由此得出 $\sqrt{p^2+1}$ 是无理数.我们从关系式③推出,在数列的任何相继三项中至少有一个无理数项.因此,在数列前 m 项中至少有 $\left[\frac{m}{3}\right]$ 个无理数项.

(T. Andreescu,RMT 数学杂志,NO.1 - 2(1980),pp.68,问题4139;GM - B 数学杂志,NO.6(1980),pp.281,问题C:48)

51 数列$(x_n)_{n\geqslant 0}$定义为:

1) 当且仅当 $n=0$ 时定义为 $x_n=0$;

2) 当所有的 $n\geqslant 0$ 时定义为

$$x_{n+1}=x^2_{[\frac{n+3}{2}]}+(-1)^n x^2_{[\frac{n}{2}]}$$

求闭形式的 x_n.

证 设 $n=0,n=1$,给出

$$x_1=x_1^2,x_2=x_2^2$$

因此

$$x_1=x_2=1$$

我们由已知条件得出

$$x_{2n+1}=x_{n+1}^2+x_n^2,x_{2n}=x_{n+1}^2-x_{n-1}^2$$

这两个关系式相减,蕴含

$$x_{2n+1}-x_{2n}=x_n^2+x_{n-1}^2=x_{2n-1}$$

因此

$$x_{2n+1}=x_{2n}+x_{2n-1},n\geqslant 1 \quad ①$$

我们对 n 用归纳法证明

$$x_{2n}=x_{2n-1}+x_{2n-2},n\geqslant 1 \quad ②$$

实际上,有

$$x_2=x_1+x_0$$

设式②对 n 成立. 于是

$$\begin{aligned}x_{2n+2}-x_{2n}&=x_{n+2}^2-x_n^2-x_{n+1}^2+x_{n-1}^2\\&=(x_{n+1}+x_n)^2-x_n^2-x_{n+1}^2+(x_{n+1}-x_n)^2 \quad (*)\\&=x_{n+1}^2+x_n^2=x_{2n+1}\end{aligned}$$

这正是所要求的结果(因为式①与归纳法假设,所以等式(*)成立).

由关系式①与②得出,对所有的 $n\geqslant 0$,有

$$x_{n+2}=x_{n+1}+x_n$$

因为 $x_0=0,x_1=1$,所以数列$(x_n)_{n\geqslant 0}$是斐波那契数列,因此

$$x_n=\frac{1}{\sqrt{5}}\left[\left(\frac{1+\sqrt{5}}{2}\right)^n-\left(\frac{1-\sqrt{5}}{2}\right)^n\right]$$

(T. Andreescu,罗马尼亚数学冬令营 1984;RMT 数学杂志,NO. 1(1985),pp. 73,问题 T:3)

52 数列$(a_n)_{n\geqslant 0}$定义为

$$a_0=0,a_1=1,a_2=2,a_3=6$$

与

$$a_{n+4}=2a_{n+3}+a_{n+2}-2a_{n+1}-a_n,n\geqslant 0$$

求证:对于所有的$n>0$,$n\mid a_n$.

证 从假设推出

$$a_4=12,a_5=25,a_6=48$$

我们有

$$\frac{a_1}{1}=1,\frac{a_2}{2}=1,\frac{a_3}{3}=2,\frac{a_4}{4}=3,\frac{a_5}{5}=5,\frac{a_6}{6}=8$$

于是对于所有的$n=1,2,3,4,5,6$,有

$$\frac{a_n}{n}=F_n$$

其中$(F_n)_{n\geqslant 1}$是斐波那契数列.

我们用归纳法来证明,对于所有的n,有

$$a_n=nF_n$$

实际上,对于$k\leqslant n+3$,设

$$a_k=kF_k$$

我们有

$$\begin{aligned}a_{n+4}&=2(n+3)F_{n+3}+(n+2)F_{n+2}-2(n+1)F_{n+1}-nF_n\\&=2(n+3)F_{n+3}+(n+2)F_{n+2}-2(n+1)F_{n+1}-n(F_{n+2}-F_{n+1})\\&=2(n+3)F_{n+3}+2F_{n+2}-(n+2)F_{n+1}\\&=2(n+3)F_{n+3}+2F_{n+2}-(n+2)(F_{n+3}-F_{n+2})\\&=(n+4)(F_{n+3}+F_{n+2})\\&=(n+4)F_{n+4}\end{aligned}$$

这正是所要求的结果.

(D. Andrica,RMT 数学杂志,NO. 1(1986),pp. 106,问题 C8:2)

53 令$x_1=x_2=x_3=1$,且对于所有的正整数n,令

$$x_{n+3}=x_n+x_{n+1}x_{n+2}$$

求证:对于任何的正整数m,有一整数$k>0$,使$m\mid x_k$.

证 注意,设$x_0=0$,条件对$n=0$是满足的.

我们来证明,有一整数$k\leqslant m^3$,使$x_k\mid m$. 令r_t是在$t=0,1,\cdots,m^3+2$时,x_t除以m的余数. 考虑三元数组(r_0,r_1,r_2),(r_1,r_2,r_3),$\cdots$,$(r_{m^3},r_{m^3+1},r_{m^3+2})$. 因为$r_t$可以取$m$个值,所以由鸽笼原理推出,至少有两个三元数组相等. 令p是使三元数组$(r_p,r_{p+1},

r_{p+2}) = 另一个三元数组(r_q,r_{q+1},r_{q+2}) 的最小数,$p < q \leqslant m^3$. 我们要求 $p=0$.

用反证法,设 $p \geqslant 1$. 利用假设,我们有

$$r_{p+2} \equiv r_{p-1} + r_p r_{p+1} \pmod m$$

与

$$r_{q+2} \equiv r_{q-1} + r_q r_{q+1} \pmod m$$

因为

$$r_p = r_q, r_{p+1} = r_{q+1}, r_{p+2} = r_{q+2}$$

所以得出

$$r_{p-1} = r_{q-1}$$

于是

$$(r_{p-1}, r_p, r_{p+1}) = (r_{q-1}, r_q, r_{q+1})$$

这与 p 的最小值矛盾. 从而

$$p = 0$$

于是

$$r_q = r_0 = 0$$

因此

$$x_q \equiv 0 \pmod m$$

(T. Andreescu, D. Mihet, RMT 数学杂志, NO. 1(1986), pp. 106, 问题 C8:1)

54 对于所有的整数 $n>0$,令$(a_n)_{n\geqslant 0}$ 是一数列,定义为

$$a_0 = 0, a_1 = 1$$

且

$$\frac{a_{n+1} - 3a_n + a_{n-1}}{2} = (-1)^n$$

求证:对于所有的 $n \geqslant 0$, a_n 是一完全平方数.

证 注意

$$a_2 = 1, a_3 = 4, a_4 = 9, a_5 = 25$$

于是

$$a_0 = F_0^2, a_1 = F_1^2, a_2 = F_2^2, a_3 = F_3^2, a_4 = F_4^2, a_5 = F_5^2$$

其中$(F_n)_{n\geqslant 0}$ 是斐波那契数列.

我们用归纳法来证明,对于所有的 $n \geqslant 0$,有

$$a_n = F_n^2$$

对于所有的 $k \leqslant n$,设

$$a_k = F_k^2$$

因此

$$a_n = F_n^2, a_{n-1} = F_{n-1}^2, a_{n-2} = F_{n-2}^2 \qquad ①$$

由已知关系式,我们得出

$$a_{n+1}-3a_n+a_{n-1}=2\cdot(-1)^n$$

与

$$a_n-3a_{n-1}+a_{n-2}=2\cdot(-1)^{n-1},n\geqslant 2$$

求这些等式的和,给出

$$a_{n+1}-2a_n-2a_{n-1}+a_{n-2}=0,n\geqslant 2 \quad ②$$

利用关系式 ① 与 ②,我们得出

$$\begin{aligned}a_{n+1}&=2F_n^2+2F_{n-1}^2-F_{n-2}^2\\&=(F_n+F_{n-1})^2+(F_n-F_{n-1})^2-F_{n-2}^2\\&=F_{n+1}^2+F_{n-2}^2-F_{n-2}^2=F_{n+1}^2\end{aligned}$$

这正是所要求的结果.

(T. Andreescu,RMT数学杂志,NO.2(1986),pp.108,问题C8:8)

 令

$$a_1=a_2=97$$

与

$$a_{n+1}=a_na_{n-1}+\sqrt{(a_n^2-1)(a_{n-1}^2-1)},n>1$$

求证:a) $2+2a_n$ 是完全平方数;

b) $2+\sqrt{2+2a_n}$ 是完全平方数.

证 表达式 a^2-1 与 $2+2a$ 要求代换 $a=\frac{1}{2}(b^2+\frac{1}{b^2})$. 等式 $\frac{1}{2}(b^2+\frac{1}{b^2})=97$ 蕴含 $(b+\frac{1}{b})^2=196$,因此 $b+\frac{1}{b}=14$. 设 $b=c^2$,给出 $(c+\frac{1}{c})^2=16$,从而 $c+\frac{1}{c}=4$. 令 $c=2+\sqrt{3}$. 我们将用归纳法证明

$$a_n=\frac{1}{2}\left(c^{4F_n}+\frac{1}{c^{4F_n}}\right),n\geqslant 1$$

其中 F_n 是第 n 个斐波那契数.

实际上,这对 $n=1,n=2$ 成立,设

$$a_k=\frac{1}{2}\left(c^{4F_k}+\frac{1}{c^{4F_k}}\right),k\leqslant n$$

蕴含

$$a_{n+1}=\frac{1}{4}\left(c^{4F_n}+\frac{1}{c^{4F_n}}\right)\left(c^{4F_{n-1}}+\frac{1}{c^{4F_{n-1}}}\right)+\frac{1}{4}\left(c^{4F_n}-\frac{1}{c^{4F_n}}\right)\left(c^{4F_{n-1}}-\frac{1}{c^{4F_{n-1}}}\right)$$

$$= \frac{1}{2} + \left(c^{4F_{n+1}} + \frac{1}{c^{4F_{n+1}}}\right)$$

于是

$$2 + 2a_n = 2 + c^{4F_n} + \frac{1}{c^{4F_n}} = \left(c^{2F_n} + \frac{1}{c^{2F_n}}\right)^2$$

与

$$2 + \sqrt{2 + 2a_n} = 2 + c^{2F_n} + \frac{1}{c^{2F_n}} = \left(c^{F_n} + \frac{1}{c^{F_n}}\right)^2$$

因此,对于所有的正整数 m,$c^m + \frac{1}{c^m}$ 是整数.

(T. Andreescu,美国数学奥林匹克短评,1997)

56 令 $k \geqslant 2$ 是一整数. 对于所有的 $n > 0$,数列 $(a_n)_{n>0}$ 定义为 $a_0 = 0$ 与 $a_n - a_{[\frac{n}{k}]} = 1$.

求这个数列通项 a_n 的闭形式.

解 我们对 m 用归纳法来证明:

如果 $k^m \leqslant n < k^{m+1}$,那么

$$a_n = 1 + m \quad ①$$

对于 $m = 0$,断言是正确的,因为如果 $1 \leqslant n \leqslant k$,那么

$$\left[\frac{n}{k}\right] = 0$$

所以

$$a_n = 1 + a_0 = 1 + 0$$

设关系式 ① 对 m 成立,则当 $k^{m+1} \leqslant n < k^{m+2}$ 时,我们有

$$k^m \leqslant \frac{n}{k} < k^{m+1}$$

于是

$$k^m \leqslant \left[\frac{n}{k}\right] < k^{m+1}$$

利用归纳法假设,我们推出

$$a_{[\frac{n}{k}]} = 1 + m$$

于是

$$a_n = 1 + a_{[\frac{n}{k}]} = 1 + (m + 1)$$

这正是所要求的结果.

(T. Andreescu,RMT 数学杂志,NO. 2(1982),pp. 66,问题 4997)

57 令 $a_0 = a_1 = 3$ 与 $n \geqslant 1$ 时 $a_{n+1} = 7a_n - a_{n-1}$.

求证:当所有的 $n \geqslant 1$ 时,a_{n-2} 是一完全平方数.

证法一 我们来证明,对于所有的 $n \geq 1$,有 $a_{n-2} = b_n^2$,其中 $b_0 = -1, b_1 = 1, b_{n+1} = 3b_n - b_{n-1}$. 这对 $n = 0$ 与 $n = 1$ 是显然的.

设当任一 $k \leqslant n$ 时,我们有 $a_k - 2 = b_k^2$. 从关系式 $a_{n+1} = 7a_n - a_{n-1}$ 减去关系式 $a_n = 7a_{n-1} - a_{n-2}$,得出

$$a_{n+1} = 8a_n - 8a_{n-1} + a_{n-2}$$

即

$$a_{n+1} - 2 = 8(a_n - 2) - 8(a_{n-1} - 2) + (a_{n-2} - 2)$$

因此

$$\begin{aligned} a_{n+1} - 2 &= 8b_n^2 - 8b_{n-1}^2 + b_{n-2}^2 \\ &= 8b_n^2 - 8b_{n-1}^2 + (3b_{n-1} - b_n)^2 \\ &= 9b_n^2 - 6b_n b_{n-1} + b_{n-1}^2 \\ &= (3b_n - b_{n-1})^2 = b_{n+1}^2 \end{aligned}$$

证法二 数列的通项由下式给出

$$a_n = \left(\frac{1+\sqrt{5}}{2}\right)^{4n-2} + \left(\frac{1-\sqrt{5}}{2}\right)^{4n-2}, n \geqslant 0$$

因此

$$a_n - 2 = \left[\left(\frac{1+\sqrt{5}}{2}\right)^{2n-1} + \left(\frac{1-\sqrt{5}}{2}\right)^{2n-1}\right]^2$$

用归纳法证明,对所有的 n

$$\left(\frac{1+\sqrt{5}}{2}\right)^{2n-1} + \left(\frac{1-\sqrt{5}}{2}\right)^{2n-1}$$

是一整数.

(T. Andreescu)

58 令 α 与 β 是非负整数,使 $\alpha^2 + 4\beta$ 不是完全平方数. 对于所有的整数 $n \geqslant 0$,数列 $(x_n)_{n \geqslant 0}$ 定义为

$$x_{n+2} = \alpha x_{n+1} + \beta x_n$$

其中 x_1 与 x_2 是正整数.

求证:没有一个正整数 n_0,使

$$x_{n_0}^2 = x_{n_0-1} x_{n_0+1}$$

证法一 注意,数列的所有的项都是正整数.

用反证法,设有一正整数 n_0,使

$$x_{n_0}^2 = x_{n_0-1} x_{n_0+1}$$

则

$$\frac{x_{n_0+1}}{x_{n_0}} = \frac{x_{n_0}}{x_{n_0-1}} = t$$

其中 t 是有理数.

因为

$$x_{n_0+1} = \alpha x_{n_0} + \beta x_{n_0-1}$$

所以由此得出

$$\frac{x_{n_0+1}}{x_{n_0}} = \alpha + \beta \frac{x_{n_0-1}}{x_{n_0}}$$

或

$$t^2 - \alpha t - \beta = 0$$

最后这个方程没有有理根,因为判别式 $\Delta = \alpha^2 + 4\beta$ 不是完全平方数. 这是矛盾,因此问题得到解答.

证法二 我们从问题的条件得出

$$\alpha x_n = x_{n+1} - \beta x_{n-1}, n \geqslant 1 \quad ①$$

用反证法,设有一正整数 n_0,使

$$x_{n_0}^2 = x_{n_0-1} x_{n_0+1} \quad ②$$

我们从关系式 ① 与 ② 得出

$$(\alpha^2 + 4\beta) x_{n_0}^2 = (x_{n_0+1} + \beta x_{n_0-1})^2$$

这是错误的,因为 $\alpha^2 + 4$ 不是平方数. 这就完成了证明.

(D. Andrica)

59 令 $n > 1$ 是整数.

求证:没有一个无理数 a,使 $\sqrt[n]{a + \sqrt{a^2 - 1}} + \sqrt[n]{a - \sqrt{a^2 - 1}}$ 是有理数.

证 用反证法,设有一无理数 a,使

$$A = \sqrt[n]{a + \sqrt{a^2 - 1}} + \sqrt[n]{a - \sqrt{a^2 - 1}}$$

是无理数.

定义

$$\alpha = \sqrt[n]{a + \sqrt{a^2 - 1}}$$

注意

$$\sqrt[n]{a - \sqrt{a^2 - 1}} = \frac{1}{\alpha}$$

因此 $A = \alpha + \frac{1}{\alpha}$ 是有理数.

我们来证明 $\alpha^n + \frac{1}{\alpha^n}$ 是有理数.

实际上

$$\alpha^2 + \frac{1}{\alpha^2} = \left(\alpha + \frac{1}{\alpha}\right)^2 - 2$$

是有理数,且

$$\alpha^3+\frac{1}{\alpha^3}=\left(\alpha+\frac{1}{\alpha}\right)^3-3\left(\alpha+\frac{1}{\alpha}\right)$$

是有理数.

利用恒等式

$$\alpha^k+\frac{1}{\alpha^k}=\left(\alpha^{k-1}+\frac{1}{\alpha^{k-1}}\right)\left(\alpha+\frac{1}{\alpha}\right)-\left(\alpha^{k-2}+\frac{1}{\alpha^{k-2}}\right)$$

用归纳法,由此得出,对于所有正整数 k,$\alpha^k+\frac{1}{\alpha^k}$ 是有理数,从而 $\alpha^n+\frac{1}{\alpha^n}$ 是有理数.

因此 $a+\sqrt{a^2-1}+a-\sqrt{a^2-1}=2a$ 是有理数,这是错误的. 解答完毕.

(T. Andreescu,罗马尼亚国际数学奥林匹克选拔考试 1977;RMT 数学杂志,NO. 1(1978),pp. 78,问题 3344)

60 求证:对于符号"+"与"-"的不同选择,表达式

$$\pm 1\pm 2\pm 3\pm\cdots\pm(4n+1)$$

给出的所有奇正整数小于或等于 $(2n+1)(4n+1)$.

证　我们对 n 用归纳法,我们从 $\pm 1\pm 2\pm 3\pm 4\pm 5$ 得出,所有的正奇数小于或等于 $(2+1)\times(4+1)=15$:

$$+1-2+3+4-5=1$$
$$-1+2+3+4-5=3$$
$$-1+2+3-4+5=5$$
$$-1+2-3+4+5=7$$
$$-1-2+3+4+5=9$$
$$+1-2+3+4+5=11$$
$$-1+2+3+4+5=13$$
$$+1+2+3+4+5=15$$

设从 $\pm 1\pm 2\pm\cdots\pm(4n+1)$ 用符号"+"与"-"的适当选择,我们得出小于或等于 $(2n+1)(4n+1)$ 的所有正奇数.

注意

$$-(4n+2)+(4n+3)+(4n+4)-(4n+5)=0$$

因此,从 $\pm 1\pm 2\pm\cdots\pm(4n+5)$ 用符号"+"与"-"的适当选择,我们得出小于或等于 $(2n+1)(4n+1)$ 的所有正奇数.

只要得出所有的奇数 m,使

$$(2n+1)(4n+1)<m\leqslant(2n+3)(4n+5)\qquad①$$

则有

$$\frac{(2n+3)(4n+5)-(2n+1)(4n+1)}{2}=8n+7$$

个这样的奇数 m.

我们有

$$(2n+3)(4n+5)=+1+2+\cdots+(4n+5)$$

$$\begin{aligned}&(2n+3)(4n+5)-2k\\&=+1+2+\cdots+(k-1)-k+(k+1)+\cdots+\\&\quad(4n+4)+(4n+5),k=1,2,\cdots,4n+5\end{aligned}$$

与

$$\begin{aligned}&(2n+1)(4n+5)-2l\\&=+1+2+\cdots+(l-1)-l+(l+1)+\cdots+\\&\quad(4n+4)+(4n+5),l=1,2,\cdots,4n+1\end{aligned}$$

因此,从关系式 ① 得出所有的数 m,这正是所要求的结果.

(D. Andrica,GM - B 数学杂志,NO. 2(1986),pp. 63,问题 C:570)

第3章　几　何　学

1 $\triangle ABC$ 的边长等于 a,b,c. 当 a^2,b^2,c^2 可以作为一个三角形的边长时,求这个三角形的角的充分必要条件.

证　当且仅当

$$a^2+b^2>c^2,b^2+c^2>a^2,c^2+a^2>b^2$$

时,正实数 a^2,b^2,c^2 可以作为三角形的边长.

因为

$$\begin{cases}\cos A=\dfrac{b^2+c^2-a^2}{2bc}\\ \cos B=\dfrac{c^2+a^2-b^2}{2ca}\\ \cos C=\dfrac{a^2+b^2-c^2}{2ab}\end{cases} \quad ①$$

所以关系式 ① 等价于

$$\cos A>0,\cos B>0,\cos C>0$$

因此充分必要条件是 $\triangle ABC$ 是锐角三角形.

(D. Andrica,RMT 数学杂志,NO.2(1978),pp.48,问题3507)

2 求证:当一个三角形的边长等于 $\triangle ABC$ 的中线时,这个三角形的面积等于 $\triangle ABC$ 的面积的 $\dfrac{3}{4}$.

证法一　令 A',B',C' 分别是边 BC,CA,AB 的中点. 作点 M,使 $BCMC'$ 是平行四边形. 注意 $AC'CM$ 与 $BB'MA'$ 也是平行四边形,从而

$$AM=CC',A'M=BB'$$

因此由中线确定的三角形是 $\triangle AA'M$.

令 N 是直线 $B'C'$ 与 AA' 的交点. 因为 $AC'A'B'$ 是平行四边形,所以我们有

$$C'N=B'N=\frac{1}{2}B'M$$

于是点 B' 是 $\triangle AA'M$ 的重心. 因此

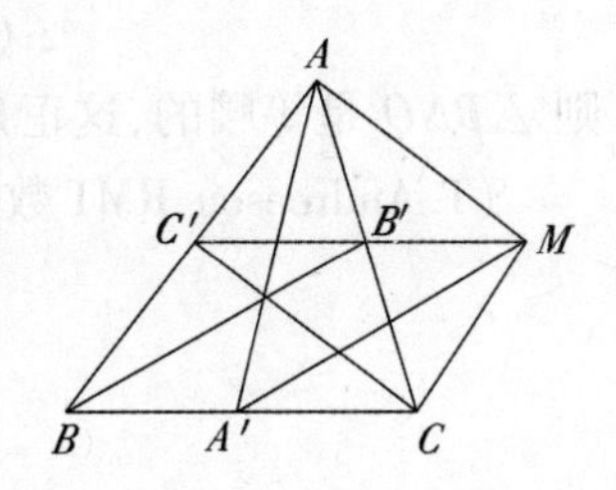

题2图

$$S_{\triangle AA'M}=3S_{\triangle AA'B'}=\frac{3}{2}S_{\triangle AA'c}=\frac{3}{4}S_{\triangle ABC}$$

证法二　考虑向量

$$\boldsymbol{a}=\overrightarrow{BC},\boldsymbol{b}=\overrightarrow{AC},\boldsymbol{c}=\overrightarrow{AB},\boldsymbol{m}_a=\overrightarrow{AA'},\boldsymbol{m}_b=\overrightarrow{BB'}$$

注意

$$\boldsymbol{m}_a=\frac{1}{2}(\boldsymbol{b}+\boldsymbol{c}),\boldsymbol{m}_b=\frac{1}{2}(\boldsymbol{a}-\boldsymbol{c})=\frac{1}{2}(\boldsymbol{b}-2\boldsymbol{c})$$

我们得出

$$\boldsymbol{m}_a\times\boldsymbol{m}_b=\frac{1}{4}(\boldsymbol{b}+\boldsymbol{c})\times(\boldsymbol{b}-2\boldsymbol{c})=\frac{3}{4}(\boldsymbol{c}\times\boldsymbol{b})$$

因此$|\boldsymbol{m}_a\times\boldsymbol{m}_b|=\frac{3}{4}|\boldsymbol{c}\times\boldsymbol{b}|$,这就推出结论.

(T. Andreescu)

3 在$\triangle ABC$中,中线AM与内角平分线相交于点P.令Q是直线CP与AB的交点.

求证:$\triangle BNQ$是等腰三角形.

证　如果BP与AC相交于点P,那么由塞瓦定理我们得出

$$\frac{QA}{QB}\cdot\frac{MB}{MC}\cdot\frac{NC}{NA}=1$$

因为

$$MB=MC$$

所以我们有

$$\frac{QA}{QB}=\frac{NA}{NC}$$

因此

$$QN\ /\!/\ BC$$

从而

$$\angle NBC=\angle QNB$$

另一方面,因为BN平分$\angle ABC$,所以由此得出

$$\angle NBC=\angle QBN$$

因此

$$\angle QNB=\angle QBN$$

则$\triangle BNQ$是等腰的,这正是所需要的结果.

(T. Andreescu,RMT 数学杂志,NO. 1(1978),pp. 66,问题 3286)

4 在 $\triangle ABC$ 中,平行于 AB 的中位线与从点 A,B 作出的高分别相交于点 D,E. 平行于 AC 的中位线与从点 A,C 作出的高分别相交于点 F,G.

求证:$DC \parallel BF \parallel GE$.

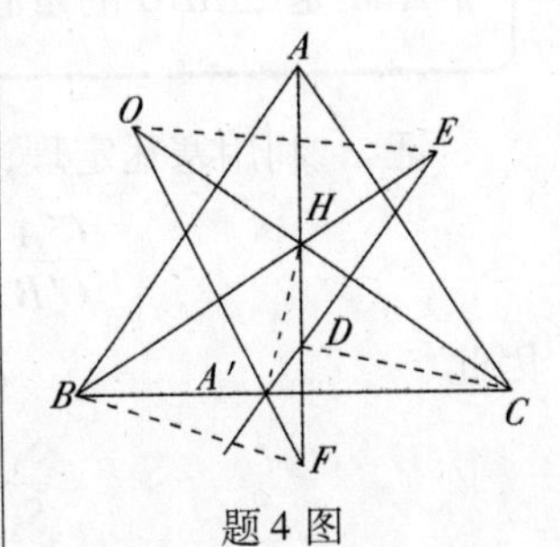

题4图

证 令 H 是 $\triangle ABC$ 的垂心,A' 是边 BC 的中点. 因为

$$FA' \parallel AC$$

所以由此得出

$$FA' \perp BH$$

并且

$$BA' \perp HF$$

于是 A' 是 $\triangle BHF$ 的垂心. 因此

$$HA' \perp BF \qquad ①$$

另一方面

$$A'D \parallel AB$$

于是

$$A'D \perp HC$$

因为

$$HD \perp A'D$$

所以由此得出 D 是 $\triangle HA'C$ 的垂心,因此

$$DC \perp HA' \qquad ②$$

注意

$$GH \perp AB, EH \perp AC$$

因为

$$AB \parallel A'E, AC \parallel GA'$$

所以我们有

$$GH \perp A'E, EH \perp GA'$$

于是 H 是 $\triangle A'EG$ 的垂心,因此

$$A'H \perp GE \qquad ③$$

从关系式 ①,②,③,我们得出

$$DC \parallel BF \parallel GE$$

这正是所要求的结果.

(T. Andreescu)

5 令 M 是 $\triangle ABC$ 内部一点. 直线 AM, BM, CM 与边 BC, CA, AB 分别相交于点 A', B', C'. 用 $S_1, S_2, S_3, S_4, S_5, S_6$ 分别表示 $\triangle MA'B, \triangle MA'C, \triangle MB'C, \triangle MB'A, \triangle MC'A, \triangle MC'B$ 的面积.

求证:如果

$$\frac{S_1}{S_2}+\frac{S_3}{S_4}+\frac{S_5}{S_6}=3$$

那么 M 是 $\triangle ABC$ 的重心.

证 利用塞瓦定理,我们得出

$$\frac{C'A}{C'B}\cdot\frac{A'B}{A'C}\cdot\frac{B'C}{B'A}=1$$

因此

$$\frac{S_1}{S_2}\cdot\frac{S_3}{S_4}\cdot\frac{S_5}{S_6}=1$$

已知条件现在读作

$$\frac{S_1}{S_2}+\frac{S_3}{S_4}+\frac{S_5}{S_6}=3\sqrt[3]{\frac{S_1}{S_2}\cdot\frac{S_3}{S_4}\cdot\frac{S_5}{S_6}}$$

于是

$$\frac{S_1}{S_2}=\frac{S_3}{S_4}=\frac{S_5}{S_6}=1$$

这蕴含

$$\frac{C'A}{C'B}=\frac{A'B}{A'C}=\frac{B'C}{B'A}=1$$

由此得出 A', B', C' 是三角形各边的中点, M 是重心,这正是所要求的结果.

(T. Andreescu, RMT 数学杂志, NO. 1(1974), pp. 23, 问题 1904; GM - B 数学杂志, NO. 2(1979), pp. 63, 问题 O:16)

6 令 M 是 $\triangle ABC$ 内部一点, M, P, Q 是边 AB, BC 与直线 CA 上的三个共线点.

求证:如果

$$\frac{S_{\triangle MAN}}{S_{\triangle MBN}}+\frac{S_{\triangle MBP}}{S_{\triangle MCP}}=2\sqrt{\frac{S_{\triangle MAQ}}{S_{\triangle MCQ}}}$$

那么 MP 与 AC 斜平行.

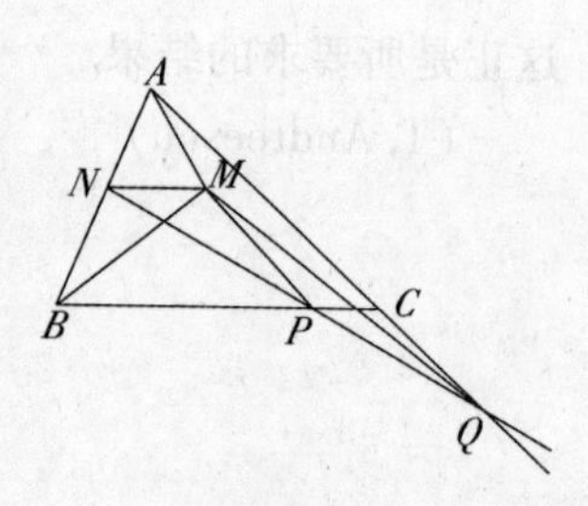

题6图

证 利用门纳劳斯定理给出

$$\frac{NA}{NB}\cdot\frac{AB}{BC}\cdot\frac{QC}{QA}=1$$

因此

$$\frac{S_{\triangle MAN}}{S_{\triangle MBN}} \cdot \frac{S_{\triangle MBA}}{S_{\triangle MCA}} \cdot \frac{S_{\triangle MCQ}}{S_{\triangle MAQ}} = 1$$

或

$$\frac{S_{\triangle MAN}}{S_{\triangle MBN}} \cdot \frac{S_{\triangle MBP}}{S_{\triangle MCP}} = \frac{S_{\triangle MQA}}{S_{\triangle MCQ}}$$

从假设中的条件推出

$$\frac{S_{\triangle MAN}}{S_{\triangle BMN}} + \frac{S_{\triangle MBP}}{S_{\triangle MCP}} = 2\sqrt{\frac{S_{\triangle MAN}}{S_{\triangle BMN}} \cdot \frac{S_{\triangle MBP}}{S_{\triangle MCP}}}$$

于是

$$\frac{S_{\triangle MAN}}{S_{\triangle BMN}} = \frac{S_{\triangle MBP}}{S_{\triangle MCP}}$$

从而

$$\frac{NA}{NB} = \frac{PB}{PC}$$

因此 NP 与 AC 斜平行.

(T. Andreescu,RMT 数学杂志,NO.1(1978),pp.66,问题3287;GM - B 数学杂志,NO.2(1979),pp.56,问题17607)

7 令 a,b,c 与 S 是 $\triangle ABC$ 的边长与面积.

求证:如果 P 是 $\triangle ABC$ 的一内点,使

$$aPA + bPB + cPC = 4S$$

那么 P 是这个三角形的垂心.

证 令 A_1,B_1,C_1 是三角形的高线的足,A',B',C' 是点 P 在各边上的射影.

如果 P 是三角形的垂心,那么等式成立.

用反证法,设 P 不是三角形的垂心,且

$$aPA + bPB + cPC = 4S$$

于是不等式

$$PA + PA' \geqslant AA_1, PB + PB' \geqslant BB_1, PC + PC' \geqslant CC_1$$

中至少有两个是严格不等式.

由此得出

$$aPA + bPB + cPC > a(AA_1 - PA') + b(BB_1 - PB') + c(CC_1 - PC')$$

或

$$4S > aAA_1 + bBB_1 + cCC_1 - (aPA' + bPB' + cPC')$$

因此

$$4S > 6S - 2S = 4S$$

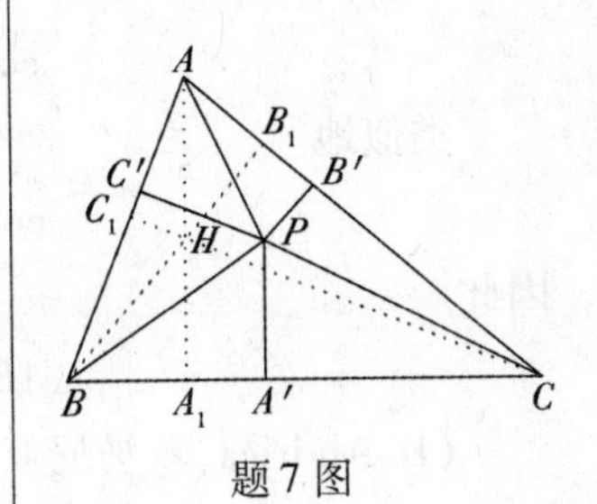

题7图

这是错误的.

(T. Andreescu,RMT 数学杂志,NO.2(1978),pp.74, 问题3689;GM - B 数学杂志,NO.2(1980),pp.64,问题18122)

8 令 I_1,I_2 是 $\triangle A_1B_1C_1$ 与 $\triangle A_2B_2C_2$ 的内心.

求证:如果 I_1 与 I_2 分内角平分线 A_1A_1',A_2A_2' 之比等于分内角平分线 B_1B_1',B_2B_2' 之比,那么

$$\triangle A_1B_1C_1 \backsim \triangle A_2B_2C_2$$

证 利用范奥别尔定理与角平分线定理,得出

$$\frac{IA}{IA'} = \frac{B'A}{B'C} + \frac{C'A}{C'B} = \frac{b+c}{a} = k_1$$

与

$$\frac{IB}{IB'} = \frac{A'B}{A'C} + \frac{C'B}{C'A} = \frac{c+a}{b} = k_2$$

令

$$\frac{IC}{IC'} = \frac{a+b}{c} = k_3$$

注意到

$$k_1+1 = \frac{2p}{a}, k_2+1 = \frac{2p}{b}, k_3+1 = \frac{2p}{c}$$

其中 p 是半周长. 因此

$$\frac{1}{k_1+1} + \frac{1}{k_2+1} + \frac{1}{k_3+1} = 1$$

于是

$$k_3 = \frac{k_1+k_2+2}{k_1k_2-1}$$

并且,因为

$$\cos A = \frac{1}{2}\left[\frac{k_2+1}{k_3+1} + \frac{k_3+1}{k_2+1} - \frac{(k_2+1)(k_3+1)}{(k_1+1)^2}\right]$$

我们看到 $\cos A$ 只依赖于 k_1 与 k_2. 从而

$$\cos A = \cos A_1$$

类似地

$$\cos B = \cos B_1$$

因此

$$\triangle ABC \backsim \triangle A_1B_1C_1$$

(D. Andrica,罗马尼亚部分地区数学竞赛"格里戈利 · 莫伊西尔",1999;RMT 数学杂志,1999,pp.87)

9 在 $\triangle ABC$ 的边 BC 上,考虑点 M 与 N,使

$$\angle BAM \equiv \angle CAN$$

求证

$$\frac{MB}{MC}+\frac{NB}{NC}\geqslant 2\frac{AB}{AC}$$

证 利用施泰纳定理,我们得出

$$\frac{MB\cdot NB}{MC\cdot NC}=\frac{AB^2}{AC^2}$$

利用算术平均数 - 几何平均数不等式,给出

$$\frac{MB}{MC}+\frac{NB}{NC}\geqslant 2\sqrt{\frac{MB\cdot NB}{MC\cdot NC}}=2\frac{AB}{AC}$$

这正是所要求的结果.

只有当 AM 与 AN 和角 A 的内角平分线重合时,以上等式才成立.

(T. Andreescu)

10 令 M 是 $\mathrm{Rt}\triangle ABC$ 的斜边 BC 上一点,点 N,P 是从点 M 到 AB 与 AC 的垂线足.

求 M 的位置,使长度 NP 最小.

解 四边形 $APMN$ 是矩形,于是

$$NP=AM$$

因此当 $AM\perp BC$ 时 NP 最小,从而点 M 是从点 A 作出的高线的足.

(T. Andreescu)

11 令 $\triangle ABC$ 是等边三角形,P 是其内部的点. 令直线 AP,BP,CP 与边 BC,CA,AB 分别相交于点 A_1,B_1,C_1.

求证

$$A_1B_1\cdot B_1C_1\cdot C_1A_1\geqslant A_1B\cdot B_1C\cdot C_1A$$

证 把余弦定理应用于 $\triangle A_1B_1C_1$,我们得出

$$A_1B_1^2=A_1C^2+B_1C^2-A_1C\cdot B_1C$$

利用不等式

$$x^2+y^2-xy\geqslant xy$$

它对所有实数 x,y 成立,我们得出

$$A_1B_1^2\geqslant A_1C\cdot B_1C$$

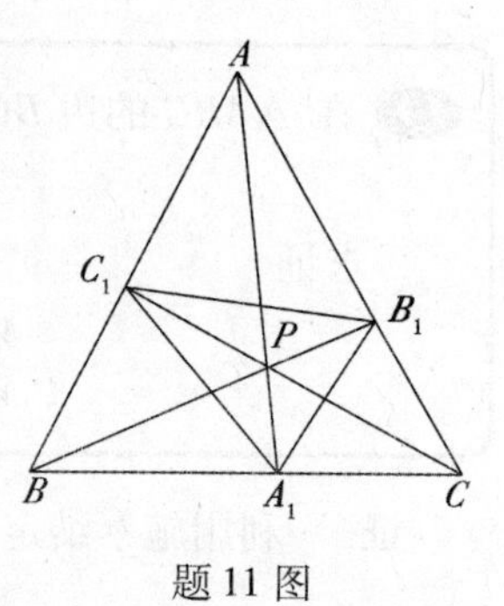

题 11 图

类似地,我们得出

$$B_1C_1^2 \geqslant B_1A \cdot C_1A$$

与

$$C_1A_1^2 \geqslant C_1B \cdot A_1B$$

把这三个不等式相乘,我们得出

$$(A_1B_1 \cdot B_1C_1 \cdot C_1A_1)^2 \geqslant A_1B \cdot A_1C \cdot B_1A \cdot B_1C \cdot C_1A \cdot C_1B$$

现在直线 AA_1, BB_1, CC_1 共点,于是

$$A_1B \cdot B_1C \cdot C_1A = A_1C \cdot B_1A \cdot C_1B$$

在代入且求平方根后,我们有

$$A_1B_1 \cdot B_1C_1 \cdot C_1A_1 \geqslant A_1B \cdot B_1C \cdot C_1A$$

这就是所要求的不等式. 当且仅当

$$CA_1 = CB_1, AB_1 = AC_1, BC_1 = BA_1$$

时等式成立,当且仅当 P 是 $\triangle ABC$ 的中心时等式也成立.

(T. Andreescu,1996 国际数学奥林匹克 1996 短评)

12 令 S 是具有以下等式的所有 $\triangle ABC$ 的集合

$$5\left(\frac{1}{AP}+\frac{1}{BQ}+\frac{1}{CR}\right)-\frac{3}{\min\{P,BQ,CR\}}=\frac{6}{r}$$

其中 r 是内径,P,Q,R 分别是内切圆与边 AB,BC,CA 的切点.

求证:S 中所有的三角形是等腰的,并且相似.

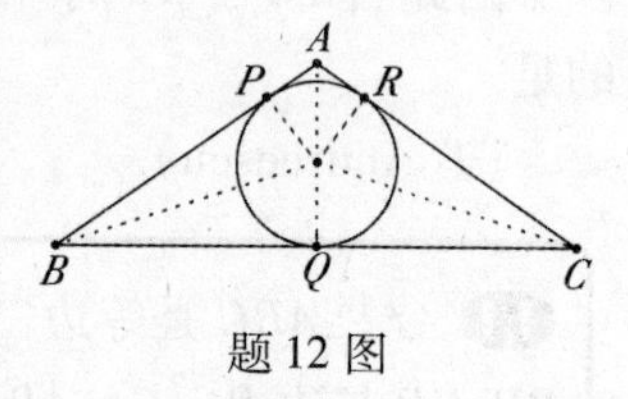

题 12 图

证法一 我们从以下引理开始:

引理 令 A,B,C 是 $\triangle ABC$ 的角,则

$$\tan\frac{A}{2}+\tan\frac{B}{2}+\tan\frac{B}{2}\tan\frac{C}{2}+\tan\frac{C}{2}\tan\frac{A}{2}=1$$

我们提出两种证法:

证法一 因为

$$\tan(\alpha+\beta)[1-\tan\alpha\tan\beta]=\tan\alpha\tan\beta$$

$$\tan(90^\circ-\alpha)=\cot\alpha=\frac{1}{\tan\alpha}$$

$$\frac{A}{2}+\frac{B}{2}+\frac{C}{2}=90^\circ$$

所以要求的恒等式由下式推出

$$\tan\frac{A}{2}\tan\frac{B}{2}+\tan\frac{B}{2}\tan\frac{C}{2}$$

$$=\tan\frac{B}{2}\left(\tan\frac{A}{2}+\tan\frac{C}{2}\right)$$

$$=\tan\frac{B}{2}\tan\left(\frac{A}{2}+\frac{C}{2}\right)\left[1-\tan\frac{A}{2}\tan\frac{C}{2}\right]$$

$$= \tan\frac{B}{2}\left(90^\circ - \frac{B}{2}\right)\left[1 - \tan\frac{A}{2}\tan\frac{C}{2}\right]$$

$$= 1 - \tan\frac{A}{2}\tan\frac{C}{2}$$

证法二　令 a,b,c,r,s 分别表示 $\triangle ABC$ 的边长、内径与半周长,则

$$S_{\triangle ABC} = rs, AP = s - a, \tan\frac{A}{2} = \frac{r}{s-a}$$

因此

$$\tan\frac{A}{2} = \frac{S_{\triangle ABC}}{s(s-a)}$$

同样地

$$\tan\frac{B}{2} = \frac{S_{\triangle ABC}}{s(s-b)}$$

$$\tan\frac{C}{2} = \frac{S_{\triangle ABC}}{s(s-c)}$$

所以由海伦公式,有

$$\tan\frac{A}{2}\tan\frac{B}{2} + \tan\frac{B}{2}\tan\frac{C}{2} + \tan\frac{C}{2}\tan\frac{A}{2}$$

$$= \frac{S_{\triangle ABC}^2}{s^2}\left[\frac{(s-c)+(s-a)+(s-b)}{(s-a)(s-b)(s-c)}\right]$$

$$= \frac{S_{\triangle ABC}^2}{s(s-a)(s-b)(s-c)} = 1$$

不失一般性,设 $AP = \min\{AP, BQ, CR\}$. 令

$$x = \tan\frac{A}{2}, y = \tan\frac{B}{2}, z = \tan\frac{C}{2}$$

则

$$AP = \frac{r}{x}, BQ = \frac{r}{y}, CR = \frac{r}{z}$$

问题陈述中已知的条件变为

$$2x + 5y + 5z = 6 \quad ①$$

引理中的方程是

$$xy + yz + zx = 1 \quad ②$$

从关系式 ① 与 ② 中消去 x,给出

$$5y^2 + 5z^2 + 8yz - 6y - 6z + 2 = 0$$

配方,我们得出

$$(3y-1)^2 + (3z-1)^2 = 4(y-z)^2$$

设 $3y - 1 = u, 3z - 1 = v$(即 $y = \frac{u+1}{3}, z = \frac{v+1}{3}$),给出

$$5u^2 + 8uv + 5v^2 = 0$$

因为二次方程的判别式是 $8^2 - 4 \times 24 < 0$,所以方程的唯一

实数解是

$$u = v = 0$$

因此只有 $\angle ABC$ 半角正切值的一个可能集合(即 $x = \frac{4}{3}, y = z = \frac{1}{3}$). 于是集合 S 中所有三角形是等腰的,而且彼此相似.

实际上,我们有

$$x = \frac{r}{AP} = \frac{4}{3}, y = z = \frac{r}{BQ} = \frac{r}{CQ} = \frac{1}{3} = \frac{4}{12}$$

于是我们可以设

$$r = 4, AP = AR = 3, BP = BQ = CQ = CR = 12$$

这导致

$$AB = AC = 15, BC = 24$$

由换算,知 S 中所有三角形与边长 5,5,8 的三角形相似.

我们还可以用半角公式来计算

$$\sin B = \sin C = \frac{2\tan\frac{C}{2}}{1+\tan^2\frac{C}{2}} = \frac{3}{5}$$

由此推出

$$AQ : QB : BA = 3 : 4 : 5, AB : AC : BC = 5 : 5 : 8$$

证法二 引入变量

$$p = y + z, q = yz - 1$$

后,关系式 ① 与 ② 分别变为

$$2x + 5p = 6$$

与

$$xp + q = 0$$

消去 x 后,给出

$$p(6 - 5q) + 2q = 0 \tag{③}$$

注意,y 与 z 是方程

$$t^2 - pt + (q + 1) = 0 \tag{④}$$

的根.

用关系式 ③ 中的 p 表示 q,并代入关系式 ④,我们得出以下关于 t 的二次方程

$$t^2 - pt + \frac{5p^2 - 6p + 2}{2} = 0$$

这个方程的判别式为 $-(3p-2)^2 \leqslant 0$. 因此只有在 $p = \frac{2}{3}$, $y = z = \frac{1}{3}$ 时,方程才有实数解.

注 我们还可以令

$$x = AP, y = BQ, z = CR$$

并利用事实

$$r(x + y + z) = S_{\triangle ABC} = \sqrt{xyz(x + y + z)}$$

来得出三个变量的二次方程. 不失一般性, 我们可以设 $x = 1$, 于是解答同以上方法进行.

(T. Andreescu, 美国数学奥林匹克, 2000)

13 令 ABC 是内接于半径为 R 的圆中的三角形, P 是 $\triangle ABC$ 内部的点.

求证

$$\frac{PA}{BC^2} + \frac{PB}{CA^2} + \frac{PC}{AB^2} \geqslant \frac{1}{R}$$

证 令 a, b, c, A, B, C 是 $\triangle ABC$ 的边长与角. 令 X, Y, Z 分别是从点 P 到直线 BC, CA, AB 的垂线足. 回忆不等式(爱尔特希 - 英德尔不等式证明中的主要组成部分)

$$PA\sin A \geqslant PY\sin C + PZ\sin B$$

这说明 YZ 的长大于或等于它在 BC 上的射影, 后者等于 PY 与 PZ 在 BC 上的射影长之和. 事实上, 因为

$$\angle AYP = \angle AZP = 90°$$

所以 $AZPY$ 内接于以 AP 为直径的圆. 由广义正弦定理, 知

$$YZ = PA\sin A$$

令 M 与 N 是从点 Z 与 Y 向直线 PX 所作的垂线足. 因为

$$\angle BZP = \angle BXP = 90°$$

所以 $PZBX$ 是圆内接四边形. 因此

$$\angle MPZ = B, ZM = PZ\sin B$$

类似地

$$YN = PY\sin C$$

于是关系式 ① 等价于

$$YZ \geqslant YN + MZ$$

两边同乘以 $2R$, 并利用广义正弦定理, 则关系式 ① 变为

$$aPA \geqslant cPY + bPZ$$

同样, 我们有

$$bPB \geqslant aPZ + cPX, cPC \geqslant bPX + aPY$$

利用这些不等式, 我们得出

$$\frac{PA}{a^2} + \frac{PB}{b^2} + \frac{PC}{c^2} \geqslant PX\left(\frac{b}{c^3} + \frac{c}{b^3}\right) + PY\left(\frac{c}{a^3} + \frac{a}{c^3}\right) + PZ\left(\frac{a}{b^3} + \frac{b}{a^3}\right)$$

$$\geqslant \frac{2PX}{bc} + \frac{2PY}{ca} + \frac{2PZ}{ab}$$ (算术平均数 - 几何平均

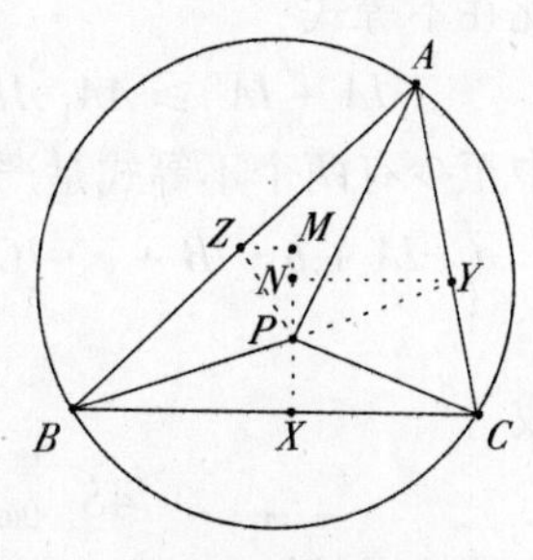

题 13 图

数不等式)

$$= \frac{4S_{\triangle ABC}}{abc} = \frac{1}{R}$$

第 1 步中的等式要求 $YZ /\!/ BC$,等. 当且仅当 P 是 $\triangle ABC$ 的外心时等式才成立. 第 2 步中的等式要求 $a = b = c$. 因此当且仅当 $\triangle ABC$ 是等边三角形且 P 是圆心时,等式才成立.

(T. Andreescu,美国国际奥林匹克代表队选拔考试,2000)

14 令 I 是锐角 $\triangle ABC$ 的内心.

求证:当且仅当 $\triangle ABC$ 是等边三角形时,有

$$AI \cdot BC + BI \cdot CA + CI \cdot AB = S_{\triangle ABC}$$

证 大家知道,如果 H 是 $\triangle ABC$ 的垂心,那么

$$AH \cdot BC + BH \cdot CA + CH \cdot AB = 4S_{\triangle ABC}$$

我们来证明 $I \equiv H$.

用反证法,设点 I 与 H 不同. 令 A_1, B_1, C_1 是从点 A, B, C 所作高线的足,令 A', B', C' 是点 I 分别在边 BC, CA, AB 上的射影. 因此在不等式

$$IA + IA' \geqslant AA_1, IB + IB' \geqslant BB_1, IC + IC' \geqslant CC_1$$

中至少有两个不等式是严格的. 由此得出

$$a \cdot IA + b \cdot IB + c \cdot IC > a(AA_1 - IA') + b(BB_1 - IB') + c(CC_1 - IC')$$

或

$$4S_{\triangle ABC} > 6S_{\triangle ABC} - 2S_{\triangle ABC}$$

这是错误的.

因此 $I = H$, $\triangle ABC$ 是等边三角形,这正是所要求的结果.

(T. Andreescu,RMT 数学杂志,NO. 2(1981),pp. 67,问题 4616)

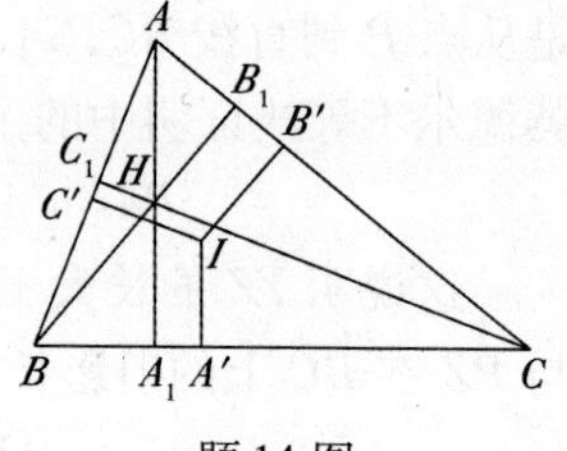

题 14 图

15 令 ABC 是一个三角形,使

$$(8AB - 7BC - 3CA)^2 = 6(AB^2 - BC^2 - CA^2)$$

求证

$$A = 60°$$

证 利用标准的记号,我们有

$$64c^2 + 49a^2 + 9b^2 - 112ac - 48bc + 42ab = 6c^2 - 6a^2 - 6b^2$$

这等价于

$$15b^2 + 2b(21a - 24c) + 55a^2 - 112ac + 58c^2 = 0$$

把这看作 b 的二次方程,条件 $\Delta \geqslant 0$ 是满足的,即

$$441a^2 - 1\,008ac + 576c^2 - 825a^2 + 1\,680ac - 870c^2 \geqslant 0$$

最后的关系式等价于

$$-6(64a^2-112ac+49c^2)\geqslant 0$$

即

$$(8a-7c)^2\leqslant 0$$

由此得出

$$8a=7c$$

代回已知条件，给出

$$3a=7b$$

我们得出

$$\frac{a}{7}=\frac{b}{3}=\frac{c}{8}$$

因

$$\triangle ABC\backsim\triangle A'B'C'$$

后者的边长是7，3，8. 在这个三角形中

$$\cos A'=\frac{3^2+8^2-7^2}{2\times 3\times 8}=\frac{1}{2}$$

由此得出

$$A=A'=60°$$

（T. Andreescu，朝鲜数学竞赛，2002）

16 令P是$\triangle ABC$平面内的点，使线段PA，PB，PC是一钝角三角形的边. 设在这个三角形中钝角的对边等于PA.

求证：$\angle BAC$是锐角.

证法一 由柯西－施瓦茨不等式，有

$$\sqrt{PB^2+PC^2}\cdot\sqrt{AC^2+AB^2}\geqslant PB\cdot AC+PC\cdot AB$$

把（广义）托勒密不等式应用于四边形$ABPC$，得出

$$PB\cdot AC+PC\cdot AB\geqslant PA\cdot BC$$

因为PA是边长为PA，PB，PC的钝角三角形的最大边，所以我们有

$$PA>\sqrt{PB^2+PC^2}$$

因此

$$PA\cdot BC\geqslant\sqrt{PB^2+PC^2}\cdot BC$$

把这些不等式结合起来，得出

$$\sqrt{AB^2+AC^2}\geqslant BC$$

这蕴含$\angle BAC$是锐角.

注 利用某种严密的论证，可以证明四边形$APBC$实际上是凸的. 我们把它留给读者做练习.

证法二 令 D 与 Q 是分别从点 B 与 P 向直线 AC 作出的垂线足(如题16(1)图所示),则

$$DQ \leqslant BP$$

并且,已知的条件蕴含

$$AP^2 > BP^2 + PC^2$$

这可以写作

$$AP^2 - PC^2 > BP^2$$

因此

$$\begin{aligned} AQ^2 &\geqslant AQ^2 - QC^2 \\ &= (AP^2 - PQ^2) - (CP^2 - PQ^2) \\ &= AP^2 - PC^2 > BP^2 \geqslant DQ^2 \end{aligned}$$

令 l 是射线 AC 减去点 A. 注意,因为 $PA > PC$,所以点 Q 在射线 l 上. 如果点 D 不在 l 上,那么 $AQ \leqslant DQ$,矛盾. 因此点 D 在 l 上,$\angle BAC$ 是锐角.

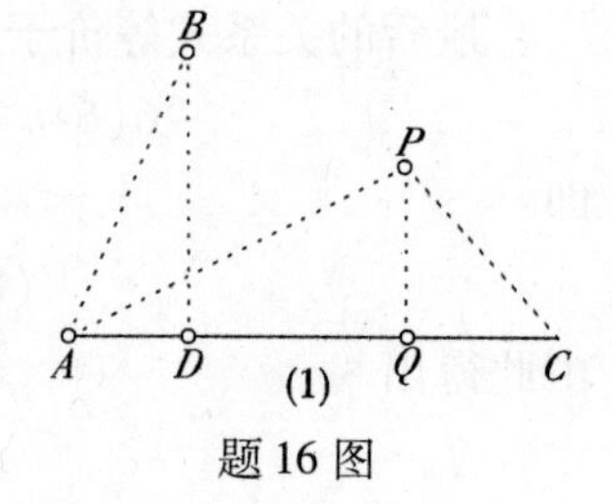

题16图

证法三 在平面内建立坐标系,使

$$A = (0,0), B = (a,0), C = (b,c), P = (x,y)$$

不失一般性,我们可以设 $a > 0, c > 0$. 证明 $\angle BAC$ 是锐角等价于证明 $b > 0$. 因为 $PA^2 > PB^2 + PC^2$,所以

$$x^2 + y^2 > (x-a)^2 + y^2 + (x-b)^2 + (y-c)^2$$

因此

$$0 > (x-a)^2 - 2bx + b^2 + (y-c)^2 \geqslant -2bx$$

因为 $PA > PB$,所以我们有 $x > \frac{a}{2} > 0$,由此得出 $b > 0$,这正是所要求的结果.

证法四 我们首先证明以下引理:

引理 对于平面内任何四点 W,X,Y,Z,有

$$WY^2 + XZ^2 \leqslant WX^2 + XY^2 + YZ^2 + ZW^2$$

证 选任一原点 O,令 $\boldsymbol{w},\boldsymbol{x},\boldsymbol{y},\boldsymbol{z}$ 分别表示从点 O 到 W,X,Y,Z 的向量,则

$$\begin{aligned} & WX^2 + XY^2 + YZ^2 + ZW^2 - WY^2 - XZ^2 \\ = & |\boldsymbol{w}-\boldsymbol{x}|^2 + |\boldsymbol{x}-\boldsymbol{y}|^2 + |\boldsymbol{y}-\boldsymbol{z}|^2 + |\boldsymbol{z}-\boldsymbol{w}|^2 - \\ & |\boldsymbol{w}-\boldsymbol{y}|^2 - |\boldsymbol{x}-\boldsymbol{z}|^2 \\ = & \boldsymbol{w}\cdot\boldsymbol{w} + \boldsymbol{x}\cdot\boldsymbol{x} + \boldsymbol{y}\cdot\boldsymbol{y} + \boldsymbol{z}\cdot\boldsymbol{z} - \\ & 2(\boldsymbol{w}\cdot\boldsymbol{x} + \boldsymbol{x}\cdot\boldsymbol{y} + \boldsymbol{y}\cdot\boldsymbol{z} + \boldsymbol{z}\cdot\boldsymbol{w} - \boldsymbol{w}\cdot\boldsymbol{y} - \boldsymbol{x}\cdot\boldsymbol{z}) \\ = & |\boldsymbol{w}+\boldsymbol{y}-\boldsymbol{x}-\boldsymbol{z}|^2 \end{aligned}$$

它恒为非负的. 当且仅当 $\boldsymbol{w}+\boldsymbol{y} = \boldsymbol{x}+\boldsymbol{z}$ 时等式成立,这当且仅当 $WXYZ$ 是(可能是退化的)平行四边形时是正确的.

把引理应用于点 A,B,C,P,给出

$$0 \leqslant AB^2 + BP^2 + PC^2 + CA^2 - AP^2 - BC^2$$

$$= (PB^2 + PC^2 - PA^2) + (AB^2 + AC^2 - BC^2)$$
$$< 0 + (AB^2 + AC^2 - BC^2)$$
$$= AB^2 + AC^2 - BC^2$$

因此 $\angle BAC$ 是锐角.

证法五 在这个解法中,$\sin^{-1}$ 取 $0°$ 与 $90°$ 之间的值. 注意 $\angle PAB < 90°$,因为 $PB < PA$. 把正弦定理应用于 $\triangle PAB$,得出

$$\sin\angle PAB = \frac{PB}{PA}\sin\angle ABP \leqslant \frac{PB}{PA}$$

由此得出

$$\angle PAB \leqslant \sin^{-1}\frac{PB}{PA}$$

因为

$$PA^2 > PB^2 + PC^2$$

所以我们类似地有

$$\angle PAC \leqslant \sin^{-1}\frac{PC}{PA} < \sin^{-1}\frac{\sqrt{PA^2 - PB^2}}{PA}$$

于是

$$\angle BAC \leqslant \angle BAP + \angle PAC$$
$$< \angle\sin^{-1}\frac{PB}{PA} + \sin^{-1}\frac{\sqrt{PA^2 - PB^2}}{PA}$$

如果

$$\theta = \sin^{-1}\frac{PB}{PA}$$

那么

$$\sin(90° - \theta) = \cos\theta = \sqrt{1 - \sin^2\theta} = \frac{\sqrt{PA^2 - PB^2}}{PA}$$

因此

$$\angle BAC < \sin^{-1}\frac{PB}{PA} + \sin^{-1}\frac{\sqrt{PA^2 - PB^2}}{PA} = 90°$$

即 $\angle BAC$ 是锐角.

正如我们在证法一末尾所提出的,本题的条件蕴含四边形 $ABPC$ 实际上是凸的. 因此,右边的图是不可能的,但是这个解法不依赖于这个事实.

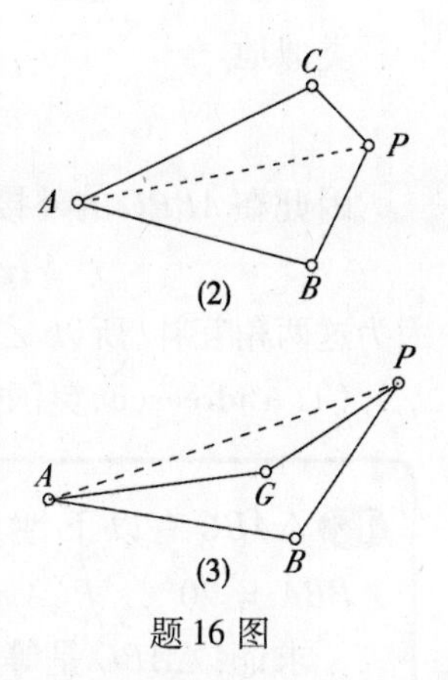

题16图

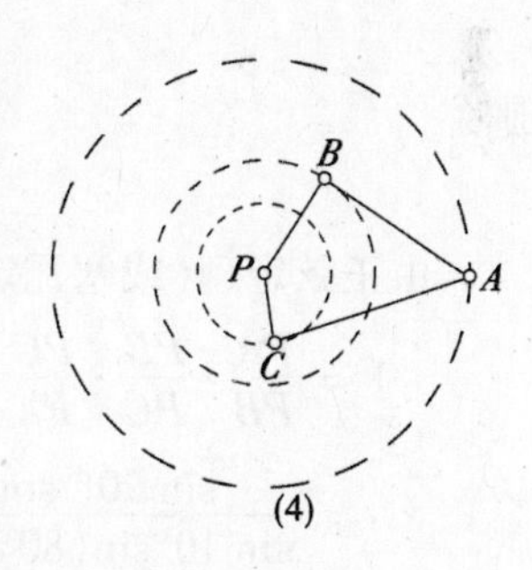

(4)

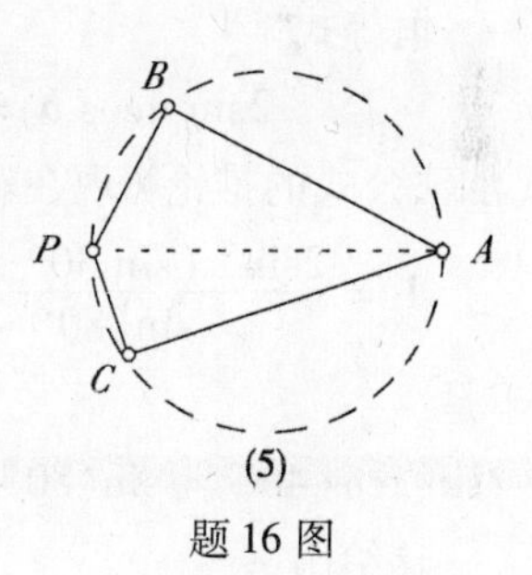

(5)

题16图

证法六 注意

$$PA^2 > PB^2 + PC^2$$

把点 P 看作定点,把点 A,B,C 分别看作在半径为 PA,PB,PC 的圆上绕点 P 自由旋转的点(如题16(4)图). 当点 A,B,C 变动且点 B 与 C 在直线 PA 的相反边上时,$\angle BAC$ 将是最大的,$\angle ABP = \angle ACP = 90°$,即直线 AB 与 AC 和通过点 B 与 C 的圆相切.

不失一般性,我们可以设 $PA > PB \geqslant PC$. 在这种情形中, $ABPC$ 是圆内接四边形,且

$$AB^2 = PA^2 - PB^2 > PC^2$$

类似地

$$AC^2 > PB^2$$

因此在 $ABPC$ 的外接圆上,$\overparen{AB}$ 与 $\overparen{AC}$ 分别大于 $\overparen{PC}$ 与 $\overparen{PB}$. 因此

$$\angle BPC > \angle BAC$$

因为这两角互补,所以 $\angle BAC$ 是锐角.

(T. Andreescu,美国数学奥林匹克,2001)

17 $\triangle ABC$ 有以下性质:它内部的点 P 使 $\angle PAB = 10°$, $\angle PBA = 20°$, $\angle PCA = 30°$, $\angle PAC = 40°$.

求证:$\triangle ABC$ 是等腰三角形.

证法一 所有的角用度表示. 令

$$x = \angle PCB$$

则

$$\angle PBC = 80° - x$$

由正弦定理(或塞瓦定理的三角形式),得

$$1 = \frac{PA}{PB} \cdot \frac{PB}{PC} \cdot \frac{PC}{PA} = \frac{\sin\angle PBC\sin\angle PCB\sin\angle PAC}{\sin\angle PAB\sin\angle PBC\sin\angle PCA}$$

$$= \frac{\sin 20°\ \sin x\sin 40°}{\sin 10°\sin(80° - x)\sin 30°} = \frac{4\sin x\sin 40°\cos 10°}{\sin(80° - x)}$$

恒等式

$$2\sin a\cos b = \sin(a - b) + \sin(a + b)$$

(加法公式的推论)现在给出

$$1 = \frac{2\sin x(\sin 30° + \sin 50°)}{\sin(80° - x)} = \frac{\sin x(1 + 2\cos 40°)}{\sin(80° - x)}$$

于是

$$2\sin x\cos 40° = \sin(80° - x) - \sin x = 2\sin(40° - x)\cos 40°$$

这给出

$$x = 40° - x$$

因此

$$x = 20°$$

由此得出

$$\angle ACB = 50° = \angle BAC$$

于是 $\triangle ABC$ 是等腰三角形.

证法二 令点 D 是 A 关于直线 BP 的反射,则 $\triangle APD$ 是等腰三角形,其顶角

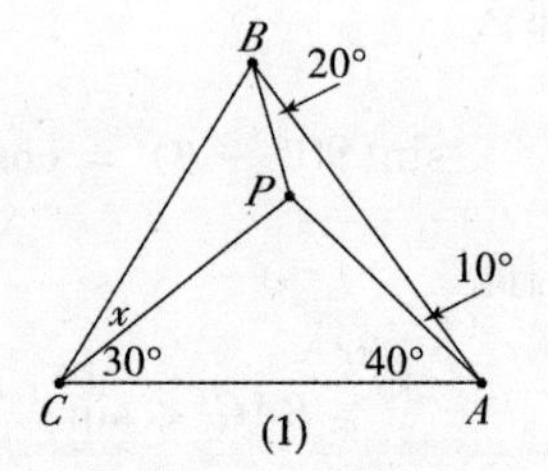

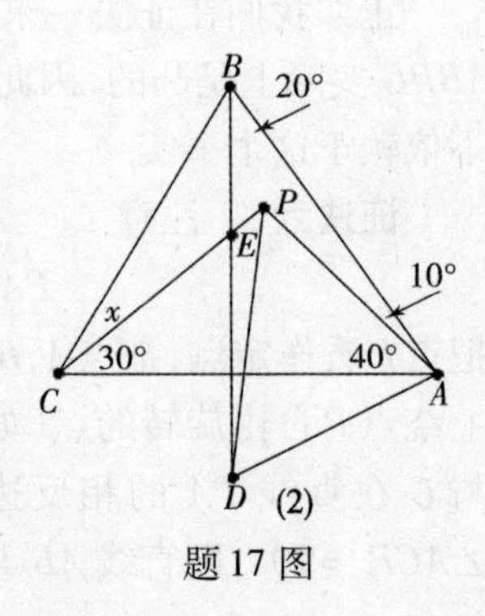

题 17 图

$$\angle APD = 2(180° - \angle BPA) = 2(\angle PAB + \angle ABP) = 2(10° + 20°) = 60°$$

从而 $\triangle APD$ 是等边三角形. 又有

$$\angle DBA = 2\angle PBA = 40°$$

因为

$$\angle BAC = 50°$$

所以我们有

$$DB \perp AC$$

令 E 是 DB 与 CP 的交点,则

$$\angle PED = 180° - \angle CED = 180° - (90° - \angle ACE) = 90° + 30° = 120°$$

于是

$$\angle PED + \angle DAP = 180°$$

我们推出四边形 $APED$ 是圆内接四边形,因此

$$\angle DEA = \angle DPA = 60°$$

最后,我们注意

$$\angle DEA = 60° = \angle DEC$$

因为

$$AC \perp DE$$

所以我们推出点 A 与 C 关于直线 DE 对称,这蕴含

$$BA = BC$$

这正是所要求的结果.

(T. Andreescu,美国数学奥林匹克,1996)

18 令 ABC 是三角形,使 $\max\{A,B\} = C + 30°$.

求证:当且仅当 $\frac{R}{r} = \sqrt{3} + 1$ 时,$\triangle ABC$ 是直角三角形.

证 令 $\max\{A,B\} = A$. 如果 $\triangle ABC$ 是直角三角形,那么

$$A = 90°, B = 30°, C = 60°$$

为求出 $\frac{R}{r}$,我们可以设 $\triangle ABC$ 是边长为 $a = 2, b = 1, c = \sqrt{3}$ 的直角三角形. 我们有

$$R = 1$$

且

$$r = \frac{S_{\triangle ABC}}{s} = \frac{\frac{\sqrt{3}}{2}}{\frac{2 + 1 + \sqrt{3}}{2}} = \frac{\sqrt{3}}{3 + \sqrt{3}}$$

(其中 S 为半周长),于是

$$\frac{R}{r}=\frac{3+\sqrt{3}}{\sqrt{3}}=\sqrt{3}+1$$

反之,设 $\frac{R}{r}=\sqrt{3}+1$. 从恒等式

$$r=4R\sin\frac{A}{2}\sin\frac{B}{2}\sin\frac{C}{2}$$

推出

$$r=4(\sqrt{3}+1)r\sin\frac{A}{2}\sin\frac{B}{2}\sin\frac{C}{2}$$

或

$$\frac{1}{2(\sqrt{3}+1)}=2\left(\sin\frac{A}{2}\sin\frac{C}{2}\right)\sin\frac{B}{2}$$

于是

$$\frac{\sqrt{3}-1}{4}=\left(\cos\frac{A-C}{2}-\cos\frac{A+C}{2}\right)\sin\frac{B}{2}$$

因为

$$A-C=30^\circ$$

所以我们得出

$$\frac{\sqrt{3}-1}{4}=\left(\frac{\sqrt{6}+\sqrt{2}}{4}-\sin\frac{B}{2}\right)\sin\frac{B}{2}$$

令 $\sin\frac{B}{2}=x$,得出

$$x^2-\frac{\sqrt{6}+\sqrt{2}}{4}x+\frac{\sqrt{3}-1}{4}=0$$

它的解是

$$x=\frac{\sqrt{6}-\sqrt{2}}{4},x=\frac{\sqrt{2}}{2}$$

由此得出

$$\frac{B}{2}=15^\circ \text{ 或 } \frac{B}{2}=45^\circ$$

第 2 个解是不可接受的,因为 $A\geqslant B$,从而

$$B=30^\circ,A=90^\circ,C=60^\circ$$

因此 $\triangle ABC$ 是直角三角形.

(T. Andreescu,朝鲜数学竞赛,2002)

19 求证:在任何 $\triangle ABC$ 内部有一点 P,使 $\triangle PAB$,$\triangle PBC$,$\triangle PCA$ 的外接圆半径相等.

证法一 在 $\triangle ABC$ 的外部作 3 个圆等于外接圆 ABC,并通

过这个三角形的2个顶点. 由五硬币定理,这些圆有公共点 P,这正是所要求的结果(见 D. Andrica, C. Varga, D. Văcă - retu,"几何学的精选论题与问题",PLUS,布加勒斯特,2002,pp.51 - 56).

证法二 令 H 是 $\triangle ABC$ 的垂心. H 关于三角形各边的反射是 $\triangle ABC$ 外接圆上的点. 因此 $\triangle HAB$, $\triangle HBC$, $\triangle HCA$ 的外接圆等于 $\triangle ABC$ 的外接圆,当 $P = H$ 时,结论成立.

(D. Andrica, RMT 数学杂志, NO. 2(1978), pp. 74)

20 $\triangle ABC$ 的内切圆分别与边 AB, BC, CA 相切于点 C', A', B'.

求证:从 $A'B'$, $B'C'$, $C'A$ 的中点分别向 AB, BC, CA 所作各垂线共点.

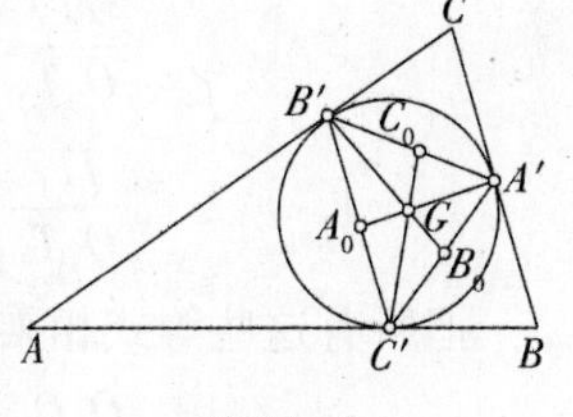

题20图

证 分别用 C_0, A_0, B_0 表示 $A'B'$, $B'C'$, $C'A'$ 的中点,所述的3条垂线用 l_C, l_A, l_B 表示. 考虑 $\triangle A'B'C'$ 的重心.

因为 $A_0G : GA' = B_0G : GB' = C_0G : GC' = 1 : 2$,所以具有中心 G 与系数 -2 的膨胀变换把 A_0, B_0, C_0 分别变为 A', B', C'. 因为膨胀变换把直线变为平行线,所以 h 把 l_C 变为通过点 C' 垂直于 AB 的直线. 但是, C' 是内切圆与 AB 的切点,于是这条直线通过 $\triangle ABC$ 的内心. 这同样适用在 h 下 l_A 与 l_B 的像. 因为 l_A, l_B, l_C 在 h 下的像共点,所以 l_A, l_B, l_C 也共点.

(T. Andreescu, 罗马尼亚国际数学奥林匹克选拔考试, 1986)

21 令 $A_1A_2A_3$ 是具有内心 I 的非等腰三角形. 令 $C_i(i = 1,2,3)$ 是通过点 I 且与 A_iA_{i+1}, A_iA_{i+2} 相切的较小圆(指数加法是 mod 3). 令 $B_i(i = 1,2,3)$ 是 C_{i+1} 与 C_{i+2} 的第2个交点.

求证: $\triangle A_1B_1I$, $\triangle A_2B_2I$, $\triangle A_3B_3I$ 的外心共线.

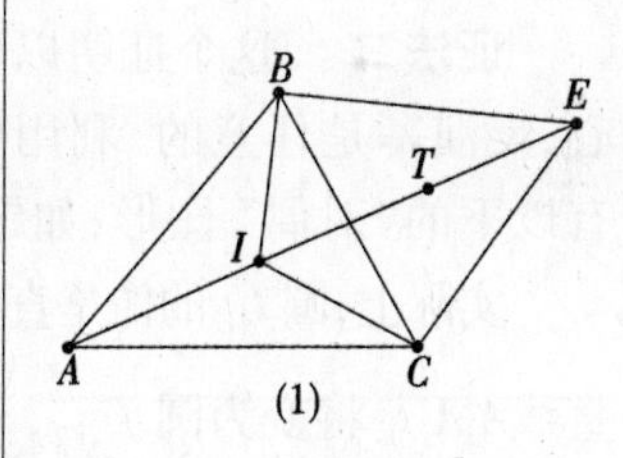

证法一 因为 $\triangle A_1A_2A_3$ 不是等腰的,所以不难看出, $\triangle A_1B_1I$, $\triangle A_2B_2I$, $\triangle A_{33}I$ 的外接圆圆心是确定的. 我们从一个简单的引理开始:

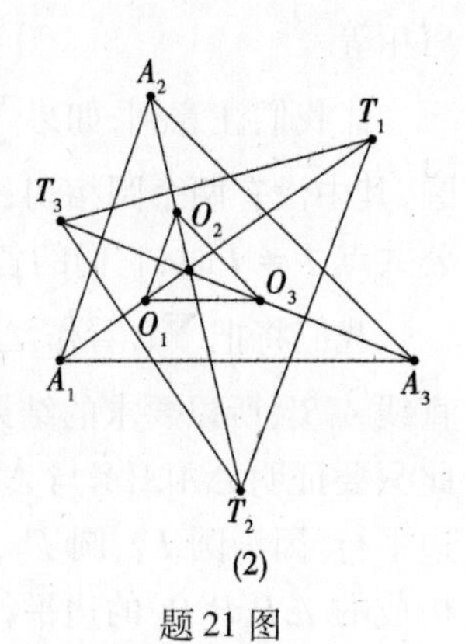

题21图

引理 令 ABC 是具有内心 I 的三角形. 令 T 是 $\triangle BIC$ 的外接圆圆心,则点 T 在角 A 的内角平分线上.

证 让我们作角 B 与 C 的外角平分线,如题21(1),(2)图所示.

它们相交于外心 E 上, E 在角 A 的内角平分线上. 因为

$$BE \perp BI, CE \perp CI$$

所以四边形 $BECI$ 是圆内接四边形,该圆的外接圆圆心在 IE 上.

这个圆心也将是 $\triangle BIC$ 的外心. 引理证毕.

让我们来证明主要的陈述:对于 $i=1,2,3$,我们用 Q_i 表示圆 C_i 的圆心,用 T_i 表示 $\triangle A_{i+1}IA_{i+2}$ 的外心. 显然,Q_i 在角 A_i 的内角平分线上. 由引理,T_i 也在同一条角平分线上. 于是 $\triangle O_1O_2O_3$ 与 $\triangle T_1T_2T_3$ 是从点 I 的透视三角形. 由德萨尔格定理,这些三角形是从直透视的. 这就是说,如果我们用 $Q_i(i=1,2,3)$ 表示直线 $O_{i+1}O_{i+2}$ 与 $T_{i+1}T_{i+2}$ 的交点,那么点 Q_1,Q_2,Q_3 共线. 但是,因为 $T_{i+1}T_{i+2}$ 是 A_iI 的垂直平分线,$O_{i+1}O_{i+2}$ 是 B_iI 的垂直平分线,所以这些点恰好分别是 $\triangle A_1B_1I,\triangle A_2B_2I,\triangle A_3B_3I$ 的外心.

注 不熟悉德萨尔格定理的读者,可以按照以下方法进行. 把门纳劳斯定理分别应用于 $\triangle IO_1O_2,\triangle IO_2O_3,\triangle IO_3O_1$ 与三元点$(T_1,T_2,Q_3),(T_2,T_3,Q_1),(T_3,T_1,Q_2)$,注意到通常的符号一致性,我们可以记

$$\frac{O_1T_1}{IT_1}\cdot\frac{IT_2}{O_2T_2}\cdot\frac{O_2Q_3}{O_1Q_3}=1$$

$$\frac{IT_3}{O_3T_3}\cdot\frac{O_2T_2}{IT_2}\cdot\frac{Q_3Q_1}{O_2Q_1}=1$$

$$\frac{IT_1}{O_1T_1}\cdot\frac{O_3T_3}{IT_3}\cdot\frac{O_1Q_2}{O_3Q_2}=1$$

把所有这些等式相乘,我们得出

$$\frac{O_2Q_3}{O_1Q_3}\cdot\frac{O_3Q_1}{O_2Q_1}\cdot\frac{O_1Q_2}{O_3Q_2}=1$$

这表示点 Q_1,Q_2,Q_3 共线.

证法二 这个证明以反演为基础. 我们把内心 I 取作反演中心,反演幂是任意的. 利用原来方法表示点在反演下的像,我们有以下的"对偶"图形,如题 21(3) 图所示.

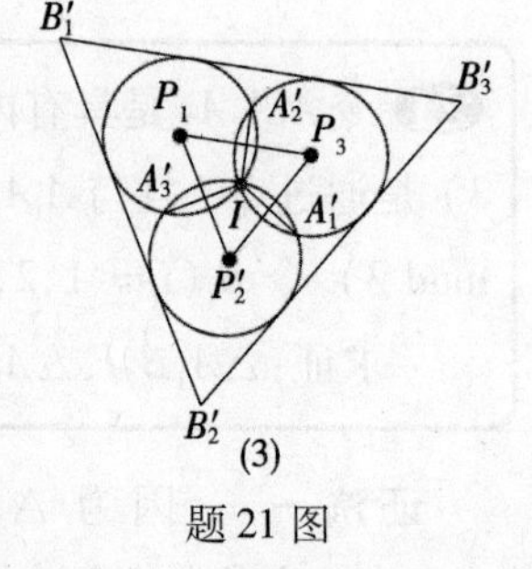

题 21 图

实际上,圆 C_i 的像是直线 $B'_{i+1}B'_{i+2}$,由这些直线构成 $\triangle B'_1B'_2B'_3$. 直线A_iA_{i+1} 将变为圆 Γ_{i+2},其中边 A_iA_{i+1} 变为$\overset{\frown}{A'_iA'_{i+1}}$,它不包含 I. 注意,所有这些圆有相等半径,因为从点 I 到 $\triangle A_1A_2A_3$ 各边的距离相等.

让我们注意到,如果 $\sum_1,\sum_2,\sum_3$ 是三个通过公共点 I 的圆,其中没有两个圆相切,那么当且仅当所有三个圆通过另一个公共点 $J\neq I$ 时,它们的各圆心共线.

我们将把 $\sum_i$ 看作 $\triangle A_iB_iI$ 的外接圆. 因为反演把 $\sum_i$ 变为直线 $A'_iB'_i$,所以要求的结果将证明直线 $A'_1B'_1,A'_2B'_2,A'_3B'_3$共点. 为此只要证明 $\triangle A'_1A'_2A'_3$与 $\triangle B'_1B'_2B'_3$位似即可,这等于说它们的对应边平行. 因为圆 Γ_1,圆 Γ_2,圆 Γ_3 的半径相等,所以由它们的圆心构成的 $\triangle P_1P_2P_3$ 的边平行于 $\triangle B'_1B'_2B'_3$的对应边. 中心为 I,比为

$\frac{1}{2}$ 的位似把 $\triangle A'_1A'_2A'_3$ 变为另一个三角形,这个三角形的顶点是 $\triangle P_1P_2P_3$ 各边中点. 因此,$\triangle A'_1A'_2A'_3$ 与 $\triangle P_1P_2P_3$ 的对应边也平行,这就推出结果.

(T. Andreescu,1997 国际数学奥林匹克短评)

22 在 $\triangle ABC$ 的边 AB 与 AC 上考虑点 B' 与 C',使

$$\frac{AB'}{B'B}+\frac{AC'}{C'C}=k=\text{常数}$$

求直线 BC' 与 CB' 的交点的轨迹.

证 令 I 是直线 CB' 与 $C'B$ 的交点,A' 是直线 AI 与 BC 的交点.

我们有

$$\frac{AB'}{B'B}+\frac{AC'}{C'C}=\frac{AI}{IA'}$$

从而由范奥贝尔定理,知$\frac{AI}{IA'}$是常数. 因此点I的轨迹是平行于BC的线段.

(T. Andreescu)

23 令 $\triangle ABC$ 是边长为 1 的等边三角形.

求点 P 的轨迹,使

$$\max\{PA,PB,PC\}=\frac{2PA\cdot PB\cdot PC}{PA\cdot PB+PB\cdot PC+PC\cdot PA-1}$$

证 不失一般性,设

$$PC=\max\{PA,PB,PC\}$$

假设中的条件是

$$PB\cdot PC+PA\cdot PC=PA\cdot PB+1$$

或

$$\frac{PC}{1}=\frac{PA\cdot PB+1\cdot 1}{PA\cdot 1+PC\cdot 1}$$

由托勒密第2定理的逆定理推出,$PACB$ 是圆内接四边形. 注意点 P 不能是点 A,B 或 C,否则右边的分母等于0. 因此点 P 的轨迹是 $\triangle ABC$ 的外接圆,不含顶点 A,B,C.

(T. Andreescu,RMT 数学杂志,NO. 1(1985),问题 C7:3)

24 求证:在任何锐角三角形中,有

$$\sqrt{a^2b^2-4S^2}+\sqrt{a^2c^2-4S^2}=a^2$$

证 我们有

$$\begin{aligned}&\sqrt{a^2b^2-4S^2}+\sqrt{a^2c^2-4S^2}\\=&\sqrt{a^2b^2-a^2b^2\sin^2C}+\sqrt{a^2c^2-a^2c^2\sin^2B}\\=&ab\cos C+ac\cos B\\=&ab\cdot\frac{a^2+b^2-c^2}{2ab}+ac\cdot\frac{a^2+c^2-b^2}{2ac}=a^2\end{aligned}$$

这正是所要求的结果.

(T. Andreescu,RMT 数学杂志,NO. 8(1977),pp. 25,问题 1006)

25 求证:满足等式

$$\sqrt{r_a}+\sqrt{r_b}+\sqrt{r_c}=\frac{\sqrt{r_ar_br_c}}{r}$$

的三角形是等边三角形.

证 关系式等价于

$$\frac{\sqrt{r_a}+\sqrt{r_b}+\sqrt{r_c}}{\sqrt{r_ar_br_c}}=\frac{1}{r}$$

或

$$\frac{1}{\sqrt{r_a}\sqrt{r_b}}+\frac{1}{\sqrt{r_c}\sqrt{r_a}}+\frac{1}{\sqrt{r_a}\sqrt{r_b}}=\frac{1}{r}$$

另一方面

$$\frac{1}{r_a}+\frac{1}{r_b}+\frac{1}{r_c}=\frac{1}{r}$$

于是

$$\frac{1}{\sqrt{r_a}\sqrt{r_b}}+\frac{1}{\sqrt{r_b}\sqrt{r_c}}+\frac{1}{\sqrt{r_c}\sqrt{r_a}}=\frac{1}{r_a}+\frac{1}{r_b}+\frac{1}{r_c}$$

其次

$$\left(\frac{1}{\sqrt{r_a}}-\frac{1}{\sqrt{r_b}}\right)^2+\left(\frac{1}{\sqrt{r_b}}-\frac{1}{\sqrt{r_c}}\right)^2+\left(\frac{1}{\sqrt{r_c}}-\frac{1}{\sqrt{r_a}}\right)^2=0$$

于是

$$r_a=r_b=r_c$$

由此得出三角形是等边的,这正是所要求的结果.

(T. Andreescu,RMT 数学杂志,NO. 1(1974),pp. 21,问题 1903)

26 求证:当且仅当

$$\frac{1}{m_a^2}+\frac{1}{m_b^2}+\frac{1}{m_c^2}=\frac{1}{r_a^2}+\frac{1}{r_b^2}+\frac{1}{r_c^2}$$

时,三角形是等边的.

证 如果三角形是等边的,那么结论正确.

为了证明其逆命题,我们用反证法,设三角形不是等边的,例如说 $b \neq c$,则

$$m_a^2 = \frac{b^2 + c^2}{2} - \frac{a^2}{4} > \frac{(b+c)^2 - a^2}{4} = p(p-a)$$

同样

$$m_b^2 \geqslant p(p-b), m_c^2 \geqslant p(p-c)$$

其中

$$p = \frac{a+b+c}{2}$$

由此得出

$$\frac{1}{m_a^2} + \frac{1}{m_b^2} + \frac{1}{m_c^2} < \frac{1}{p}\left(\frac{1}{p-a} + \frac{1}{p-b} + \frac{1}{p-c}\right)$$

$$= \frac{-p^2 + ab + bc + ca}{S^2}$$

另一方面

$$\frac{1}{r_a^2} + \frac{1}{r_b^2} + \frac{1}{r_c^2} = \frac{1}{S^2}[(p-a)^2 + (p-b)^2 + (p-c)^2]$$

$$= \frac{-p^2 + a^2 + b^2 + c^2}{S^2}$$

因为 $b \neq c$,所以

$$ab + bc + ca < a^2 + b^2 + c^2$$

因此

$$\frac{1}{m_a^2} + \frac{1}{m_b^2} + \frac{1}{m_c^2} < \frac{1}{r_a^2} + \frac{1}{r_b^2} + \frac{1}{r_c^2}$$

这是矛盾.

(T. Andreescu,RMT 数学杂志,NO. 2(1977),pp. 66,问题 3063)

 边长为 a,b,c 的三角形有外接圆的半径为 1.

求证

$$a + b + c \geqslant abc$$

证法一 我们知道

$$\sin\frac{A}{2}\sin\frac{B}{2}\sin\frac{C}{2} \leqslant \frac{1}{8}$$

于是

$$\cos\frac{A}{2}\cos\frac{B}{2}\cos\frac{C}{2} \geqslant \sin A\sin B\sin C \quad ①$$

另一方面

$$\sin A + \sin B + \sin C = 4\cos\frac{A}{2}\cos\frac{B}{2}\cos\frac{C}{2}$$

于是不等式①给出

$$\sin A+\sin B+\sin C\geqslant 4\sin A\sin B\sin C \tag{2}$$

因为外接圆半径是1,所以我们有

$$a=2\sin A,b=2\sin B,c=2\sin C$$

且关系式②给出

$$a+b+c\geqslant abc$$

这正是所要求的结果.

证法二 令 z_1,z_2,z_3 是点 A,B,C 的附标,使

$$|z_1|=|z_2|=|z_3|$$

我们有

$$a=BC=|z_2-z_3|,b=AC=|z_3-z_1|,c=AB=|z_1-z_2|$$

利用恒等式

$$z_1^2(z_2-z_3)+z_2^2(z_3-z_1)+z_3^2(z_1-z_2)$$
$$=(z_1-z_2)(z_2-z_3)(z_3-z_1)$$

与三角不等式,得出

$$\begin{aligned}abc&=|z_1-z_2||z_2-z_3||z_3-z_1|\\&\leqslant|z_1|^2|z_2-z_3|+|z_2|^2|z_3-z_1|+\\&\quad|z_3|^2|z_1-z_2|\\&=|z_2-z_3|+|z_3-z_1|+|z_1-z_2|\\&=a+b+c\end{aligned}$$

(T. Andreescu,RMT 数学杂志,NO.2(1978),pp.49,问题3513;GM-B数学杂志,NO.11(1981),问题0258;NO.2(1988),pp.78,问题21353)

28 求证:在任何三角形中,有

$$\sum\frac{a^2}{(p-b)(p-c)}\leqslant\frac{6R}{r}$$

证 对于任何正实数 x,y,z,我们有

$$8xyz\leqslant(x+y)(y+z)(z+x)$$

令

$$x=-a+b+c,y=a-b+c,z=a+b-c$$

给出

$$(-a+b+c)(a-b+c)(a+b-c)\leqslant abc$$

于是

$$-\sum a^3+\sum a^2(b+c)-2abc\leqslant abc$$

由此得出

$$\sum a^2(-a+b+c)\leqslant 3abc$$

其次

$$\sum a^2(p-a) \leqslant \frac{3}{2}abc$$

因此

$$\sum \frac{a^2}{(p-b)(p-c)} \leqslant \frac{3}{2} \cdot \frac{abc}{(p-a)(p-b)(p-c)} = \frac{3}{2} \cdot \frac{pabc}{S^2} = 6 \cdot \frac{abc}{4S} \cdot \frac{p}{s} = \frac{6R}{r}$$

这正是所要求的结果.

(T. Andreescu, RMT 数学杂志, NO. 2(1974), pp. 51, 问题 2028)

29 求证:在任何三角形中,有

$$\frac{1}{h_a^2} + \frac{1}{h_b^2} + \frac{1}{h_c^2} \geqslant \frac{1}{3r^2}$$

证　利用不等式

$$3(a^2+b^2+c^2) \geqslant (a+b+c)^2$$

我们得出

$$\frac{a^2+b^2+c^2}{4S^2} \geqslant \frac{p^2}{3S^2}$$

因此

$$\frac{1}{h_a^2} + \frac{1}{h_b^2} + \frac{1}{h_c^2} \geqslant \frac{1}{3r^2}$$

这正是所要求的结果.

(T. Andreescu, RMT 数学杂志, NO. 2(1977), pp. 66, 问题 3062)

30 求证:在任何三角形中,有

$$\sqrt{r_ar_b} + \sqrt{r_br_c} + \sqrt{r_cr_a} \geqslant 9r$$

证　由不等式

$$\frac{1}{r_a} + \frac{1}{r_b} + \frac{1}{r_c} \geqslant \frac{1}{\sqrt{r_br_c}} + \frac{1}{\sqrt{r_cr_a}} + \frac{1}{\sqrt{r_ar_b}}$$

我们得出

$$\frac{1}{r} \geqslant \frac{1}{\sqrt{r_br_c}} + \frac{1}{\sqrt{r_cr_a}} + \frac{1}{\sqrt{r_ar_b}}$$

于是

$$\frac{1}{r}\sum \sqrt{r_br_c} \geqslant \left(\sum \sqrt{r_br_c}\right)\left(\sum \frac{1}{\sqrt{r_br_c}}\right) \geqslant 9$$

因此

$$\sqrt{r_a r_b} + \sqrt{r_b r_c} + \sqrt{r_c r_a} \geqslant 9r$$

这正是所要求的结果.

(T. Andreescu,RMT 数学杂志,NO. 2(1978),pp. 64,问题 3277)

31 在任何三角形中,有

$$m_a m_b m_c \geqslant r_a r_b r_c$$

证 我们有

$$m_a = \sqrt{\frac{b^2 + c^2}{2} - \frac{a^2}{4}} \geqslant \sqrt{\frac{(b+c)^2 - a^2}{4}} = \sqrt{p(p-a)}$$

(其中 $p = \frac{a+b+c}{2}$),同样

$$m_b \geqslant \sqrt{p(p-b)}, m_c \geqslant \sqrt{p(p-c)}$$

由此得出

$$m_a m_b m_c \geqslant p\sqrt{p(p-a)(p-b)(p-c)} = pS = r_a r_b r_c$$

这正是所要求的结果.

(T. Andreescu,RMT 数学杂志,NO. 1(1978),pp. 64,问题 3276)

32 求证:对于任何三角形,有

$$2p^2 \geqslant 27Rr$$

其中 $p = \frac{a+b+c}{2}$.

证 由算术平均数 - 几何平均数不等式,有

$$(a+b+c)^3 \geqslant 27abc$$

于是

$$8p^3 \geqslant 27abc$$

因此

$$2p^2 \geqslant 27 \cdot \frac{abc}{4S} \cdot \frac{S}{p} = 27Rr$$

这正是所要求的结果.

(T. Andreescu,RMT 数学杂志,NO. 1(1973),pp. 43,问题 1585)

33 令 ABC 是三角形.

求证:当且仅当

$$(p-b)(p-c)\leqslant\frac{bc}{4}\quad\left(p=\frac{a+b+c}{2}\right)$$

时,$A\leqslant\frac{\pi}{3}$.

证 我们有

$$\frac{A}{2}\leqslant\frac{\pi}{6}\Leftrightarrow\sin\frac{A}{2}\leqslant\frac{1}{2}$$

由此得出

$$\sqrt{\frac{(p-b)(p-c)}{bc}}\leqslant\frac{1}{2}$$

因此

$$(p-b)(p-c)\leqslant\frac{bc}{4}$$

这正是所要求的结果.

(T. Andreescu,RMT 数学杂志,NO.1(1984),pp.67,问题5221)

34 已知3个半径为 r 的等圆,使每个圆通过另外2个圆的圆心.

求公共区域的面积.

证 令 O_1,O_2,O_3 是3个圆的圆心,S 是公共区域的面积.

具有圆心 O_1,O_2,O_3 且由 $\overset{\frown}{O_2O_3},\overset{\frown}{O_1O_3},\overset{\frown}{O_2O_1}$ 所对的3个扇形,分别覆盖面积 S 的平面与 $\triangle O_1O_2O_3$ 面积 $\frac{r^2\sqrt{3}}{4}$ 的2倍的平面. 另一方面,这3个圆扇形的面积等于半圆面积 $\frac{1}{2}\pi r^2$. 从而

$$\frac{1}{2}\pi r^2=S+2\cdot\frac{r^2\sqrt{3}}{4}$$

因此

$$S=\frac{1}{2}r^2(\pi-\sqrt{3})$$

(D. Andrica,RMT 数学杂志,NO.2(1978),pp.50,问题3522)

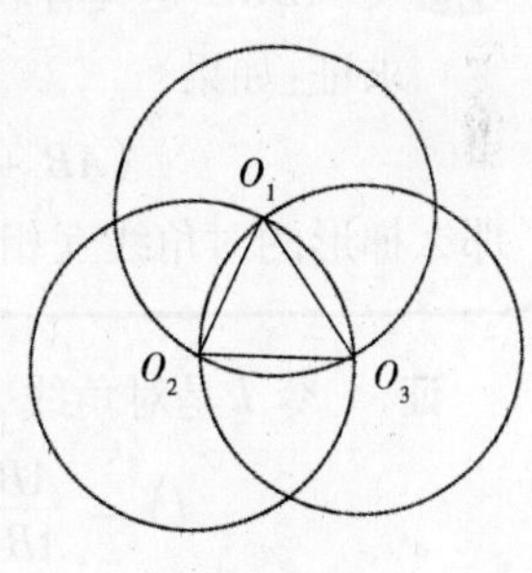

题34图

35 令 $ABCD$ 是具有底边 AB 与 CD 的不等腰梯形.

求证

$$\frac{AC^2-BD^2}{AD^2-BC^2}=\frac{AB+CD}{AB-CD}$$

证 通过点 C 且与 BD 平行的直线交 AB 于点 E. 由斯图尔特公式,我们得出

$$AC^2\cdot BE+CE^2\cdot AB-CB^2\cdot AE=AB\cdot BE\cdot AE$$

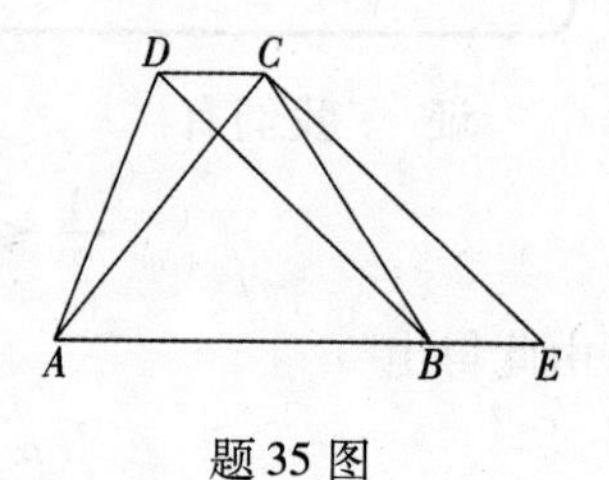

题 35 图

因为

$$CE=BD,BE=CD$$

所以我们推出

$$AC^2\cdot CD+BD^2\cdot AB-BC^2\cdot(AB+CD)$$
$$=AB\cdot CD\cdot(AB+CD) \quad ①$$

通过点 D 作 AC 的平行线,利用类似的计算,给出

$$BD^2\cdot CD+AC^2\cdot AB-AD^2\cdot(AB+CD)$$
$$=AB\cdot CD\cdot(AB+CD) \quad ②$$

从关系式 ① 减去 ②,给出

$$(AC^2-BD^2)(AB-CD)=(AD^2-BC^2)(AB+CD)$$

这正是所要求的结果.

(D. Andrica,GM - B 数学杂志,NO. 9(1977),问题 6852;RMT 数学杂志,NO. 1 - 2(1980),pp. 64,问题 4119)

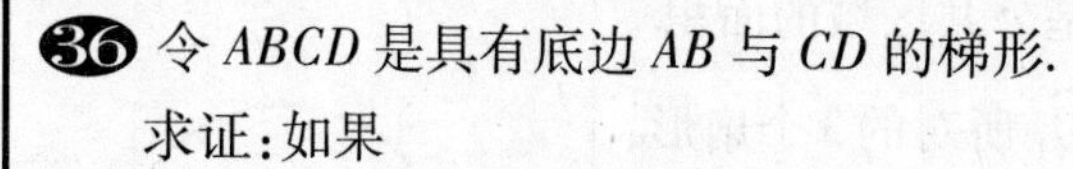

36 令 $ABCD$ 是具有底边 AB 与 CD 的梯形.

求证:如果

$$(AB+CD)^2=BD^2+AC^2$$

那么梯形的对角线互相垂直.

证 令 I 是对角线 AC 与 BD 的交点. 因为

$$IA=\frac{AB\cdot AC}{AB+CD},IB=\frac{AB\cdot BD}{AB+CD}$$

陈述中的条件变为

$$IA^2+IB^2=AB^2$$

因此

$$\angle AIB=90^\circ$$

这正是所要求的结果.

(D. Andrica,RMT 数学杂志,NO. 2(1978),pp. 59,问题 3524)

37 求证：如果梯形的对角线互相垂直，高等于中位线，那么梯形是等腰的.

证　令$ABCD$是梯形. 点I是对角线的交点，M,N是AB,DC的中点. 在直角三角形中，斜边上的中线长是斜边长的一半. 因此

$$IM=\frac{AB}{2},IN=\frac{CD}{2}$$

于是

$$IM+IN=\frac{AB+CD}{2}=EF$$

它是中线的长，从而是高的长. 由此得出IM与IN也是$\triangle IAB$与$\triangle ICD$的高，因此$\triangle IAB$与$\triangle ICD$是等腰的. 于是$ABCD$是等腰梯形，这正是所要求的结果.

(T. Andreescu，RMT 数学杂志，NO. 1(1978)，pp. 48，问题 2817)

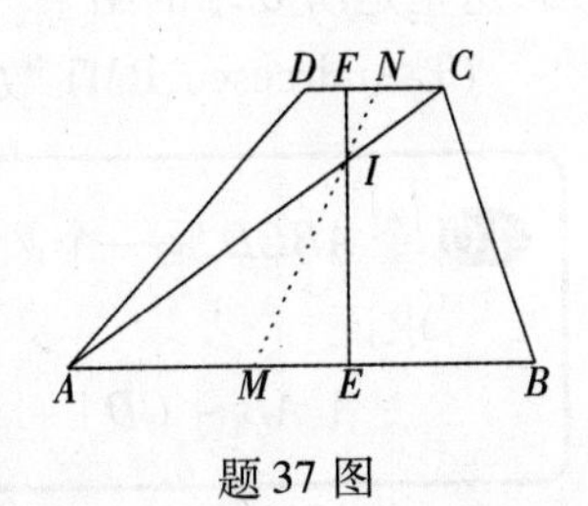

题 37 图

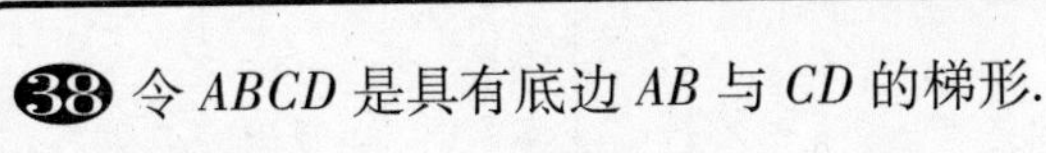

38 令$ABCD$是具有底边AB与CD的梯形.

求证

$$\frac{AB^2-BC^2+AC^2}{CD^2-AD^2+AC^2}=\frac{AB^2-AD^2+BD^2}{CD^2-BC^2+BD^2}=\frac{AB}{CD}$$

证　我们从余弦定理推出

$$2AB\cdot AC\cos\angle BAC=AB^2-BC^2+AC^2 \quad ①$$

$$2DC\cdot AC\cos\angle DCA=CD^2-AD^2+AC^2 \quad ②$$

$$2AB\cdot DB\cos\angle DBA=AB^2-AD^2+DB^2 \quad ③$$

$$2DC\cdot DB\cos\angle CDB=CD^2-BC^2+DB^2 \quad ④$$

注意

$$\angle BAC=\angle DCA,\angle DBA=\angle CDB$$

于是把关系式①与②，③与④相除，给出

$$\frac{AB^2-BC^2+AC^2}{CD^2-AD^2+AC^2}=\frac{AB^2-AD^2+DB^2}{CD^2-BC^2+DB^2}=\frac{AB}{DC}$$

这正是所要求的结果.

(D. Andrica)

39 求证：如果梯形两条对角线长之差等于两腰长之差，那么这个梯形是等腰的.

证 令 a,b 是两底边长，c,d 是两腰长，d_1,d_2 是两对角线长. 从四边形的欧拉定理，得出

$$d_1^2+d_2^2+(a-b)^2=a^2+b^2+c^2+d^2$$

因此

$$(d_1-d_2)^2+2d_1d_2=(c-d)^2+2(ab+cd)$$

$d_1-d_2=c-d$ 蕴含

$$d_1d_2=ab+cd$$

由托勒密定理，我们推出梯形是圆内接梯形，从而是等腰梯形，这正是所要求的结果.

(T. Andreescu, RMT 数学杂志, NO. 1(1978), pp. 48, 问题 2817)

40 令 $ABCD$ 是一个圆内接四边形.

求证

$$|AB-CD|+|AD-BC|\geqslant 2|AC-BD|$$

证法一 假设相反，则

$$|AC-BD|>|AB-CD|$$

或

$$|AC-BD|>|AD-BC|$$

不失一般性

$$|AC-BD|>|AB-CD|$$

否则交换点 B 与 D. 我们有

$$AC^2-2AC\cdot BD+BD^2>AB^2-2AB\cdot CD+CD^2 \quad ①$$

并且，由欧拉关系式，有

$$AB^2+BC^2+CD^2+AD^2=AC^2+BD^2+4MN^2 \quad ②$$

其中 M 与 N 分别是 AC 与 BD 的中点.

从关系式①与②，得

$$AD^2+BC^2-2AC\cdot BD>4MN^2-2AB\cdot CD \quad ③$$

令 P 是 AB 的中点，则

$$NP=\frac{AD}{2}, MP=\frac{BC}{2}$$

因为

$$MN\geqslant|NP-MP|$$

所以由此得出

$$4MN^2\geqslant(AD-BC)^2 \quad ④$$

从关系式③与④，有

$$2AC\cdot BD>-2AB\cdot CD-2AD\cdot BC$$

由托勒密定理知这是矛盾. 我们证明完成.

注 圆内接四边形是主要的. 如果 $ABCD$ 是平行四边形，那

么不等式是错误的.

证法二 令 E 是 AC 与 BD 的交点,则

$$\triangle ABE \backsim \triangle DCE$$

于是,如果我们令

$$x = AE, y = BE, z = AB$$

那么存在 k,使

$$kx = DE, ky = CE, kz = CD$$

现在

$$|AB - CD| = |k - 1| z$$

与

$$|AC - BD| = |(kx + y) - (ky + z)| = |k - 1| \cdot |x - y|$$

因为由三角不等式,有

$$|x - y| \leqslant z$$

所以我们断定

$$|AB - CD| \geqslant |AC - BD|$$

类似地,有

$$|BC - DA| \geqslant |AC - BD|$$

这两个不等式蕴含所要求的结果.

证法三 令 $2\alpha, 2\beta, 2\gamma, 2\delta$ 分别为 AB, BC, CD, DA 所对的弧的弧度数,取 $ABCD$ 的外接圆半径为 1. 不失一般性,设 $\beta \leqslant \delta$,则

$$\alpha + \beta + \gamma + \delta = \pi$$

由广义正弦定理,有

$$|AB - CD| = 2|\sin\alpha - \sin\gamma| = \left|\sin\frac{\alpha - \gamma}{2}\cos\frac{\alpha + \gamma}{2}\right|$$

与

$$\begin{aligned} |AC - BD| &= 2|\sin(\alpha + \beta) - \sin(\beta + \gamma)| \\ &= \left|\sin\frac{\alpha - \gamma}{2}\cos\left(\frac{\alpha + \gamma}{2} + \beta\right)\right| \end{aligned}$$

因为

$$0 \leqslant \frac{\alpha + \gamma}{2} \leqslant \frac{\alpha + \gamma}{2} + \beta \leqslant \frac{\pi}{2}$$

(由假设 $\beta \leqslant \delta$),余弦函数在 $[0, \frac{\pi}{2}]$ 上是非负与递减的,所以我们断定

$$|AB - CD| \geqslant |AC - BD|$$

类似地,有

$$|AD - BC| \geqslant |AC - BD|$$

(T. Andreescu,美国数学奥林匹克,1999)

41 求证:如果直角梯形的高长等于两底的等比中项,那么它的对角线互相垂直.

证 令 E 是对角线的交点. 考虑梯形的两底 $AD < BC$, AB 是高. 因为

$$AB^2 = AD \cdot BC$$

于是

$$\frac{AB}{AD} = \frac{BC}{AB}$$

所以

$$\mathrm{Rt}\triangle ABC \backsim \mathrm{Rt}\triangle ABD$$

另一方面,我们有

$$\angle BCA + \angle CAB = 90^\circ$$

因此

$$\angle ABD + \angle CAB = 90^\circ$$

由此得出

$$\angle AEB = 90^\circ$$

于是对角线互相垂直,这正是所要求的结果.

(T. Andreescu, RMT 数学杂志, NO. 2(1972), pp. 28, 问题 1164)

42 令 E 与 F 是梯形 $ABCD$ 的顶点 A 与 B 在直线 CD 上的射影. 令 M 与 N 分别是 E 与 F 在 BD 与 AC 上的射影, P 与 Q 分别是 E 与 F 在 BC 与 AD 上的射影.

求证:四边形 $MNPQ$ 是圆内接四边形.

证 令 I 是矩形 $ABFE$ 的对角线 AF 与 BE 的交点. 注意 NI 是斜边为 AF 的 $\mathrm{Rt}\triangle ANF$ 的中线,于是

$$IN = \frac{AF}{2} = IA$$

同样地

$$IM = \frac{BE}{2} = IE, IQ = \frac{AF}{2} = IF, IP = \frac{BE}{2} = IB$$

因为

$$IA = IE = IF = IB$$

所以由此得出

$$IM = IN = IP = IQ$$

因此 $MNPQ$ 是圆内接四边形,这正是所要求的结果.

(T. Andreescu)

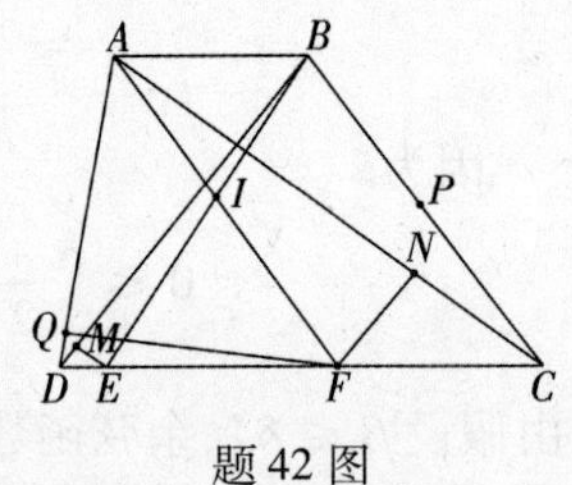

题 42 图

43 令 $ABCD$ 是凸四边形,不是平行四边形,令 M 与 N 是对角线 AC 与 BD 的中点.

求证:数

$$AB+CD, BC+AD, AC+BD, 2MN$$

可以作为一个圆内接四边形的边长.

证 由施图姆定理,我们知道,如果 $0<a_1\leqslant a_2\leqslant a_3\leqslant a_4<a_1+a_2+a_3$,那么有一个边长为 a_1,a_2,a_3,a_4 的圆内接四边形.

用 a,b,c,d,e,f,m 分别表示线段 AB,BC,CD,DA,AC,BD,MN 的长.不失一般性,设 $b+d\geqslant a+c$.

令 P 是边 BC 的中点.线段 MP 与 NP 是 $\triangle CAB$ 与 $\triangle BDC$ 的中位线,于是

$$MP=\frac{1}{2}a, NP=\frac{1}{2}c$$

其次

$$2m=2MN<2MP+2NP=a+c$$

同样

$$2m<a+c<b+d$$

另一方面,如果 O 是对角线的交点,那么我们有

$$b+d=BC+DA<BO+OC+DO+OA=AC+BD=e+f$$

因此

$$2m<a+c<b+d<e+f$$

只要证明 $e+f<2m+a+c+b+d$ 即可.

注意

$$e<c+d, f<b+c, e<a+b, f<a+d$$

求这些不等式之和,得出

$$e+f<a+b+c+d<a+b+c+d+2m$$

证明完成.

(T. Andreescu, RMT 数学杂志, NO.1(1978), pp.66, 问题3288; GM-B 数学杂志, NO.10(1981), pp.402, 问题 C:148)

44 令 $ABCD$ 是圆内接四边形,直线 AB 与 CD 相交于点 E.点 F 是 C 关于 E 的反射.

求证:当且仅当 $AB\perp CD$ 时,直线 $AF\perp BD$.

证 令 I 是直线 BD 与 AF 的交点.通过点 C 且与 BD 平行的直线交直线 AF 于点 T.我们首先考虑 $AF\perp BD$,并证明 $AB\perp$

CD.

i) 设点 D 在线段 CE 上,则

$$\angle ATC = 90°$$

因为

$$\angle BAC \equiv \angle BDC$$

所以我们得出

$$\angle FAE \equiv \angle BDE \quad ①$$

另一方面

$$CT /\!/ BD$$

于是

$$\angle BDE \equiv \angle ECT \quad ②$$

关系式 ① 与 ② 蕴含

$$\angle FAE \equiv \angle ECT$$

因此 $EATC$ 是圆内接四边形.

由此得出

$$\angle BEC = 90°$$

因此

$$AB \perp CD$$

这正是所要求的结果.

ii) 设点 C 在线段 DE 上. 在 Rt$\triangle CTF$ 中,TE 是中线,于是

$$\angle ETC \equiv \angle ECT \quad ③$$

因为

$$CT /\!/ BD$$

所以我们有

$$\angle ECT \equiv \angle CDB \quad ④$$

又有

$$\angle CDB \equiv \angle BAC \quad ⑤$$

于是从关系式 ③,④,⑤,我们得出

$$\angle ETC \equiv \angle BAC$$

因此 $ATEC$ 是圆内接四边形,而且

$$\angle AEC = \angle ATC = 90°$$

$$AB \perp CD$$

这正是所要求的结果.

反之,考虑 $AB \perp CD$.

i) 如果点 D 在线段 CE 上,那么

$$\angle AFE \equiv \angle ACE$$

另一方面

$$\angle ACE \equiv \angle ACD \equiv \angle ABD$$

于是

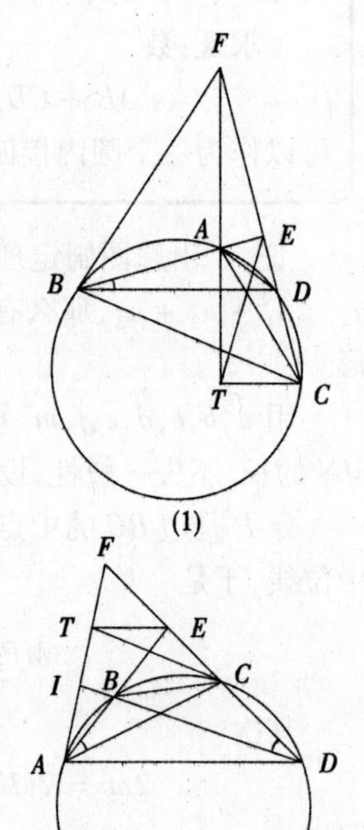

题 44 图

$$\angle AFE \equiv \angle ABD$$

即 $FBIE$ 是圆内接四边形. 由此得出

$$\angle BIF = \angle BEF = 90°$$

因此

$$BD \perp AF$$

这正是所要求的结果.

ii) 如果点 C 在线段 DE 上,那么

$$\angle AFE \equiv \angle ACE \quad ⑥$$

此外

$$\angle ACD \equiv \angle ABD$$

于是

$$\angle ACE \equiv \angle ABI \quad ⑦$$

从关系式 ⑥ 与 ⑦,我们得出

$$\angle AFE \equiv \angle ABI$$

因此 $FEBI$ 是圆内接四边形. 注意 $\angle BEF = 90°$,于是

$$\angle BIF = 90°$$

$$BD \perp AF$$

这正是所要求的结果.

(T. Andreescu,RMT数学杂志,NO.1(1986),pp.106,问题C6:4)

45 求边长为奇整数与面积为质数的所有圆内接四边形.

解 令 a,b,c,d 是四边形的边长,S 是它的面积. 因为四边形是圆内接四边形,所以我们有

$$S^2 = (p-a)(p-b)(p-c)(p-d) \quad ①$$

数 a,b,c,d 是奇数,因此

$$p = \frac{a+b+c+d}{2}$$

是整数.

如果 P 是奇数,那么 $p-a,p-b,p-c,p-d$ 是偶数,于是 S^2 可被 16 整除,这是错误的. 因此 P 是偶数.

不失一般性,设 $a \leqslant b \leqslant c \leqslant d$. 因为 S 是质数,所以由关系式 ①,我们得出

$$p-d = p-c = 1$$

与

$$p-a = p-b = S$$

求这些等式的和,给出

$$4p - 2p = 2 + 2S$$

于是

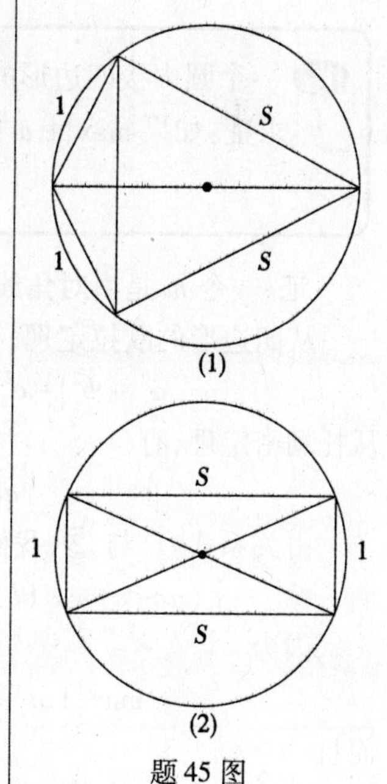

题45图

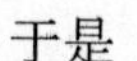

$$p = S + 1$$

因此

$$a = b = 1, c = d = S$$

所要求的四边形是矩形或筝形.

(T. Andreescu,RMT 数学杂志,NO.2(1977),pp.66,问题 3067)

46 一个圆内接四边形的边长为 a,b,c,d,对角线长为 e,f,半周长为 p.

求证

$$8e^2f^2 - p^4 \leqslant 8(a^2c^2 + b^2d^2)$$

证 由算术平均数 - 几何平均数不等式推出

$$abcd \leqslant \left(\frac{a+b+c+d}{4}\right)^4 = \frac{1}{4}p^4$$

因此

$$16abcd \leqslant p^4$$

或

$$8(ac + bd)^2 - p^4 \leqslant 8(a^2c^2 + b^2d^2)$$

所要求的不等式现在由托勒密定理得出

$$ac + bd = ef$$

(T. Andreescu,RMT 数学杂志,NO.3(1973),pp.36,问题 1811;GM - B 数学杂志,NO.8(1980),pp.364,问题 18370)

47 一个圆内接四边形的边长为 a,b,c,d,对角线长为 e 与 f.

求证:如果 $\max\{|a-c|,|b-d|\} \leqslant 1$,那么

$$|e-f| \leqslant \sqrt{2}$$

证 令 m 是由对角线中点确定的线段长.

从四边形的欧拉定理,我们有

$$a^2 + b^2 + c^2 + d^2 = e^2 + f^2 + 4m^2 \quad ①$$

从托勒密定理,有

$$ac + bd = ef \quad ②$$

由关系式 ① 与 ②,我们得出

$$(a-c)^2 + (b-d)^2 = (e-f)^2 + 4m^2$$

因为

$$\max\{|a-c|,|b-d|\} \leqslant 1$$

而且

$$2 = 1 + 1 \geqslant (a-c)^2 + (b-d)^2 = (e-f)^2 + 4m^2 \geqslant (e-f)^2$$

所以

$$|e-f| \leqslant \sqrt{2}$$

这正是所要求的结果.

(T. Andreescu,RMT 数学杂志,NO.2(1978),pp.51,问题3527)

48 一个圆内接四边形的面积为S,半周长为p.

求证:如果$S=\left(\frac{p}{2}\right)^2$,那么这个四边形是正方形.

证 四边形是圆内接四边形,于是

$$S=\sqrt{(p-a)(p-b)(p-c)(p-d)}$$

因为

$$S=\left(\frac{p}{2}\right)^2$$

所以我们有

$$\sqrt[4]{(p-a)(p-b)(p-c)(p-d)}$$
$$=\frac{p}{2}$$
$$=\frac{(p-a)+(p-b)+(p-c)+(p-d)}{4}$$

注意,这是算术平均数 - 几何平均数不等式中等式的情形,因此

$$p-a=p-b=p-c=p-d$$

由此得出

$$a=b=c=d$$

于是四边形是正方形.

(T. Andreescu,RMT 数学杂志,NO.1(1977),pp.24,问题2136)

49 令$ABCD$是凸四边形,P是它的对角线的交点.

求证:当且仅当P是AC或BD的中点时,有

$$S_{\triangle PAB}+S_{\triangle PCD}=S_{\triangle PBC}+S_{\triangle PDA}$$

证 注意

$$S_{\triangle PAB}\cdot S_{\triangle PCD}=S_{\triangle PBC}\cdot S_{\triangle PDA}$$

因为两边都等于$\frac{1}{4}PA\cdot PB\cdot PC\cdot PD\cdot \sin\angle APB$. 数$S_{\triangle PAB}$,$S_{\triangle PCD}$与$S_{\triangle PBC}$,$S_{\triangle PDA}$有相同的和与相同的乘积,因此

$$S_{\triangle PAB}=S_{\triangle PBC},S_{\triangle PCD}=S_{\triangle PDA}$$

或

$$S_{\triangle PAB}=S_{\triangle PDA},S_{\triangle PBC}=S_{\triangle PCD}$$

即 P 是 AC 或 BD 的中点，这正是所要求的结果.

（T. Andreescu，朝鲜数学竞赛，2001）

50 令 M 是圆内接四边形 $ABCD$ 的外接圆上的点，点 A'，B'，C'，D' 分别是点 M 在 AB，BC，CD，DA 上的射影.

求证：

（i）直线 $A'B'$，$C'D'$，AC 共点；

（ii）直线 $B'C'$，$D'A'$，BD 共点.

证 （i）令 M' 与 M'' 是点 M 分别在对角线 AC 与 BD 上的射影.

我们回忆辛普森定理：三角形外接圆上的点在三角形各边上的射影共线. 把这个结果应用于 $\triangle ABC$ 与 $\triangle DAC$，给出 A'，M'，B' 三点共线，C'，M'，D' 三点共线.

因此直线 $A'B'$，$C'D'$，AC 相交于点 M'，这正是所要求的结果.

（ii）对 $\triangle ABD$ 与 $\triangle BDC$ 应用辛普森定理，我们推出点 M'' 在直线 $B'C'$ 与 $D'A'$ 上. 因为 M'' 是 AC 的点，所以就得出结论.

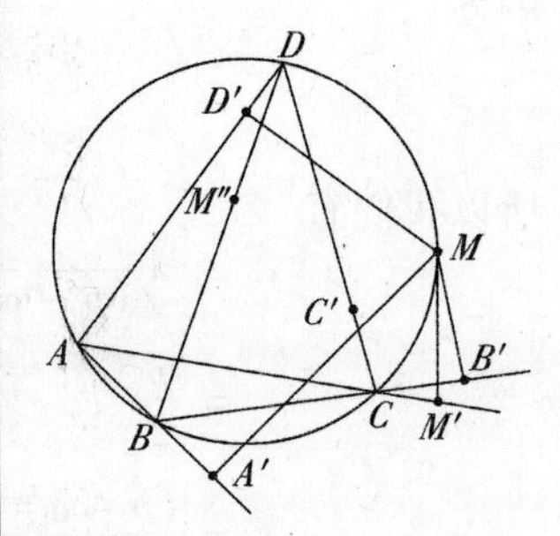

题 50 图

（D. Andrica，RMT，数学杂志，NO. 1（1979），pp. 54，问题 3855；罗马尼亚部分地区数学竞赛. “Grigore Moisil”，1995）

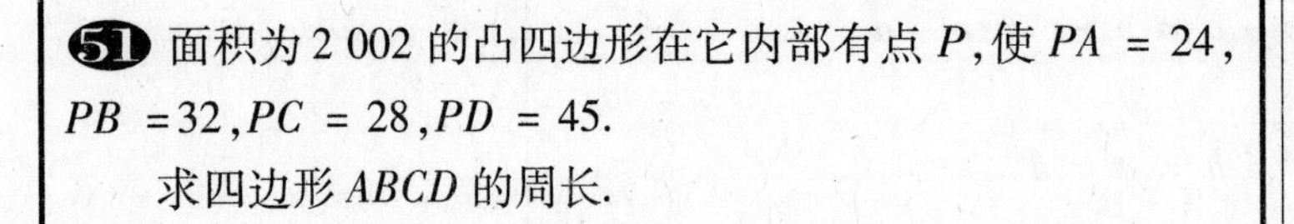
51 面积为 2 002 的凸四边形在它内部有点 P，使 $PA = 24$，$PB = 32$，$PC = 28$，$PD = 45$.

求四边形 $ABCD$ 的周长.

证 我们有

$$S_{ABCD} \leqslant \frac{1}{2} AC \cdot BD$$

当且仅当 $AC \perp BD$ 时有等式. 因为

$$2\,002 = S_{ABCD} \leqslant \frac{1}{2} AC \cdot BD$$

$$\leqslant \frac{1}{2}(AP + PC) \cdot (BP + PD)$$

$$= \frac{52 \times 77}{2} = 2\,002$$

所以由此得出对角线

$$AC \perp BD$$

且相交于点 P. 于是

$$AB = \sqrt{24^2 + 32^2} = 40$$

$$BC = \sqrt{28^2 + 32^2} = 4\sqrt{113}$$

$$CD = \sqrt{28^2 + 45^2} = 53$$

$$DA = \sqrt{45^2 + 24^2} = 51$$

因此四边形 $ABCD$ 的周长是

$$144 + 4\sqrt{113} = 4(36 + \sqrt{113})$$

(T. Andreescu,美国数学竞赛 12(B),2002,问题 24)

 求正方形平面内点 P 的轨迹,使

$$\max\{PA, PC\} = \frac{1}{\sqrt{2}}(PB + PD)$$

证法一 令 a 是正方形 $ABCD$ 的边长. 不失一般性,设 $\max\{PA, PC\} = PA$. 我们有

$$\sqrt{2}PA = PB + PD$$

于是

$$a\sqrt{2}PA = aPB + aPD$$

因此

$$BD \cdot PA = AD \cdot PB + AB \cdot PD$$

从托勒密定理的逆定理推出 $PDAB$ 是圆内接四边形,因此点 P 在正方形 $ABCD$ 的外接圆上.

反之,利用托勒密定理,我们推出,正方形 $ABCD$ 的外接圆上任一点有已知的性质.

由此得出,点 P 的轨迹是正方形 $ABCD$ 的外接圆.

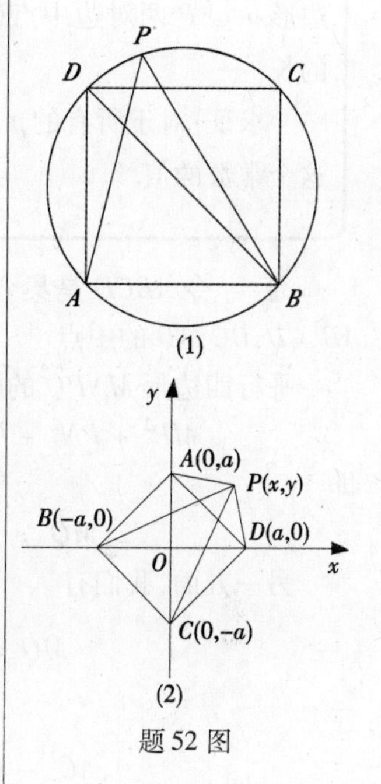

题 52 图

证法二 令 $P(x, y)$ 是具有已知性质的点,设 $y > 0$. 所考虑的点 A, B, C, D 如题 52(2) 图所示.

注意 $PC > PA$,于是

$$\sqrt{2}PC = PB + PD$$

两边平方,给出

$$\begin{aligned} & 2x^2 + 2(y + b)^2 \\ = & (x - b)^2 + (x + b)^2 + 2y^2 + \\ & 2\sqrt{(x - b)^2 + y^2} + 2\sqrt{(x + b)^2 + y^2} \end{aligned}$$

于是

$$2by = \sqrt{(x - b)^2 + y^2} + \sqrt{(x + b)^2 + y^2}$$

因此

$$(x^2 + y^2 + b^2 - 2bx)(x^2 + y^2 + b^2 + 2bx) = 4b^2y^2$$

由此得出

$$(x^2 + y^2 + b^2)^2 - 4b^2x^2 = 4b^2y^2$$

于是

$$(x^2+y^2-b^2)^2=0$$

因此

$$x^2+y^2=b^2$$

于是点 P 在直径为 BD 的半圆上，包含点 A. 同样，当 $y\leqslant 0$ 时，我们推出点 P 在直径为 BD 的半圆上，包含点 C，最后我们得出正方形 $ABCD$ 的外接圆.

（T. Andreescu，罗马尼亚国际数学奥林匹克选拔考试，1981；RMT 数学杂志，NO. 2（1981），pp. 87，问题 4751）

53 令 P 是具有相同对角线长的四边形集合，两条线段由四边形 $p\in P$ 两对边中点确定，$\lambda_1(p)$ 与 $\lambda_2(p)$ 是这两条线段的长.

求证：对于所有的 $p\in P$，和 $\lambda_1^2(p)+\lambda_2^2(p)$ 是常数，并求这个常数的值.

证 令 $ABCD$ 是集合 P 中的四边形，M,N,P,Q 分别是边 AB,CD,BC,AD 的中点.

平行四边形 $MNPQ$ 的欧拉关系式是

$$MP^2+PN^2+NQ^2+QM^2=MN^2+PQ^2$$

即

$$2(MQ^2+MP^2)=MN^2+PQ^2$$

另一方面，我们有

$$MQ=\frac{DB}{2},MP=\frac{AC}{2}$$

于是

$$\frac{AC^2+BD^2}{2}=MN^2+PQ^2$$

因此

$$\lambda_1^2(p)+\lambda_2^2(p)=\frac{AC^2+BD^2}{2}$$

它显然是常数.

（D. Andrica）

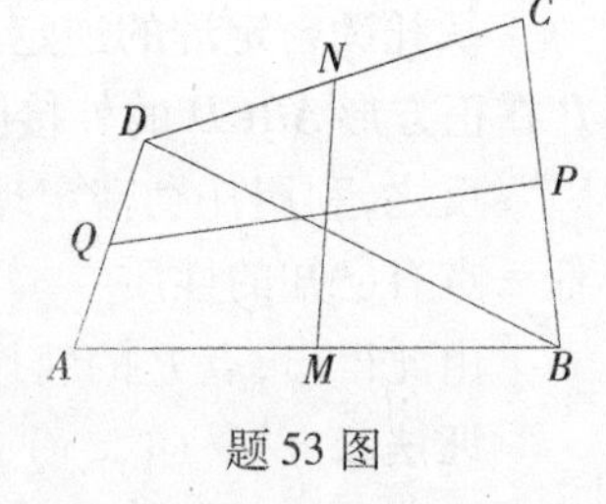

题53图

54 令 $ABCDEFGHIJKL$ 是正十二边形, R 是它的外接圆半径.

求证

$$\frac{AB}{AF}+\frac{AF}{AB}=4$$

及

$$AB^2+AC^2+AD^2+AE^2+AF^2=10R^2$$

证 从余弦定理我们推出

$$AB=2R\sin\frac{\pi}{12}, AF=2R\sin\frac{5\pi}{12}$$

第1个等式等价于

$$\frac{\sin\frac{\pi}{12}}{\sin\frac{5\pi}{12}}+\frac{\sin\frac{5\pi}{12}}{\sin\frac{\pi}{12}}=4$$

即

$$1=4\sin\frac{5\pi}{12}\sin\frac{\pi}{12}$$

并且

$$1=4\cos\frac{\pi}{12}\sin\frac{\pi}{12}$$

即

$$1=2\sin\frac{\pi}{6}$$

这是显然的.

对第2个等式,我们有

$$AC^2=4R^2\sin^2\frac{2\pi}{12}, AD^2=4R^2\sin^2\frac{3\pi}{12}$$

$$AE^2=4R^2\sin^2\frac{4\pi}{12}, AF^2=4R^2\sin^2\frac{5\pi}{12}$$

它简化为

$$\sin^2\frac{\pi}{12}+\sin^2\frac{2\pi}{12}+\sin^2\frac{3\pi}{12}+\sin^2\frac{4\pi}{12}+\sin^2\frac{5\pi}{12}=\frac{5}{2}$$

这也是显然的.

(T. Andreescu, RMT 数学杂志, NO. 6(1971), pp. 27, 问题 821)

55 求证:如果在一个凸多边形内有一点,使它到这个多边形各顶点距离的平方和是多边形面积的2倍,那么这个多边形是正方形.

证 令 $A_1A_2\cdots A_n$ 是已知多边形，S 是 $A_1A_2\cdots A_n$ 的面积. 在多边形内有点 M，使

$$\sum_{k=1}^{n} MA_k^2 = 2S$$

我们记

$$S = \sum_{k=1}^{n} S_{\triangle A_kMA_{k+1}}, A_{n+1} = A_1$$

因此

$$\begin{aligned} S &= \sum_{k=1}^{n} \frac{MA_kMA_{k+1}\sin A_k\widehat{MA_{k+1}}}{2} \\ &\leqslant \frac{1}{2}\sum_{k=1}^{n} MA_kMA_{k+1} \\ &\leqslant \frac{1}{4}\sum_{k=1}^{n}(MA_k^2 + MA_{k+1}^2) \\ &= \frac{1}{2}\sum_{k=1}^{n} MA_k^2 = S \end{aligned}$$

为了处处有等式，我们应当有

$$\sin\angle A_kMA_{k+1} = 1, MA_k = MA_{k+1}, k = 1,2,\cdots,n$$

由此得出 M 是圆内接多边形的外心，所有的边都对 $90°$ 的弧. 这个多边形是正方形，这正是所要求的结果.

(T. Andreescu, RMT 数学杂志, NO.2(1978), pp.50, 问题 3528)

56 令 $A_1A_2\cdots A_n$ 是圆内接多边形，P 是它的外接圆上的点. 令 $P_1, P_2, \cdots, P_n$ 是 P 在多边形各边上的射影.

求证：乘积

$$\prod_{i=1}^{n} \frac{PA_i^2}{PP_i}$$

是一常数.

证 在高为 AA' 与外接圆半径为 R 的 $\triangle ABC$ 中，以下等式成立

$$AB \cdot AC = 2R \cdot AA' \qquad ①$$

令 R 是多边形 $A_1A_2\cdots A_n$ 的外接圆半径，$P_1, P_2, \cdots, P_n$ 是点 P 分别在边 $A_1A_2, A_2A_3, \cdots, A_nA_1$ 上的射影.

把关系式 ① 应用于 $\triangle PA_iA_{i+1}$，其中 $A_{n+1} = A_1$，给出

$$PA_i \cdot PA_{i+1} = 2R \cdot PP_i, i = 1,2,\cdots,n$$

因此

$$\prod_{i=1}^{n} \frac{PA_i^2}{PA_i} = 2^nR^n$$

它是常数,这正是所要求的结果.

(D. Andrica,RMT 数学杂志,NO.1 - 2(1980),pp. 65,问题 4123)

57 令 $A_1A_2\cdots A_{2n}$ 是圆内接多边形,M 是它外接圆上的点.点 $K_1,K_2,\cdots,K_{2n}$ 是点 M 在边 $A_1A_2,A_2A_3,\cdots,A_{2n}A_1$ 上的射影,点 $H_1,H_2,\cdots,H_n$ 是点 M 在对角线 $A_1A_{n+1},A_2A_{n+2},\cdots,A_nA_{2n}$ 上的射影.

求证

$$MK_1\cdot MK_3\cdots MK_{2n-1}=MK_2\cdot MK_4\cdots MK_{2n}=MH_1\cdot MH_2\cdots MH_n$$

证　把上一问题的关系式 ① 应用到 $\triangle MA_1A_2,\triangle MA_3A_4,\triangle MA_5A_6,\cdots,\triangle MA_{2n-1}A_{2n}$,我们得出

$$\begin{aligned}MA_1\cdot MA_2&=2R\cdot MK_1\\MA_3\cdot MA_4&=2R\cdot MK_3\\&\vdots\\MA_{2n-1}\cdot MA_{2n}&=2R\cdot MK_{2n-1}\end{aligned}\qquad①$$

把这些关系式相乘,给出

$$MK_1\cdot MK_3\cdots MK_{2n-1}=\frac{MA_1\cdot MA_2\cdots MA_{2n}}{2^nR^n}\qquad②$$

对于三角形

$$\triangle MA_2A_3,\triangle MA_4A_5,\cdots,\triangle MA_{2n-2}A_{2n-1},\triangle MA_{2n}A_1$$

关系式 ① 给出

$$\begin{aligned}MA_2\cdot MA_3&=2R\cdot MK_2\\MA_4\cdot MA_5&=2R\cdot MK_4\\&\vdots\\MA_{2n-2}\cdot MA_{2n-1}&=2R\cdot MA_{2n-2}\\MA_{2n}\cdot MA_1&=2R\cdot MK_{2n}\end{aligned}$$

把这些等式相乘,给出

$$MK_2\cdot MK_4\cdots MK_{2n}=\frac{MA_1\cdot MA_2\cdots MA_{2n}}{2^nR^n}\qquad③$$

类似地,把关系式 ① 应用于

$$\triangle MA_1A_{n+1},\triangle MA_2A_{n+2},\cdots,\triangle MA_nA_{2n}$$

我们得出

$$MH_1\cdot MH_2\cdots MH_n=\frac{MA_1\cdot MA_2\cdot MA_{2n}}{2^nR^n}\qquad④$$

从等式 ②③④,我们得出结论.

(D. Andrica, RMT 数学杂志, NO. 2(1981), pp. 68, 问题 4622)

58 如果一个圆内接多边形有 $2n$ 条边，其中 n 条边有长 a，n 条边有长 b，求这个多边形的外接圆半径.

解 令 x 与 y 分别是边 a 与 b 所对的弧的弧度数. 我们有

$$nx + ny = 2\pi$$

或

$$x + y = \frac{2\pi}{n}$$

令 R 是多边形外接圆半径，则

$$\sin\frac{x}{2} = \frac{a}{2R}, \sin\frac{y}{2} = \frac{b}{2R}$$

现在 $y = \frac{2\pi}{n} - x$，于是

$$\sin\frac{y}{2}\sin\left(\frac{\pi}{n} - \frac{x}{2}\right) = \sin\frac{\pi}{n}\cos\frac{x}{2} - \cos\frac{\pi}{n}\sin\frac{x}{2} = \frac{b}{2R}$$

因此

$$\sin\frac{\pi}{n}\cos\frac{x}{2} = \frac{b}{2R} + \cos\frac{\pi}{n}\sin\frac{x}{2}$$

两边平方，给出

$$\sin^2\frac{\pi}{n}\cos^2\frac{x}{2} = \frac{b^2}{4R^2} + 2\cdot\frac{b}{2R}\cos\frac{\pi}{n}\sin\frac{x}{2} + \cos^2\frac{\pi}{n}\sin^2\frac{x}{2}$$

或

$$\sin^2\frac{\pi}{n}\left(1 - \sin^2\frac{x}{2}\right) = \frac{b^2}{4R^2} + 2\cdot\frac{b}{2R}\cos\frac{\pi}{n}\sin\frac{x}{2} + \cos^2\frac{\pi}{n}\sin^2\frac{x}{2}$$

因为

$$\sin\frac{x}{2} = \frac{a}{2R}$$

所以我们得出

$$\sin^2\frac{\pi}{n}(4R^2 - a^2) = b^2 + 2ab\cos\frac{\pi}{n} + a^2\cos^2\frac{\pi}{n}$$

因此

$$R = \frac{1}{2\sin\frac{\pi}{n}}\sqrt{a^2 + 2ab\cos\frac{\pi}{n} + b^2}$$

(D. Andrica)

59 令 P 是四面体 $ABCD$ 内部的点，使它分别在平面 (BCD)，(CDA)，(DAB)，(ABC) 上的射影 A_1,B_1,C_1,D_1 都在四面体的面内. 如果 S 是四面体的全面积，r 是四面体的内径，求证

$$\frac{S_{\triangle BCD}}{PA_1}+\frac{S_{\triangle CDA}}{PB_1}+\frac{S_{\triangle DAB}}{PC_1}+\frac{S_{\triangle ABC}}{PD_1}\geqslant\frac{S}{r}$$

并求等式什么时候成立.

证 对于任何正数 $a_i,b_i,i=1,2,\cdots,n$，我们从柯西 - 施瓦茨不等式有

$$\left(\sum_{i=1}^{n}\frac{a_i}{b_i}\right)\left(\sum_{i=1}^{n}a_i\cdot b_i\right)\geqslant\left(\sum_{i=1}^{n}a_i\right)^2$$

令 $n=4$，有

$$a_1=S_{\triangle BCD},a_2=S_{\triangle CDA}$$
$$a_3=S_{\triangle DAB},a_4=S_{\triangle ABC}$$
$$b_1=PA_1,b_2=PB_1$$
$$b_3=PC_1,b_4=PD_1$$

给出

$$3V\sum\frac{S_{\triangle BCD}}{PA}\geqslant S^2$$

其中 V 是四面体的体积. 于是

$$\sum\frac{S_{\triangle BCD}}{PA}\geqslant\frac{S^2}{3V}=\frac{S^2}{rS}=\frac{S}{r}$$

这正是所要求的结果.

对于 $i=1,2,3,4$，上述等式当且仅当

$$\sqrt{\frac{a_i}{b_i}}=\alpha\sqrt{a_ib_i}$$

时成立，因此

$$b_i=\alpha^{-1},i=1,2,3,4$$

于是

$$PA_1=PB_1=PC_1=PD_1$$

因此 P 是四面体 $ABCD$ 的内心.

注 不等式对内接于球的凸多面体成立.

(T. Andreescu，罗马尼亚国际数学奥林匹克选拔考试，1982；RMT 数学杂志，NO. 1(1982)，pp. 82，问题 4910)

60 令 $A_1A_2A_3A_4$ 是四面体,G 是它的重心,A'_1,A'_2,A'_3,A'_4分别是 $A_1A_2A_3A_4$ 的外接球与 GA_1,GA_2,GA_3,GA_4 的交点.

求证

$$GA_1 \cdot GA_2 \cdot GA_3 \cdot GA_4 \leqslant GA'_1 \cdot GA'_2 \cdot GA'_3 \cdot GA'_4$$

与

$$\frac{1}{GA'_1}+\frac{1}{GA'_2}+\frac{1}{GA'_3}+\frac{1}{GA'_4} \leqslant \frac{1}{GA_1}+\frac{1}{GA_2}+\frac{1}{GA_3}+\frac{1}{GA_4}$$

证 这里所有的求和都是从 $i=1$ 到 $i=4$ 的范围内进行的. 令 O 是 $A_1A_2A_3A_4$ 的外心,R 是外接圆半径. 由点幂定理,对于 $1\leqslant i\leqslant 4$,有

$$GA_i \cdot GA'_i = R^2 - OG^2$$

因此所要求的不等式等价于

$$(R^2-OG^2)^2 \geqslant GA_1 \cdot GA_2 \cdot GA_3 \cdot GA_4 \qquad ①$$

与

$$(R^2-OG^2)\sum \frac{1}{GA_i} \geqslant \sum GA_i \qquad ②$$

现在由算术平均数 - 几何平均数不等式知,关系式 ① 由

$$4(R^2-OG^2)=\sum GA_i^2 \qquad ③$$

立即推出. 为了证明关系式③,令 $\boldsymbol{p}$ 表示从点 O 到点 G 及点 A_i 的向量,则

$$\sum \boldsymbol{A}_i^2 = \sum \boldsymbol{G}^2 + \sum(\boldsymbol{G}-\boldsymbol{A}_i)^2 + 2\boldsymbol{G}\sum(\boldsymbol{G}-\boldsymbol{A}_i) \qquad ④$$

此式等价于关系式 ③,因为关系式 ④ 的最后一项变为0. 由柯西 - 施瓦茨不等式,有

$$4\sum GA_i^2 \geqslant \left(\sum GA_i\right)^2, \sum GA_i \sum \frac{1}{GA_i} \geqslant 16$$

于是

$$\frac{1}{4}\sum GA_i^2 \sum \frac{1}{GA_i} \geqslant \frac{1}{16}\left[\sum (GA_i)^2\right]^2 \sum \frac{1}{GA_i} \geqslant \sum GA_i$$

因此关系式 ② 也由关系式 ③ 推出.

(T. Andreescu,1995 国际数学奥林匹克短评)

第4章　三　角　学

1 求证

$$\cot^2\frac{\pi}{7}+\cot^2\frac{2\pi}{7}+\cot^2\frac{3\pi}{7}=5$$

证　我们来证明,对于所有的整数 $n>0$,有

$$\sum_{k=1}^{n}\cot^2\frac{k\pi}{2n+1}=\frac{n(2n-1)}{3} \quad ①$$

考虑方程

$$\sin(2n+1)x=0$$

它有根

$$\frac{\pi}{2n+1},\frac{2\pi}{2n+1},\cdots,\frac{n\pi}{2n+1}$$

用 $\sin x$ 与 $\cos x$ 展开 $\sin(2n+1)$,我们得出

$$\begin{aligned}&\sin(2n+1)x\\&=\binom{2n+1}{1}\cos^{2n}x\sin x-\binom{2n+1}{3}\cos^{2n-2}\sin^3x+\cdots\\&=\sin^{2n+1}x\left[\binom{2n+1}{1}\cot^{2n}x-\binom{2n+1}{3}\cot^{2n-2}x+\cdots\right]\end{aligned}$$

设

$$x=\frac{k\pi}{2n+1},k=1,2,\cdots,n$$

因为 $\sin^{2n+1}x\neq 0$,所以我们有

$$\binom{2n+1}{1}\cot^{2n}x-\binom{2n+1}{3}\cot^{2n-2}x+\cdots=0$$

令

$$y=\cot^2x$$

代入上式,得出

$$\binom{2n+1}{1}y^n-\binom{2n+1}{3}y^{n-1}+\cdots=0$$

它有根

$$\cot^2\frac{\pi}{2n+1},\cot^2\frac{2\pi}{2n+1},\cdots,\cot^2\frac{n\pi}{2n+1}$$

利用系数与根之间的关系,我们得出

$$\sum_{k=1}^{n}\cot^2\frac{k\pi}{2n+1}=\frac{\binom{2n+1}{3}}{\binom{2n+1}{1}}=\frac{n(2n-1)}{3}$$

设 $n=3$,就推出所要求的结论.

(D. Andrica,RMT 数学杂志,NO. 1 -2(1979),pp. 51,问题3831)

2 求证:对于所有的 $x\in\mathbf{R}$,有

$$\cos^3\frac{x}{3}+\cos^3\frac{x+2\pi}{3}+\cos^3\frac{x+4\pi}{3}=\frac{3}{4}\cos x$$

证 对于 $t=x,t=x+2\pi,t=x+4\pi$,应用恒等式

$$\cos t=4\cos^3\frac{t}{3}-3\cos\frac{t}{3},t\in\mathbf{R}$$

并求这些关系式之和,我们得出

$$3\cos x=4\left(\cos^3\frac{x}{3}+\cos^3\frac{x+2\pi}{3}+\cos^3\frac{x+4\pi}{3}\right)-3\left(\cos\frac{x}{3}+\cos\frac{x+2\pi}{3}+\cos\frac{x+4\pi}{3}\right)$$

另一方面

$$\begin{aligned}&\cos\frac{x}{3}+\cos\frac{x+2\pi}{3}+\cos\frac{x+4\pi}{3}\\&=2\cos\frac{4\pi}{6}\cos\frac{2x+4\pi}{6}+\cos\frac{x+2\pi}{3}\\&=\left(2\cos\frac{2\pi}{3}+1\right)\cos\frac{x+2\pi}{3}=0\end{aligned}$$

这就推出所要求的恒等式.

(D. Andrica,RMT 数学杂志,NO. 2(1975),pp. 44,问题2124)

3 求和

$$S_n=\sum_{k=1}^{n-1}\sin kx\cos(n-k)x$$

的值.

证 我们有

$$\begin{aligned}2S_n&=S_n+S_n\\&=\sin x\cos(n-1)x+\sin 2x\cos(n-2)x+\cdots+\\&\quad\sin(n-1)x\cos x+\sin(n-1)x\cos x+\\&\quad\sin(n-2)x\cos 2x+\cdots+\cos(n-1)x\sin x\end{aligned}$$

$$= \sin nx + \sin nx + \cdots + \sin nx$$
$$= (n-1)\sin nx$$

于是

$$S_n = \frac{n-1}{2}\sin nx$$

(D. Andrica, GM - B 数学杂志, NO. 8(1977), pp. 324, 问题 16803; RMT 数学杂志, NO. 2(1978), pp. 30, 问题 3055)

4 求和

$$S_1 = \sin x\cos 2y + \sin 2x\cos 3y + \cdots + \sin(n-1)x\cos ny$$
$$S_2 = \cos x\sin 2y + \cos 2x\sin 3y + \cdots + \cos(n-1)x\sin ny$$

的值.

证 注意

$$S_1 + S_2 = \sin(x+2y) + \sin(2x+3y) + \cdots + \sin[(n-1)x+ny]$$

与

$$S_2 - S_1 = \sin(2y-x) + \sin(3y-2x) + \cdots + \sin[ny-(n-1)x]$$

设

$$x + y = h_1, y - x = h_2$$

得出

$$S_1 + S_2 = \sin(y+h_1) + \sin(y+2h_1) + \cdots + \sin(y+(n-1)h_1) = \frac{\sin\frac{nh_1}{2}\sin\left[y+(n-1)\frac{h_1}{2}\right]}{\sin\frac{h_1}{2}}$$

$$S_2 - S_1 = \sin(y+h_2) + \sin(y+2h_2) + \cdots + \sin[y+(n-1)h_2] = \frac{\sin\frac{nh_2}{2}\sin\left[y+(n-1)\frac{h_2}{2}\right]}{\sin\frac{h_2}{2}}$$

因此

$$S_1 = \frac{1}{2}\cdot\frac{\sin\frac{nh_1}{2}\sin\left[y+(n-1)\frac{h_1}{2}\right]}{\sin\frac{h_1}{2}} -$$

$$\frac{1}{2}\cdot\frac{\sin\frac{nh_2}{2}\sin\left[y+(n-1)\frac{h_2}{2}\right]}{\sin\frac{h_2}{2}}$$

与

$$S_2=\frac{1}{2}\cdot\frac{\sin\frac{nh_1}{2}\sin\left[y+(n-1)\frac{h_1}{2}\right]}{\sin\frac{h_1}{2}}+$$

$$\frac{1}{2}\cdot\frac{\sin\frac{nh_2}{2}\sin\left[y+(n-1)\frac{h_2}{2}\right]}{\sin\frac{h_2}{2}}$$

(D. Andrica,RMT 数学杂志,NO.2(1977),pp.65,问题3056)

5 求乘积:

(1)$P_1=(1-\tan 1°)(1-\tan 2°)\cdots(1-\tan 89°)$;

(2)$P_2=(1+\tan 1°)(1+\tan 2°)\cdots(1+\tan 44°)$.

的值.

解 我们有

$$P_1=0$$

因为因式

$$1-\tan 45°=0$$

另一方面,我们有

$$P_2=\frac{(\cos 1°+\sin 1°)\cdots(\cos 44°+\sin 44°)}{\cos 1°\cdots\cos 44°}$$

$$=\frac{\left(\frac{\sqrt{2}}{2}\cos 1°+\frac{\sqrt{2}}{2}\sin 1°\right)\cdots\left(\frac{\sqrt{2}}{2}\cos 44°+\frac{\sqrt{2}}{2}\sin 44°\right)}{\left(\frac{\sqrt{2}}{2}\right)^{44}\cos 1°\cdots\cos 44°}$$

$$=\frac{\sin 46°\cdots\sin 89°}{\cos 1°\cdots\cos 44°}(\sqrt{2})^{44}=2^{22}$$

(T. Andreescu)

6 求证

$$(4\cos^2 9°-3)(4\cos^2 27°-3)=\tan 9°$$

证 对于所有的 $x\neq(2k+1)\cdot 90°,k\in\mathbf{Z}$,我们有

$$\cos 3x=4\cos^3 x-3\cos x$$

所以

$$4\cos^2 x - 3 = \frac{\cos 3x}{\cos x}$$

因此

$$(4\cos^2 9^\circ - 3)(4\cos^2 27^\circ - 3) = \frac{\cos 27^\circ}{\cos 9^\circ} \cdot \frac{\cos 81^\circ}{\cos 27^\circ} = \frac{\cos 81^\circ}{\cos 9^\circ} = \frac{\sin 9^\circ}{\cos 9^\circ} = \tan 9^\circ$$

这正是所要求的结果.

(T. Andreescu)

7 令 x 是实数,使 $\sec x - \tan x = 2$.

求 $\sec x + \tan x$ 的值.

解 由恒等式

$$1 + \tan^2 x = \sec^2 x$$

推出

$$\begin{aligned} 1 &= \sec^2 x - \tan^2 x \\ &= (\sec x - \tan x)(\sec x + \tan x) \\ &= 2(\sec x + \tan x) \end{aligned}$$

于是

$$\sec x + \tan x = \frac{1}{2}$$

(T. Andreescu,美国高中数学考试,1999,问题15)

8 求乘积

$$P_n = \prod_{k=1}^{n} \frac{1 + \tan^2 2^k x}{(1 - \tan^2 2^k x)^2}$$

的值,其中

$$|x| < \frac{\pi}{2^{n+2}}$$

解 因为对于所有的 $|x| < \frac{\pi}{2^{n+2}}$,有

$$\frac{1 + \tan^2 2^k x}{(1 - \tan^2 2^k x)^2} = \frac{\cos^2 2^k x}{\cos^2 2^{k+1} x}$$

所以由此得出

$$P_n = \prod_{k=1}^{n} \frac{\cos^2 2^k x}{\cos^2 2^{k+1} x} = \frac{\cos^2 2x}{\cos^2 2^{n+1} x}$$

(D. Andrica)

9 令 a,b,c,d,x 是实数,使 $x \neq k\pi, k \in \mathbf{Z}$,且

$$\frac{\sin x}{a} = \frac{\sin 2x}{b} = \frac{\sin 3x}{c} = \frac{\sin 4x}{d}$$

求证

$$2a^3(2b^2 - d^2) = b^4(3a - c)$$

证 令

$$\frac{\sin x}{a} = \frac{\sin 2x}{b} = \frac{\sin 3x}{c} = \frac{\sin 4x}{d} = \lambda$$

则

$$\sin^2 4x = 2\sin^2 2x(1 - \sin^2 2x)$$

因为

$$\sin^2 4x = 2\sin^2 2x(1 - \sin^2 2x)$$

所以我们得出

$$d^2 = 2b^2(1 - \lambda^2 b^2) \quad ①$$

另一方面

$$\sin 3x = \lambda c, \sin x = \lambda a$$

因为

$$\sin 3x = \sin x(3 - 4\sin^2 x)$$

所以我们有

$$c = a(3 - 4\lambda^2 a^2) \quad ②$$

从关系式 ① 与 ② 中消去 λ,得

$$2a^3(2b^3 - d^2) = b^4(3a - c)$$

这正是所要求的结果.

(D. Andrica)

10 令 $a,b,c,d \in [0,\pi]$,使

$$2\cos a + 6\cos b + 7\cos c + 9\cos d = 0$$

与

$$2\sin a - 6\sin b + 7\sin c - 9\sin d = 0$$

求证

$$3\cos(a + d) = 7\cos(b + c)$$

证 把两个等式改写成

$$2\sin a - 9\sin d = 6\sin b - 7\sin c$$

$$2\cos a + 9\cos d = -6\cos b - 7\cos c$$

把这两个关系式平方,并把它们相加,我们得出

$$85 + 18\cos(a + d) = 85 + 42\cos(b + c)$$

就推出结论.

(T. Andreescu,朝鲜数学竞赛,2002)

11 求证:如果

$$\arccos a+\arccos b+\arccos c=\pi$$

那么

$$ab\sqrt{1-c^2}+bc\sqrt{1-a^2}+ca\sqrt{1-b^2}=\sqrt{(1-a^2)(1-b^2)(1-c^2)}$$

证　由假设推出

$$\sin(\arccos a+\arccos b+\arccos c)=0$$

利用恒等式

$$\sum\cos\alpha\cos\beta\sin\gamma=\sin(\alpha+\beta+\gamma)+\sin\alpha\sin\beta\sin\gamma$$

与公式

$$\sin(\arccos x)=\sqrt{1-x^2},\sin(\arcsin x)=x,x\in[-1,1]$$

我们得出

$$ab\sqrt{1-c^2}+bc\sqrt{1-a^2}+ca\sqrt{1-b^2}=\sqrt{(1-a^2)(1-b^2)(1-c^2)}$$

这正是所要求的结果.

(T. Andreescu,RMT 数学杂志,NO.2(1977),pp.64,问题3054)

12 令 a,b,c 是正实数,使

$$ab+bc+ca=1$$

求证

$$\arctan\frac{1}{a}+\arctan\frac{1}{b}+\arctan\frac{1}{c}=\pi$$

证　恒等式

$$\arctan x+\arctan y+\arctan z=\arctan\frac{x+y+z-xyz}{1-(xy+yz+zx)}+k\pi$$

蕴含

$$\arctan\frac{1}{a}+\arctan\frac{1}{b}+\arctan\frac{1}{c}=\arctan\frac{ab+bc+ca-1}{abc-(a+b+c)}+k\pi$$

因为 $ab+bc+ca=1$,所以我们得出

$$\arctan\frac{1}{a}+\arctan\frac{1}{b}+\arctan\frac{1}{c}=k\pi$$

其中 k 是整数.

注意,对于所有的实数 $x>0$,有

$$0<\arctan x<\frac{\pi}{2}$$

从而

$$0<\arctan\frac{1}{a}+\arctan\frac{1}{b}+\arctan\frac{1}{c}<\frac{3\pi}{2}$$

因此

$$k=1$$

且

$$\arctan\frac{1}{a}+\arctan\frac{1}{b}+\arctan\frac{1}{c}=\pi$$

这正是所要求的结果.

(T. Andreescu,RMT 数学杂志,NO. 1(1977),pp. 42,问题 2827)

13 令 x 与 y 是区间 $(0,\frac{\pi}{2})$ 内的实数,使

$$\cos^2(x-y)=\sin 2x\sin 2y$$

求证

$$x+y=\frac{\pi}{2}$$

证 已知的关系式等价于

$$(\cos x\cos y+\sin x\sin y)^2=4\sin x\sin y\cos x\cos y$$

即

$$(\cos x\cos y-\sin x\sin y)^2=0$$

因此

$$\cos^2(x+y)=0$$

因为 $x,y\in(0,\frac{\pi}{2})$,所以我们得出

$$x+y=\frac{\pi}{2}$$

这正是所要求的结果.

(T. Andreescu,RMT 数学杂志,NO. 1(1977),pp. 42,问题 2826)

14 考虑数 $\alpha,\beta,\gamma\in\left(0,\frac{\pi}{4}\right)$,使

$$\frac{1}{2}(1-\tan\alpha)(1-\tan\beta)(1-\tan\gamma)$$
$$=1-(\tan\alpha+\tan\beta+\tan\gamma)$$

求证

$$\alpha+\beta+\gamma=\frac{\pi}{4}$$

证　展开后给出

$$\frac{1}{2}(1-\tan\alpha-\tan\beta-\tan\gamma+\tan\alpha\tan\beta+$$
$$\tan\beta\tan\gamma+\tan\gamma\tan\alpha-\tan\alpha\tan\beta\tan\gamma)$$
$$=1-(\tan\alpha+\tan\beta+\tan\gamma)$$

或

$$\tan\alpha+\tan\beta+\tan\gamma-\tan\alpha\tan\beta\tan\gamma$$
$$=1-\tan\alpha\tan\beta-\tan\beta\tan\gamma-\tan\gamma\tan\alpha \qquad ①$$

因为 $\alpha,\beta,\gamma\in\left(0,\frac{\pi}{4}\right)$,所以我们有

$$0<\alpha+\beta+\gamma<\pi$$

从而

$$\tan\alpha+\tan\beta+\tan\gamma\neq\tan\alpha\tan\beta\tan\gamma$$

由关系式①,我们推出

$$\frac{1-\tan\alpha\tan\beta-\tan\beta\tan\gamma-\tan\gamma\tan\alpha}{\tan\alpha+\tan\beta+\tan\gamma-\tan\alpha\tan\beta\tan\gamma}=1$$

所以

$$\cot(\alpha+\beta+\gamma)=1$$

因此

$$\alpha+\beta+\gamma=\frac{\pi}{4}$$

这正是所要求的结果.

(T. Andreescu,RMT 数学杂志,NO. 1(1973),pp. 42,问题 1582)

15 令 $a,b\in\left(0,\frac{\pi}{2}\right)$.

求证:当且仅当 $a=b$ 时,有

$$\left(\frac{\sin^2 a}{\sin b}\right)^2+\left(\frac{\cos^2 a}{\cos b}\right)^2=1$$

证法一　问题陈述中的关系式等价于

$$(\sin^2 b+\cos^2 b)\left(\frac{\sin^4 a}{\sin^2 b}+\frac{\cos^4 a}{\cos^2 b}\right)=1$$

即

$$\sin^4 a+\cos^4 a+\frac{\cos^2 b}{\sin^2 b}\sin^4 a+\frac{\sin^2 b}{\cos^2 b}\cos^4 a=1$$

由此得出

$$1-2\sin^2 a\cos^2 a+\frac{\cos^2 b}{\sin^2 b}\sin^4 a+\frac{\sin^2 b}{\cos^2 b}\cos^4 a=1$$

因此

$$\left(\frac{\cos b}{\sin b}\sin^2 a-\frac{\sin b}{\cos b}\cos^2 a\right)^2=0$$

而且

$$\frac{\cos b}{\sin b}\sin^2 a=\frac{\sin b}{\cos b}\cos^2 a$$

即

$$\tan^2 a=\tan^2 b$$

因为 $a,b\in(0,\frac{\pi}{2})$,所以我们得出

$$a=b$$

其逆是显然的,我们证毕.

证法二 从已知的关系式,我们推出,有一数 $c\in(0,\frac{\pi}{2})$,使

$$\frac{\sin^2 a}{\sin b}=\sin c,\frac{\cos^2 a}{\cos b}=\cos c$$

因此

$$\sin^2 a=\sin b\sin c,\cos^2 a=\cos b\cos c$$

由此得出

$$1=\cos(b-c),\cos 2a=\cos(b+c)$$

因为 $a,b,c\in(0,\frac{\pi}{2})$,所以我们有

$$b-c=0,2a=b+c$$

因此

$$a=b$$

这正是所要求的结果.

(T. Andreescu,RMT 数学杂志,NO.1(1977),pp.41, 问题 2825;GM-B 数学杂志,NO.11(1977),pp.452,问题 16934)

16 求证:当所有的 $0<a,b<\frac{\pi}{2}$ 时,有

$$\frac{\sin^3 a}{\sin b}+\frac{\cos^3 a}{\cos b}\geqslant \sec(a-b)$$

证 不等式乘以 $\sin a\sin b+\cos a\cos b=\cos(a-b)$,我们得出等价形式

$$\left(\frac{\sin^3 a}{\sin b}+\frac{\cos^3 a}{\cos b}\right)(\sin a\sin b+\cos a\cos b)\geqslant 1$$

但是这个不等式由柯西 - 施瓦茨不等式推出,因为根据这个不等式,左边大于或等于 $(\sin^2 a+\cos^2 a)^2=1$.

(T. Andreescu)

17 令 α,β 是实数,且 $\beta\geqslant 1$. 求证:对于所有的 $\alpha\in\mathbf{R}$,有

$$(1+2\sin^2\alpha)^\beta+(1+2\cos^2\alpha)^\beta\geqslant 2^{\beta+1}$$

证 对于 $m\geqslant 1$,利用不等式

$$\frac{x_1^n+x_2^m}{2}\geqslant\left(\frac{x_1+x_2}{2}\right)^m$$

我们得出

$$(1+2\sin^2\alpha)^\beta+(1+2\cos^2\alpha)^\beta\geqslant 2\left(\frac{2+2\sin^2\alpha+2\cos^2\alpha}{2}\right)^\beta=2^{\beta+1}$$

这正是所要求的结果.

(T. Andreescu,RMT 数学杂志,NO. 1(1974),pp. 30,问题 1942)

18 令 x 是实数,$x\in[-1,1]$.

求证:对于所有正整数 n,有

$$\frac{1}{2^{n-1}}\leqslant x^{2n}+(1-x^2)^n\leqslant 1$$

证法一 因为 $x\in[-1,1]$,所以有一实数 y,使

$$x=\sin y$$

只要证明

$$1\geqslant \sin^{2n}y+\cos^{2n}y\geqslant\frac{1}{2^{n-1}} \quad ①$$

即可.

对于式 ① 的左边,注意

$$|\sin y|\leqslant 1,|\cos y|\leqslant 1$$

因此

$$\sin^{2n}y+\cos^{2n}y \leqslant \sin^{2n-2}y+\cos^{2n-2}y \leqslant \cdots \leqslant \sin^{2}y+\cos^{2}y=1$$

这正是所求的结果.

对于式 ① 的右边,我们利用不等式

$$\frac{x_1^n+x_2^n}{2} \geqslant \left(\frac{x_1+x_2}{2}\right)^n$$

因此

$$\frac{\sin^{2n}y+\cos^{2n}y}{2} \geqslant \left(\frac{\sin^2 y+\cos^2 y}{2}\right)^n=\frac{1}{2^n}$$

这正是所要求的结果.

证法二 设 $u=x^2, v=1-x^2$,不等式变为

$$\frac{1}{2^{n-1}} \leqslant u^n+v^n \leqslant 1$$

因为 $u,v \in [0,1]$,所以我们有

$$u^n \leqslant u, v^n \leqslant v$$

这蕴含

$$u^n+v^n \leqslant u+v=1$$

又由幂平均不等式,有

$$u^n+v^n \geqslant 2\left(\frac{u+v}{2}\right)^n=2\cdot\left(\frac{1}{2}\right)^n=\frac{1}{2^{n-1}}$$

(D. Andrica)

19 求证:对于所有的整数 $n \geqslant 0$ 与所有的 $x \in (0,\frac{\pi}{2})$,有

$$\sec^{2n}x+\csc^{2n}x \geqslant 2^{n+1}$$

证法一 由算术平均数 - 几何平均数不等式,我们有

$$\sec^2 x=\tan^2 x+1 \geqslant 2\tan x, \csc^2 x=\cot^2 x+1 \geqslant 2\cot x$$

由此得出

$$\sec^{2n}x+\csc^{2n}x \geqslant 2^n(\tan^n x+\cot^n x)$$

因为

$$\tan^n x+\cot^n x \geqslant 2$$

所以我们得出

$$\sec^{2n}x+\csc^{2n}x \geqslant 2^{n+1}$$

这正是所要求的结果.

证法二 利用算术平均数 - 几何平均数不等式,我们得出

$$\begin{aligned}\sec^{2n}x+\csc^{2n}x &\geqslant 2\sqrt{\sec^{2n}x\csc^{2n}x}\\ &=2\frac{1}{\sin^n x\cos^n x}\\ &=2^{n+1}\cdot\frac{1}{\sin^n 2x} \geqslant 2^{n+1}\end{aligned}$$

(D. Andrica,GM－B数学杂志,NO.3(1975),pp.104,问题14900)

20 求证:对于所有的实数 x,有

$$(1+\sin x)(1+\cos x)\leqslant \frac{3}{2}+\sqrt{2}$$

证法一　我们有

$$\begin{aligned}&(1+\sin x)(1+\cos x)\\ \leqslant&\frac{(1+\sin x)^2+(1+\cos x)^2}{2}\\ =&\frac{2+2(\sin x+\cos x)+(\sin^2x+\cos^2x)}{2}\\ =&\frac{3}{2}+(\sin x+\cos x)\\ =&\frac{3}{2}+\sqrt{2}\sin\left(x+\frac{\pi}{4}\right)\leqslant\frac{3}{2}+\sqrt{2}\end{aligned}$$

这正是所要求的结果.

注意,当 $x=\frac{\pi}{4}+2k\pi$ 时等式成立,其中 $k\in\mathbf{Z}$.

证法二　展开左边,我们看出

$$\begin{aligned}&1+(\sin x+\cos x)+\frac{1}{2}\sin 2x\\ =&1+\sqrt{2}\sin\left(x+\frac{\pi}{4}\right)+\frac{1}{2}\sin 2x\\ \leqslant&1+\sqrt{2}+\frac{1}{2}=\frac{3}{2}+\sqrt{2}\end{aligned}$$

(T. Andreescu,RMT数学杂志,NO.2(1975),pp.47,问题3500)

21 求以下表达式的最大值

$$E=\sin x_1\cos x_2+\sin x_2\cos x_3+\cdots+\sin x_n\cos x_1$$

其中 $x_1,x_2,\cdots,x_n$ 是实数.

证　我们有

$$\begin{aligned}E=&\sin x_1\cos x_2+\sin x_2\cos x_3+\cdots+\sin x_n\cos x_1\\ \leqslant&\frac{\sin^2x_1+\cos^2x_2}{2}+\frac{\sin^2x_2+\cos^2x_3}{2}+\cdots+\frac{\sin^2x_n+\cos^2x_1}{2}=\frac{n}{2}\end{aligned}$$

因此,E 的最大值是 $\frac{n}{2}$,例如当 $x_1=x_2=\cdots=x_n=\frac{\pi}{4}$ 时达到这个最大值.

(D. Andrica,RMT数学杂志,NO.2(1977),pp.65,问题3058)

22 求函数 $f:\mathbf{R}\to\mathbf{R}$

$$f(x)=a\cos 2x+b\cos x+c$$

的极值,其中 a,b,c 是实数,且 $a,b>0$.

证 因为 $a,b>0$,所以由此推出 f 的最大值是 $a+b+c$.
设 $y=\cos x$,得出

$$f(x)=a(2y^2-1)+by+c=2ay^2+by+c-a$$

如果 $-\frac{b}{4a}\in[-1,0)$,那么 f 的最大值是

$$-\frac{\Delta}{8a}=-\frac{-b^2+8a(c-a)}{8a}$$

如果 $-\frac{b}{4a}\in(-\infty,-1)$,那么 f 的最大值是

$$f(-1)=2a-b+c-a=a-b+c$$

(D. Andrica,RMT 数学杂志,NO. 1(1981),pp. 52,问题 4315)

23 令 $a_0,a_1,\cdots,a_n$ 是区间 $(0,\frac{\pi}{2})$ 内的数,且

$$\tan\left(a_0-\frac{\pi}{4}\right)+\tan\left(a_1-\frac{\pi}{4}\right)+\cdots+\tan\left(a_n-\frac{\pi}{4}\right)\geqslant n-1$$

求证

$$\tan a_0\tan a_1\cdots\tan a_n\geqslant n^{n+1}$$

证法一 令 $b_k=\tan(a_k-\frac{\pi}{4})$,$k=0,1,\cdots,n$,则由假设得出,对于每个 k,有

$$-1<b_k<1$$

$$1+b_k\geqslant\sum_{0\leqslant l\neq k\leqslant n}(1-b_l) \quad ①$$

把算术平均数 - 几何平均数不等式应用于正数 $1-b_l$,$l=0,1,\cdots,k-1,k+1,\cdots,n$,我们得出

$$\sum_{0\leqslant l\neq k\leqslant n}(1-b_l)\geqslant n\Big(\prod_{0\leqslant l\neq k\leqslant n}(1-b_l)\Big)^{\frac{1}{n}} \quad ②$$

由关系式 ① 与 ②,得出

$$\prod_{k=0}^{n}(1+b_k)\geqslant n^{n+1}\Big(\prod_{l=0}^{n}(1-b_l)^n\Big)^{\frac{1}{n}}$$

因此

$$\prod_{k=0}^{n}\frac{1+b_k}{1-b_k}\geqslant n^{n+1}$$

因为

$$\frac{1+b_k}{1-b_k}=\frac{1+\tan\left(a_k-\frac{\pi}{4}\right)}{1-\tan\left(a_k-\frac{\pi}{4}\right)}$$

$$=\tan\left[\left(a_k-\frac{\pi}{4}\right)+\frac{\pi}{4}\right]$$

$$=\tan a_k$$

这就推出结论.

证法二 我们首先证明一个简单引理:

令 w,x,y,z 是实数,使

$$x+y=w+z,|x-y|<|w-z|$$

则

$$wz<xy$$

证 令 $x+y=w+z=2L$,则有非负数 r,s,使

$$r<s$$

且有

$$wz=(L-s)(L+s)<(L-r)(L+r)=xy$$

我们现在利用这个引理来解本题. 对于 $0\leqslant k\leqslant n$,令

$$b_k=\tan\left(\alpha_k-\frac{\pi}{4}\right)$$

并令

$$t_k=\tan a_k=\frac{1+b_k}{1-b_k}$$

于是

$$-1<b_k<1$$

与

$$t_jt_k=\left(\frac{1+b_j}{1-b_j}\right)\left(\frac{1+b_k}{1-b_k}\right)=1+\frac{2}{\frac{1+b_jb_k}{b_j+b+k}-1} \quad ③$$

首先注意:因为 $-1<b_k<1$ 与 $b_0+b_1+\cdots+b_n\geqslant n-1$,所以由此得出,对于所有的 $0\leqslant j,k\leqslant n$ 及 $j\neq k$,有 $b_j+b_k>0$. 其次注意,如果 $b_j+b_k>0$ 与 $b_j\neq b_k$,那么由引理应用于关系式③得出,当 b_j 与 b_k 换为两个接近的数且同号时,t_jt_k 变得较小. 特别地,如果 $b_j<0$,那么把 b_j 与 b_k 换为它们的算术平均数时,本题可化为对于所有的 n,有 $b_i>0$ 的情形.

我们现在可以依次把 b_i 换为它们的算术平均数. 只要 b_i 不相等,则其中一个大于平均数,另一个小于平均数. 我们现在可以把这两个数中之一换为所有 b_i 的算术平均数,另一数换为接近的正数,使这两个数之和不变. 每个和的变化将减少诸 t_i 的乘积. 由此得出,对于诸 b_j 的已知和,当所有的 b_i 相等时,达到最小

的乘积.在这种情形中,对于每个 i,我们有

$$b_i \geqslant \frac{n-1}{n+1}$$

因此

$$t_0 t_1 \cdots t_n \geqslant \left(\frac{1+\frac{n-1}{n+1}}{1-\frac{n-1}{n+1}}\right) = \left(\frac{2n}{2}\right)^{n+1} = n^{n+1}$$

这就完成了证明.

证法三 我们提出以微积分为基础的解法.我们设

$$a = b_0 + b_1 + \cdots + b_n$$

其中 $-1 < b_i < 1$,设 $a \geqslant n-1$.于是我们来证明,当所有的 b_k 相等时,即当它们的公共值是 $\frac{a}{(n+1)}$ 时,乘积

$$\prod_{k=0}^{n} \frac{1+b_k}{1-b_k}$$

达到最小值.所要求的不等式立即被推出来.

我们用归纳法进行.$n=1$ 的情形已在证法二中关系式③的讨论中证明了.对于 $n \geqslant 2$,设

$$\sum_{k=0}^{n-1} b_k = a' = a - b_n > n-2$$

最后的不等式由 $a \geqslant n-1$ 与 $b_n < 1$ 推出.设

$$b = b_n, c = \frac{a'}{n}$$

于是

$$b + nc = a$$

由归纳法假设,有

$$\left(\prod_{k=0}^{n-1} \frac{1+b_k}{1-b_k}\right) \frac{1+b_n}{1-b_n} \geqslant \left(\frac{1+c}{1-c}\right)^n \frac{1+b}{1-b}$$

因此我们需要证明

$$\left(\frac{1+c}{1-c}\right)^n \left(\frac{1+b}{1-b}\right) \geqslant \left(\frac{n+1+a}{n+1-a}\right)^{n+1} \qquad ④$$

其中对于每个 $b_k, k=0,1,\cdots,n$,式④的右边由乘积中用代换 $\frac{a}{n+1}$ 得出.其次回忆 a 是固定的,且 $b+nc=a$.因此我们可以从关系式④中消去 b,得出等价不等式

$$\left(\frac{1+c}{1-c}\right)^n \left(\frac{1+a-nc}{1-a+nc}\right) \geqslant \left(\frac{n+1+a}{n+1-a}\right)^{n+1} \qquad ⑤$$

现在把关系式⑤中所有的项化为不等式的左边,去分母并把 c 换为 x.令用左边表示式定义函数 f

$$f(x) = (1+x)^n(1+a-nx)(n+1-a)^{n+1} -$$

$$(1-x)^n(1-a+nx)(n+1+a)^{n+1}$$

为了证实关系式⑤,只要对于 $0\leqslant x<1$ 证明,在 $x=\frac{a}{n+1}$ 上 $f(x)$ 达到最小值. 我们对 f 表示式求导数,得出

$$\begin{aligned}f'(x) &= n[a-(n+1)x][(1+x)^{n-1}(n+1-a)^{n+1}-\\&\quad(1-x)^{n-1}(n+1+a)^{n+1}]\\&= n[a-(n+1)x]g(x)\end{aligned}$$

其中

$$g(x)=(1+x)^{n-1}(n+1-a)^{n+1}-(1-x)^{n-1}(n+1+a)^{n+1}$$

显然

$$f'\left(\frac{a}{n+1}\right)=0$$

于是我们检验二阶导数. 我们求出

$$f''\left(\frac{a}{n+1}\right)=-n(n+1)g\left(\frac{a}{n+1}\right)>0$$

这样,f 在 $x=\frac{a}{n+1}$ 上有局部极小值. 但是 $f'(x)$ 还有另一个零点 t,由解方程 $g(x)=0$ 得出. 因为对于所有的 $x\in[0,1)$,有

$$\begin{aligned}g'(x) &= (n-1)(1+x)^{n-2}(n+1-a)^{n+1}+\\&\quad(n-1)(1-x)^{n-2}(n+1+a)^{n+1}\end{aligned}$$

显然是正的,所以方程 $g(x)=0$ 在这个区间内至多有一解. 容易检验 $g\left(\frac{a}{n+1}\right)<0$ 与 $g(1)>0$. 从而有一实数 t,使

$$\frac{a}{n+1}<t<1$$

与

$$g(t)=0$$

对于这个 t,我们有

$$f''(x)=n[a-(n+1)t]g'(t)<0$$

因此 t 是 f 的局部极大值,并且在区间 $(0,1)$ 内没有其他极值.

唯一的情形需要留下检验 $f(1)\geqslant f\left(\frac{a}{n+1}\right)$. 注意 $x=1$ 的情形也是 $b_0=b_1=\cdots=b_{n-1}=1$ 的极端情形. 在我们的问题中这种情形不会产生,但是我们一定要检验才能相信在区间 $0\leqslant x<1$ 内,$f(x)$ 在 $x=\frac{a}{n+1}$ 上有极小值. 我们有

$$f(1)=2^n(1+a-n)(n+1-a)^{n+1}\geqslant 0$$

因为 $n-1\leqslant a\leqslant n+1$,$f\left(\frac{a}{n+1}\right)=0$(由设计). 因此 $f(x)$ 实际上

在 $x=\frac{a}{n+1}$ 上达到唯一的极小值.

(T. Andreescu,美国数学奥林匹克,1998,问题 3)

24 如果 p,q 是正整数,求函数

$$f(x)=\cos px+\cos qx, x\in\mathbf{R}$$

的周期.

证 令 d 是 p 与 q 的最大公因数. 我们来证明 $T=\frac{2\pi}{d}$ 是函数 f 的最小正周期.

显然,对于所有的实数 x,有

$$f(x+T_1)=f(x)$$

因此 T 是函数 f 的周期.

设有 $T_1>0$ 与整数 $\lambda>0$,使 $T=\lambda T_1$ 与对于所有的实数 x,有

$$f(x+T_1)=f(x)$$

则

$$f(T_1)=f(0)=2$$

于是

$$\cos pT_1+\cos qT_1=2$$

因此

$$\cos pT_1=\cos qT_1=1$$

由此得出,对于一些整数 $k_1,k_2>0$,有

$$T_1=\frac{2k_1\pi}{p}=\frac{2k_2\pi}{q}$$

因为

$$T=\lambda T_1, T_1=\frac{2\pi}{\lambda d}$$

所以

$$\frac{k_1}{p}=\frac{k_2}{q}=\frac{1}{\lambda d}$$

于是

$$p=k_1(\lambda d), q=k_2(\lambda d)$$

另一方面

$$d=\gcd(p,q)$$

于是

$$\lambda=1$$

因此

$$T=T_1$$

这正是所要求的结果.

(D. Andrica,RMT 数学杂志,NO.2(1978),pp.75,问题3695)

 令

$$a_0 = \sqrt{2} + \sqrt{3} + \sqrt{6}$$

并对 $n \geqslant 0$,令

$$a_{n+1} = \frac{a_n^2 - 5}{2(a_n + 2)}$$

求证:对所有的 n,有

$$a_n = \cot\left(\frac{2^{n-3}\pi}{3}\right) - 2$$

证　我们有

$$\cot\frac{\pi}{24} = \frac{\cos\frac{\pi}{24}}{\sin\frac{\pi}{24}} = \frac{2\cos^2\frac{\pi}{24}}{2\sin\frac{\pi}{24}\cos\frac{\pi}{24}} = \frac{1 + \cos\frac{\pi}{12}}{\sin\frac{\pi}{12}}$$

$$= \frac{1 + \cos\left(\frac{\pi}{3} - \frac{\pi}{4}\right)}{\sin\left(\frac{\pi}{3} - \frac{\pi}{4}\right)} = \frac{1 + \frac{\sqrt{2}}{4} + \frac{\sqrt{6}}{4}}{\frac{\sqrt{6}}{4} - \frac{\sqrt{2}}{4}}$$

$$= \frac{4 + \sqrt{6} + \sqrt{2}}{\sqrt{6} - \sqrt{2}} = \frac{4(\sqrt{6} + \sqrt{2}) + (\sqrt{6} + \sqrt{2})^2}{6 - 2}$$

$$= \frac{4(\sqrt{6} + \sqrt{2}) + 8 + 4\sqrt{3}}{4}$$

$$= 2 + \sqrt{2} + \sqrt{3} + \sqrt{6} = a_0 + 2$$

因此

$$a_n = \cot\left(\frac{2^{n-3}\pi}{3}\right) - 2$$

对 $n = 0$ 成立.

只要证明 $b_n = \cot\left(\frac{2^{n-3}\pi}{3}\right)$ 即可,其中 $b_n = a_n + 2, n \geqslant 1$. 递推关系式变为

$$b_{n+1} - 2 = \frac{(b_n - 2)^2 - 5}{2b_n}$$

即

$$b_{n+1} = \frac{b_n^2 - 1}{2b_n}$$

归纳地假设

$$b_k = \cot c_k$$

其中

$$c_n = \frac{2^{k-3}\pi}{3}$$

得出

$$b_{k+1} = \frac{\cot^2 c_k - 1}{2\cot c_k} = \cot(2c_k) = \cot c_{k+1}$$

我们证明完成.

(T. Andreescu,朝鲜数学竞赛,2002)

26 令 n 是正奇数,解方程

$$\cos nx = 2^{n-1}\cos x$$

证法一 如果 $n=1$,那么所有的实数 x 是方程的解.

令 $n>1$,并注意到

$$\cos nx = \binom{n}{0}\cos^2 x - \binom{n}{2}\cos^{n-2} x\sin^2 x + \cdots + (-1)^{\frac{n-1}{2}}\binom{n}{n-1}\cos x\sin^{n-1} x$$

我们有两种情形:

a) 对于任何一整数 k,$x \neq (2k+1)\frac{\pi}{2}$. 于是

$$\begin{aligned}|\cos nx| &= |\cos x|\left|\binom{n}{0}\cos^{n-1} x - \binom{n}{2}\cos^{n-3}\sin^2 x + \cdots + (-1)^{\frac{n-1}{2}}\binom{n}{n-1}\sin^{n-1} x\right| \\ &\leqslant |\cos x|\left[\binom{n}{0}|\cos^{n-1} x| + \binom{n}{2}|\cos^{n-3} x\sin^2 x| + \cdots + \binom{n}{n-1}|\sin^{n-1} x|\right] \\ &< |\cos x|\left[\binom{n}{0} + \binom{n}{2} + \cdots + \binom{n}{n-1}\right] \\ &= 2^{n-1}|\cos x|\end{aligned}$$

因此在这种情形中没有解.

b) 对于某个整数 k,$x = (2k+1)\frac{\pi}{2}$. 于是

$$\cos x = 0, \cos nx = 0$$

因为 n 是奇数,从而 $\{(2k+1)\frac{\pi}{2} \mid k \in \mathbf{Z}\}$ 是解集.

证法二 用代换 $x = \frac{\pi}{2} - y$,方程变为

$$\cos\left(n\frac{\pi}{2}-ny\right)=2^{n-1}\sin y \qquad ①$$

因为 n 是奇数,所以式 ① 等价于

$$\pm\sin ny=2^{n-1}\sin y$$

两边同取绝对值,得出

$$|\sin ny|=2^{n-1}|\sin y| \qquad ②$$

但是对于 $\mathbf{R}$ 中所有的 y,有

$$|\sin ny|\leqslant n|\sin y|$$

因此

$$n|\sin y|\geqslant 2^{n-1}|\sin y|$$

如果 $y\neq k\pi,k\in\mathbf{Z}$,那么

$$n\geqslant 2^{n-1}$$

这蕴含 $n\in\{1,3\}$. $n=1$ 的情形是显然的,对于 $n=3$,原方程化为

$$\cos x=4\cos x$$

即

$$4\cos^3x-3\cos x=4\cos x$$

考虑到 $\cos x\neq 0$,这给出 $\cos^2x=\frac{7}{3}$,这不可能.

由此得出 $y=k\pi$,这给出解

$$x=(2k+1)\frac{\pi}{2},k\in\mathbf{Z}$$

(T. Andreescu,GM - B 数学杂志,NO. 7(1978),pp. 304,问题 17297;RMT 数学杂志,NO. 1 - 2(1980),pp. 63,问题 4107)

27 解方程

$$A\sin^2x+B\sin 2x+C=0$$

其中 A,B,C 是实参数.

证 方程等价于

$$(A+C)\sin^2x+2B\sin x\cos x+C\cos^2x=0$$

我们有以下几种情形:

i) $A+C=0,C\neq 0$. 于是

$$\cos x=0$$

或

$$\cot x=-\frac{2B}{C}$$

因此

$$x\in\left\{\frac{(2k+1)\pi}{2}\mid k\in\mathbf{Z}\right\}\cup\left\{\operatorname{arccot}\left(-\frac{2B}{C}\right)+k\pi\mid k\in\mathbf{Z}\right\}$$

ii) $A + C \neq 0, C = 0$. 于是

$$\sin x = 0$$

或

$$\tan x = -\frac{2B}{A + C}$$

因此

$$x \in \{k\pi \mid k \in \mathbf{Z}\} \cup \left\{\operatorname{arccot}\left(-\frac{2B}{A + C}\right) + k\pi \mid x \in \mathbf{Z}\right\}$$

iii) $A = B = C = 0$. 于是任何实数都是解.

iv) $A = C = 0, B \neq 0$. 于是

$$\sin 2x = 0$$

从而

$$x \in \{\frac{k\pi}{2} \mid k \in \mathbf{Z}\}$$

v) $A + C \neq 0, C \neq 0$. 方程等价于

$$(A + C)\tan^2 x + 2B\tan x + C = 0$$

因此,对于 $B^2 + C^2 \geqslant AC$,有

$$\tan x = \frac{-B \pm \sqrt{B^2 - AC + C^2}}{A + C}$$

由此得出,当 $B^2 + C^2 \geqslant AC$ 时,有

$$x \in \{\arctan y_1 + k\pi \mid k \in \mathbf{Z}\} \cup \{\arctan y_1 + k\pi \mid k \in \mathbf{Z}\}$$

否则没有解.

(D. Andrica, RMT 数学杂志, NO. 1(1978), pp. 89, 问题 3429)

28 解方程

$$\sin x\cos y + \sin y\cos z + \sin z\cos x = \frac{3}{2}$$

证 方程等价于

$$2\sin x\cos y + 2\sin y\cos z + 2\sin z\cos x = 3$$

或

$$(\sin x - \cos y)^2 + (\sin y - \cos z)^2 + (\sin z - \cos x)^2 = 0$$

由此得出

$$\sin x = \cos y, \sin y = \cos z, \sin z = \cos x$$

所以对于一些整数 k_1, k_2, k_3,有

$$x + y = (4k_1 + 1)\frac{\pi}{2}$$

$$y + z = (4k_2 + 1)\frac{\pi}{2}$$

$$z + x = (4k_3 + 1)\frac{\pi}{2}$$

所以

$$x = [4(k_1 - k_2 + k_3) + 1]\frac{\pi}{4}, y = [4(k_1 + k_2 - k_3) + 1]\frac{\pi}{4}$$

与

$$z = [4(-k_1 + k_2 + k_3) + 1]\frac{\pi}{4}, k_1, k_2, k_3 \in \mathbf{Z}$$

(T. Andreescu, GM-B数学杂志, NO. 11(1977), pp. 451, 问题16931; RMT数学杂志, NO. 1-2(1979), pp. 52, 问题3835)

29 求证:方程

$$\sin x \sin 2x \sin 3x \sin 4x = \frac{3}{4}$$

没有实数解.

证 注意

$$\begin{aligned}
&\sin x \sin 2x \sin 3x \sin 4x \\
&= \frac{1}{4}(\cos 3x - \cos 5x)(\cos x - \cos 5x) \\
&= \frac{1}{4}(\cos^2 5x - \cos 3x \cos 5x - \cos 5x \cos x + \cos x \cos 3x) \\
&= \frac{1}{8}(2\cos^2 5x - \cos 2x + \cos 8x - \cos 4x + \cos 6x) \\
&< \frac{6}{8} = \frac{3}{4}
\end{aligned}$$

因此方程没有解.

(T. Andreescu, RMT数学杂志, NO. 1(1977), pp. 41, 问题2923)

30 解方程组

$$\begin{cases} 2\sin x + 3\cos y = 3 \\ 3\sin y + 2\cos x = 4 \end{cases}$$

证 把两个方程平方,再求和,得出

$$4(\sin^2 x + \cos^2 x) + 9(\cos^2 y + \sin^2 y) + 12(\sin x \cos y + \sin y \cos x) = 25$$

或

$$13 + 12\sin(x + y) = 25$$

因此

$$\sin(x + y) = 1$$

于是对于某个整数 k,有

$$x+y=(4k+1)\frac{\pi}{2}$$

由此得出

$$\sin x=\cos y,\sin y=\cos x$$

回到方程组,我们得出

$$\sin x=\cos y=\frac{3}{5},\sin y=\cos x=\frac{4}{5}$$

因此

$$\tan x=\frac{3}{4},\tan y=\frac{4}{3}$$

注意 $\sin x,\cos x,\sin y,\cos y$ 都是正的,因此对于一些整数 k 与 l,有

$$x=\arctan\frac{3}{4}+2k\pi$$

与

$$y=\arctan\frac{4}{3}+2l\pi$$

(T. Andreescu,RMT 数学杂志,NO. 2(1978),pp. 74,问题 3694)

31 解方程组

$$\begin{cases}x\sin y+\sqrt{1-x^2}\cos y=\frac{\sqrt{2}}{2}\\ x+y=\frac{\pi}{4}\end{cases}$$

证 注意 $x\in[-1,1]$ 与

$$x=\sin(\arcsin x),\sqrt{1-x^2}=\cos(\arcsin x)$$

由第 1 个方程,我们得出

$$\cos(y-\arcsin x)=\frac{\sqrt{2}}{2}$$

于是

$$y-\arcsin x=\pm\frac{\pi}{4}+2k\pi$$

利用 $x+y=\frac{\pi}{4}$,对于某一整数 k,我们得出

$$x+\arcsin x=\frac{\pi}{4}\pm\frac{\pi}{4}+2k\pi$$

情形 1. $x+\arcsin x=\frac{\pi}{2}-2k\pi$. 因为 $x\in[-1,1]$ 与

$\arcsin x \in [-\frac{\pi}{2},\frac{\pi}{2}]$，所以我们有

$$k=0$$

从而

$$x=\arcsin x=\frac{\pi}{2}$$

因此

$$\arcsin x=\frac{\pi}{2}-x$$

或

$$x=\cos x$$

这个方程只有一解 $x_0\in(0,\frac{\pi}{4})$. 方程组有解

$$x=x_0, y=\frac{\pi}{4}-x_0$$

情形2. $x+\arcsin x=2k\pi$.

利用类似的论证得 $k=0$，于是

$$\arcsin x=-x$$

这个方程有唯一解

$$x=0$$

因此方程组有解

$$x=0, y=\frac{\pi}{4}$$

(T. Andreescu, RMT 数学杂志, NO.1(1977), pp.41, 问题2824)

32 解方程组

$$\begin{cases}x+y+z=\dfrac{3\pi}{4}\\ \tan x+\tan y+\tan z=5\\ \tan x\cdot\tan y\cdot\tan z=1\end{cases}$$

证　利用公式

$$\tan(x+y+z)=\frac{\tan x+\tan y+\tan z-\tan x\tan y\tan z}{1-\tan x\tan y-\tan y\tan z-\tan z\tan x}$$

我们有

$$-1=\tan\frac{3\pi}{4}$$

$$=\frac{5-1}{1-\tan x\tan y-\tan y\tan z-\tan z\tan x}.$$

$$\tan x\tan y+\tan y\tan z+\tan z\tan x=5$$

由根与系数之间的关系，方程

$$t^3 - 5t^2 + 5t - 1 = 0$$

有根 $\tan x, \tan y, \tan z$.

另一方面,方程有根 $1, 2+\sqrt{3}, 2-\sqrt{3}$,因此对于一些整数 k, l, p,有

$$\{x, y, z\} = \left\{\frac{\pi}{4} + k\pi, \frac{5\pi}{12} + l\pi, \frac{\pi}{12} + p\pi\right\}$$

(T. Andreescu,RMT 数学杂志,NO. 8(1977),pp. 27,问题 1018)

33 求证:在任何三角形中,有

$$a\cos A + b\cos B + c\cos C = \frac{abc}{2R^2}$$

其中 R 为三角形的外接圆半径.

证 利用广义正弦定理,我们得出

$$\begin{aligned} & a\cos A + b\cos B + c\cos C \\ = & 2R(\sin A\cos A + \sin B\cos B + \sin C\cos C) \\ = & R(\sin 2A + \sin 2B + \sin 2C) \\ = & R[2\sin(A+B)\cos(A-B) + \sin 2C] \\ = & 2R\sin C[\cos(A-B) + \cos C] \\ = & 4R\sin C\cos\frac{A-B+C}{2}\cos\frac{A-B-C}{2} \\ = & -4R\sin C\cos\left(\frac{\pi}{2} - B\right)\cos\left(\frac{\pi}{2} - A\right) \\ = & 4R\sin A\sin B\sin C = \frac{abc}{2R^2} \end{aligned}$$

这正是所要求的结果.

(T. Andreescu,RMT 数学杂志,NO. 2(1977),pp. 65,问题 3060)

34 求证:在任何三角形中,有

$$\sum \cos^3\frac{A}{2}\sin\frac{B}{2}\sin\frac{C}{2} = \cos\frac{A}{2}\cos\frac{B}{2}\cos\frac{C}{2}\sum \sin^2\frac{A}{2}$$

证 因为 $A + B + C = \pi$,所以我们有

$$\cos\frac{A}{2} = \sin\frac{B}{2}\cos\frac{C}{2} + \sin\frac{C}{2}\cos\frac{B}{2}$$

$$\cos\frac{B}{2} = \sin\frac{C}{2}\cos\frac{A}{2} + \sin\frac{A}{2}\cos\frac{C}{2}$$

$$\cos\frac{C}{2} = \sin\frac{A}{2}\cos\frac{B}{2} + \sin\frac{B}{2}\cos\frac{A}{2}$$

因此

$$\begin{vmatrix} \cos\frac{A}{2} & \sin\frac{B}{2}\cos\frac{C}{2} & \sin\frac{C}{2}\cos\frac{B}{2} \\ \cos\frac{B}{2} & \sin\frac{C}{2}\cos\frac{A}{2} & \sin\frac{A}{2}\cos\frac{C}{2} \\ \cos\frac{C}{2} & \sin\frac{A}{2}\cos\frac{B}{2} & \sin\frac{B}{2}\cos\frac{A}{2} \end{vmatrix} = 0$$

因为第一列是另外两列之和. 计算行列式,我们得出

$$\sum \cos^3\frac{A}{2}\sin\frac{B}{2}\sin\frac{C}{2} = \cos\frac{A}{2}\cos\frac{B}{2}\cos\frac{C}{2}\sum \sin^2\frac{A}{2}$$

这正是所要求的结果.

(D. Andrica)

35 令 n 是正整数.

求证:在任何三角形中,有

$$\sum \sin nA\sin nB\sin nC = (-1)^{n+1} + \cos nA\cos nB\cos nC$$

与

$$\sum \cos nA\cos nB\cos nC = \sin nA\sin nB\sin nC$$

证 记

$$E_1 = \sum \sin nA\sin nB\cos nC, E_2 = \sum \cos nA\cos nB\sin nC$$

注意到

$$\begin{aligned} &(\cos A + \mathrm{i}\sin A)(\cos B + \mathrm{i}\sin B)(\cos C + \mathrm{i}\sin C) \\ &= \cos(A+B+C) + \mathrm{i}\sin(A+B+C) \\ &= \cos\pi + \mathrm{i}\sin\pi = -1 \end{aligned}$$

由棣莫弗公式

$$\begin{aligned} &(\cos nA + \mathrm{i}\sin nA)(\cos nB + \mathrm{i}\sin nB)(\cos nC + \mathrm{i}\sin nC) \\ &= (-1)^n \end{aligned}$$

去括号,得出

$$\begin{aligned} &-E_1 + \mathrm{i}E_2 + \cos nA\cos nB\cos nC - \mathrm{i}\sin nA\sin nB\sin nC \\ &= (-1)^n \end{aligned}$$

因此

$$E_1 = (-1)^{n+1} + \cos nA\cos nB\cos nC$$
$$E_2 = \sin nA\sin nB\sin nC$$

(D. Andrica, RMT 数学杂志, NO. 1(1978), pp. 65, 问题 3278)

36 考虑 $\triangle ABC$,使
$$\sin A\sin B+\sin B\sin C+\sin C\sin A=\lambda$$
与
$$(1+\sin A)(1+\sin B)(1+\sin C)=2(\lambda+1)$$
求证:$\triangle ABC$ 是直角三角形.

证 由第2个等式减去第1个等式,并乘以2,给出
$$(\sin A-1)(\sin B-1)(\sin C-1)=0$$
因此 $\sin A$,$\sin B$ 或 $\sin C$ 是1,于是 $\triangle ABC$ 是直角三角形.

(T. Andreescu,RMT 数学杂志,NO. 2(1978),pp. 49,问题3514)

37 令 $\lambda>1$ 是实数,ABC 是三角形,使
$$a^{\lambda}\cos B+b^{\lambda}\cos A=c^{\lambda}$$
与
$$a^{2\lambda-1}\cos B+b^{2\lambda-1}\cos A=c^{2\lambda-1}$$
求证:$\triangle ABC$ 是等腰三角形.

证 注意
$$a\cos B+b\cos A-c=0$$
线性方程组
$$\begin{cases}a\cos B+b\cos A-c=0\\a^{\lambda}\cos B+b^{\lambda}\cos A-c^{\lambda}=0\\a^{2\lambda-1}\cos B+b^{2\lambda-1}\cos A-c^{2\lambda-1}=0\end{cases}$$
有解$(\cos B,\cos A,-1)$,它是齐次的. 因此行列式
$$\Delta=\begin{vmatrix}a & b & c\\a^{\lambda} & b^{\lambda} & c^{\lambda}\\a^{2\lambda-1} & b^{2\lambda-1} & c^{2\lambda-1}\end{vmatrix}=0$$
另一方面
$$\Delta=abc\begin{vmatrix}1 & 1 & 1\\a^{\lambda-1} & b^{\lambda-1} & c^{\lambda-1}\\(a^{\lambda-1})^2 & (b^{\lambda-1})^2 & (c^{\lambda-1})^2\end{vmatrix}$$
$$=abc(a^{\lambda-1}-b^{\lambda-1})(a^{\lambda-1}-c^{\lambda-1})(b^{\lambda-1}-c^{\lambda-1})$$
由此
$$a=b,b=c$$
或
$$c=a$$
因此三角形是等腰的.

(D. Andrica, RMT 数学杂志, NO.2(1977), pp.89, 问题3199)

38 求证：当且仅当

$$\tan\frac{A}{2}+\tan\frac{B}{2}+\tan\frac{C}{2}=\frac{1}{4S}(a^2+b^2+c^2)$$

时，$\triangle ABC$ 是等边三角形(其中 S 为 $\triangle ABC$ 的面积).

证 关系式等价于

$$\frac{\sqrt{(p-b)(p-c)}}{\sqrt{p(p-a)}}+\frac{\sqrt{(p-c)(p-a)}}{\sqrt{p(p-b)}}+\frac{\sqrt{(p-a)(p-b)}}{\sqrt{p(p-c)}}=\frac{1}{4S}(a^2+b^2+c^2)$$

即

$$\frac{1}{S}\sum(p-a)(p-b)=\frac{1}{4S}(a^2+b^2+c^2)$$

去括号，给出

$$-p^2+ab+bc+ca=\frac{1}{4}(a^2+b^2+c^2)$$

于是

$$4(ab+bc+ca)=a^2+b^2+c^2+(a+b+c)^2$$

由此得出

$$(a-b)^2+(b-c)^2+(c-a)^2=0$$

因此

$$a=b=c$$

(T. Andreescu, RMT 数学杂志, NO.2(1972), pp.28, 问题1160)

39 令 ABC 是三角形，使

$$\sin^2B+\sin^2C=1+2\sin B\sin C\cos A$$

求证：$\triangle ABC$ 是直角三角形.

证 由广义正弦定理，有

$$a=2R\sin A, b=2R\sin B, c=2R\sin C$$

另一方面

$$a^2+2bc\cos A=b^2+c^2$$

于是

$$\sin^2B+\sin^2C=\sin^2A+2\sin B\sin C\cos A$$

由假设，我们有

$$\sin^2 B+\sin^2 C=1+2\sin B\sin C\cos A$$

由此

$$\sin^2 A=1$$

从而推出

$$A=\frac{\pi}{2}$$

因此 $\triangle ABC$ 是直角三角形,这正是所要求的结果.

(D. Andrica,RMT 数学杂志,NO. 1 – 2(1977),pp. 52,问题 3838)

40 令 ABC 是三角形,使

$$\left(\cot\frac{A}{2}\right)^2+\left(2\cot\frac{B}{2}\right)^2+\left(3\cot\frac{C}{2}\right)^2=\left(\frac{6s}{7r}\right)^2$$

其中 s 与 r 分别表示它的半周长与内切圆半径.

求证:$\triangle ABC\backsim\triangle T$,$T$ 的边长是没有公因数的所有正整数,并求这些整数.

证 因为

$$6^2+3^2+2^2=7^2$$

与

$$\frac{s}{r}=\cot\frac{A}{2}+\cot\frac{B}{2}+\cot\frac{C}{2}=\cot\frac{A}{2}\cot\frac{B}{2}\cot\frac{C}{2} \quad ①$$

所以已知的关系式等价于

$$(6^2+3^2+2^2)\left[\left(\cot\frac{A}{2}\right)^2+\left(2\cot\frac{B}{2}\right)^2+\left(3\cot\frac{C}{2}\right)^2\right]$$
$$=\left(6\cot\frac{A}{2}+6\cot\frac{B}{2}+6\cot\frac{C}{2}\right)^2$$

这表示,在柯西 – 施瓦茨不等式中,我们有等式. 由此得出

$$\frac{\cot\frac{A}{2}}{6}=\frac{2\cot\frac{B}{2}}{3}=\frac{3\cot\frac{C}{2}}{2}$$

回到关系式 ①,得出

$$\cot\frac{A}{2}=7,\cot\frac{B}{2}=\frac{7}{4},\cot\frac{C}{2}=\frac{7}{9}$$

从而由二倍角公式,有

$$\sin A=\frac{7}{25},\sin B=\frac{28}{65},\sin C=\frac{63}{130}$$

因此 T 的边长是 26,40,45.

(T. Andreescu,美国数学奥林匹克,2002,问题 2)

4.1 求证:在任何三角形中,有

$$\sum \sin \frac{A}{2}\cos \frac{B}{2}\cos \frac{C}{2} \leqslant \frac{9}{8}$$

证 求以下各公式之和

$$r_a = 4R\sin \frac{A}{2}\cos \frac{B}{2}\cos \frac{C}{2}$$

$$r_b = 4R\sin \frac{B}{2}\cos \frac{C}{2}\cos \frac{A}{2}$$

$$r_c = 4R\sin \frac{C}{2}\cos \frac{B}{2}\cos \frac{A}{2}$$

给出

$$\sum \sin \frac{A}{2}\cos \frac{B}{2}\cos \frac{C}{2} = \frac{r_a + r_b + r_c}{4R}$$

另一方面

$$r_a + r_b + r_c = 4R + r$$

因此

$$\sum \sin \frac{A}{2}\cos \frac{B}{2}\cos \frac{C}{2} = \frac{4R + r}{4R} = 1 + \frac{r}{4R}$$

因为

$$\frac{R}{2} \geqslant r$$

所以由此推出

$$\sum \sin \frac{A}{2}\cos \frac{B}{2}\cos \frac{C}{2} \leqslant 1 + \frac{1}{8} = \frac{9}{8}$$

这正是所要求的结果.

(D. Andrica,RMT 数学杂志,NO. 2(1978),pp. 49,问题 3510)

4.2 求证:在任何三角形中,有

$$\frac{a^2}{bc} + \frac{b^2}{ca} + \frac{c^2}{ab} \geqslant 4\left(\sin^2 \frac{A}{2}\sin^2 \frac{B}{2}\sin^2 \frac{C}{2}\right)$$

证 我们有

$$2bc\cos A + a^2 = b^2 + c^2$$

即

$$2\cos A + \frac{a^2}{bc} = \frac{b}{c} + \frac{c}{b}$$

因为

$$\frac{b}{c} + \frac{c}{b} \geqslant 2$$

所以我们得出

$$\frac{a^2}{bc} \geqslant 2(1-\cos A)=4\sin^2\frac{A}{2}$$

同样

$$\frac{b^2}{ac} \geqslant 4\sin^2\frac{B}{2}$$

$$\frac{c^2}{ab} \geqslant 4\sin^2\frac{C}{2}$$

求这些不等式之和,得出

$$\frac{a^2}{bc}+\frac{b^2}{ca}+\frac{c^2}{ab} \geqslant 4\left(\sin^2\frac{A}{2}+\sin^2\frac{B}{2}+\sin^2\frac{C}{2}\right)$$

这正是所要求的结果.

(D. Andrica)

43 求证:在任何三角形中,有

$$\frac{\cos A}{a^3}+\frac{\cos B}{b^3}+\frac{\cos C}{c^3} \geqslant \frac{81}{16p^3}$$

证 我们有

$$a^2+2bc\cos A=b^2+c^2$$

于是

$$\frac{2bc\cos A}{a^2}+1=\frac{b^2}{a^2}+\frac{c^2}{a^2}$$

同样

$$\frac{2ac\cos B}{b^2}+1=\frac{a^2}{b^2}+\frac{c^2}{b^2}$$

与

$$\frac{2ab\cos C}{c^2}+1=\frac{a^2}{c^2}+\frac{b^2}{c^2}$$

求这些等式之和,蕴含

$$3+\frac{2bc\cos A}{a^2}+\frac{2ac\cos B}{b^2}+\frac{2bc\cos C}{c^2}$$
$$=\left(\frac{b^2}{a^2}+\frac{a^2}{b^2}\right)+\left(\frac{c^2}{b^2}+\frac{b^2}{c^2}\right)+\left(\frac{a^2}{c^2}+\frac{c^2}{a^2}\right)$$
$$\geqslant 2+2+2=6$$

因此

$$\frac{bc\cos A}{a^2}+\frac{ca\cos B}{b^2}+\frac{ab\cos C}{c^2} \geqslant \frac{3}{2}$$

并且

$$\frac{\cos A}{a^3}+\frac{\cos B}{b^3}+\frac{\cos C}{c^3} \geqslant \frac{3}{2abc}$$

由算术平均数-几何平均数不等式,有

$$\frac{3}{2abc} \geqslant \frac{3}{2}\left(\frac{3}{a+b+c}\right)^3 = \frac{81}{16p^3}$$

因此

$$\frac{\cos A}{a^3} + \frac{\cos B}{b^3} + \frac{\cos C}{c^3} \geqslant \frac{81}{16p^3}$$

(D. Andrica, RMT 数学杂志, NO. 2(1975), pp. 46, 问题 2134)

44 求证:在任何三角形中,有

$$\frac{\sec^2 \frac{A}{2}}{bc} + \frac{\sec^2 \frac{B}{2}}{ca} + \frac{\sec^2 \frac{C}{2}}{ab} \geqslant \frac{9}{p^2}$$

其中 $p = \frac{a+b+c}{2}$.

证 我们有

$$\sec^2 \frac{A}{2} = \frac{1}{\cos^2 \frac{A}{2}} = \frac{bc}{p(p-a)}$$

$$\sec^2 \frac{B}{2} = \frac{ca}{p(p-b)}$$

$$\sec^2 \frac{C}{2} = \frac{ab}{p(p-c)}$$

于是只要证明下式即可

$$\frac{1}{p-a} + \frac{1}{p-b} + \frac{1}{p-c} \geqslant \frac{9}{p}$$

在不等式

$$(x+y+z)\left(\frac{1}{x} + \frac{1}{y} + \frac{1}{z}\right) \geqslant 9$$

中,设

$$x = p-a, y = p-b, z = p-c$$

给出

$$p\left(\frac{1}{p-a} + \frac{1}{p-b} + \frac{1}{p-c}\right) \geqslant 9$$

解答完毕.

(D. Andrica)

45 求证:在任何三角形中,有

$$\frac{p}{r} \geqslant 3\sqrt{3}$$

其中 $p = \frac{a+b+c}{2}$ 且 r 为三角形内切圆半径.

证 由算术平均数 - 几何平均数不等式

$$p = (p-a) + (p-b) + (p-c) \geqslant 3\sqrt[3]{(p-a)(p-b)(p-c)}$$

而且

$$p^3 \geqslant 27(p-a)(p-b)(p-c)$$

于是

$$p^4 \geqslant 27p(p-a)(p-b)(p-c) = 27S^2$$

由此得出

$$p^2 \geqslant 3\sqrt{3}S$$

因为

$$S = pr$$

所以

$$\frac{p}{r} \geqslant 3\sqrt{3}$$

这正是所要求的结果.

(T. Andreescu,RMT 数学杂志,NO.2(1982),pp.66,问题4993)

46 令 ABC 是三角形.

求证

$$\sin\frac{3A}{2} + \sin\frac{3B}{2} + \sin\frac{3C}{2} \leqslant \cos\frac{A-B}{2} + \cos\frac{B-C}{2} + \cos\frac{C-A}{2}$$

证法一 令

$$\alpha = \frac{A}{2}, \beta = \frac{B}{2}, \gamma = \frac{C}{2}$$

则

$$0^\circ < \alpha, \beta, \gamma < 90^\circ, \alpha + \beta + \gamma = 90^\circ$$

我们有

$$\begin{aligned}\sin\frac{3A}{2} - \cos\frac{B-C}{2} &= \sin 3\alpha - \cos(\beta - \gamma) \\ &= \sin 3\alpha - \sin(\alpha + 2\gamma) \\ &= 2\cos(2\alpha + \gamma)\sin(\alpha - \gamma) \\ &= -2\sin(\alpha - \beta)\sin(\alpha - \gamma)\end{aligned}$$

用完全相同的方法，我们可以证明

$$\sin\frac{3B}{2}-\cos\frac{C-A}{2}=-2\sin(\beta-\alpha)\sin(\beta-\gamma)$$

与

$$\sin\frac{3C}{2}-\cos\frac{A-B}{2}=-2\sin(\gamma-\alpha)\sin(\gamma-\beta)$$

因此只要证明

$$\sin(\alpha-\beta)\sin(\alpha-\gamma)+\sin(\beta-\alpha)\sin(\beta-\gamma)+\sin(\gamma-\alpha)\cdot\sin(\gamma-\beta)\geqslant 0$$

注意，这个不等式是关于α,β,γ对称的，不失一般性，我们可以设$0°<\alpha<\beta<\gamma$，则重组上式左边各项给出

$$\sin(\alpha-\beta)\sin(\alpha-\gamma)+\sin(\gamma-\beta)[\sin(\gamma-\alpha)-\sin(\beta-\alpha)]$$

它是正的，因为函数$y=\sin x$在$0°<x<90°$中递增.

证法二 我们保持证法一中的记号，有

$$\sin 3\alpha=\sin\alpha\sin 2\alpha+\sin 2\alpha\cos\alpha$$

$$\cos(\beta-\alpha)=\sin(2\alpha+\gamma)=\sin 2\alpha\cos\gamma+\sin\gamma\cos 2\alpha$$

$$\cos(\beta-\gamma)=\sin(2\gamma+\alpha)=\sin 2\gamma\cos\alpha+\sin\alpha\cos 2\gamma$$

$$\sin 3\gamma=\sin\gamma\cos 2\gamma+\sin 2\gamma\cos\gamma$$

由此得出

$$\begin{aligned}&\sin 3\alpha+\sin 3\gamma-\cos(\beta-\alpha)-\cos(\beta-\gamma)\\&=(\sin\alpha-\sin\gamma)(\cos 2\alpha-\cos 2\gamma)+(\cos\alpha-\cos\gamma)(\sin 2\alpha-\sin 2\gamma)\\&=(\sin\alpha-\sin\gamma)(\cos 2\alpha-\cos 2\gamma)+2(\cos\alpha-\cos\gamma)\cos(\alpha+\gamma)\sin(\alpha-\gamma)\end{aligned}$$

注意，在$0°<x<90°$中，$\sin x$递增，$\cos x$递减. 因为$0°<\alpha,\beta,\gamma<90°$，所以在最后加法中每两个乘积小于或等于0. 因此

$$\sin 3\alpha+\sin 3\gamma-\cos(\beta-\alpha)-\cos(\beta-\gamma)\leqslant 0$$

用完全相同的方法，我们可以证明

$$\sin 3\beta+\sin 3\alpha-\cos(\gamma-\beta)-\cos(\gamma-\alpha)\leqslant 0$$

与

$$\sin 3\gamma+\sin 3\beta-\cos(\alpha-\gamma)-\cos(\alpha-\beta)\leqslant 0$$

把最后三个不等式相加，就给出所要求的结果.

（T. Andreescu，美国国际数学奥林匹克代表队选拔考试，2002，问题1）

47 求有序数对(a,b)的个数，使$(a+b\mathrm{i})^{2\,002}=a-b\mathrm{i}$，$a,b\in\mathbf{R}$.

解 令

$$z = a + b\mathrm{i}, \bar{z} = a - b\mathrm{i}, |z| = \sqrt{a^2 + b^2}$$

已知的关系式变为

$$z^{2\,002} = \bar{z}$$

注意

$$|z|^{2\,002} = |z^{2\,002}| = |\bar{z}| = |z|$$

由此得出

$$|z|(|z|^{2\,001} - 1) = 0$$

因此

$$|z| = 0$$

与

$$(a,b) = (0,0)$$

或

$$|z| = 1$$

在 $|z| = 1$ 的情形中,我们有 $z^{2\,002} = \bar{z}$,它等价于

$$z^{2\,003} = \bar{z} \cdot z = |z|^2 = 1$$

因为方程 $z^{2\,003} = 1$ 有 2 003 个不同的根,所以一共有

$$1 + 2\,003 = 2\,004$$

个有序数对满足所要求的条件.

(T. Andreescu,美国数学竞赛,12A,2002,问题 24)

48 求

$$\min_{z \in \mathbf{C} \setminus \mathbf{R}} \frac{\operatorname{Im} z^5}{\operatorname{Im}^5 z}$$

并求使上式取最小值时的 z 值.

解 令 a, b 是实数,使 $z = a + b\mathrm{i}, b \neq 0$,则

$$z^5 = 5a^4 b - 10a^2 b^2 + b^5$$

且

$$\frac{\operatorname{Im} z^5}{\operatorname{Im}^5 z} = 5\left(\frac{a}{b}\right)^4 - 10\left(\frac{a}{b}\right)^2 + 1$$

设 $x = \left(\frac{a}{b}\right)^2$,则得出

$$\frac{\operatorname{Im} z^5}{\operatorname{Im}^5 z} = 5x^2 - 10x + 1 = 5(x - 1)^2 - 4$$

最小值是 -4,它是对 $x = 1$,即对 $z = a(1 \pm \mathrm{i}), a \neq 0$ 得出的.

(T. Andreescu,RMT 数学杂志,NO.1(1984),pp.67,问题 5221)

49 令 $z_1,z_2,\cdots,z_{2n}$ 是复数,使

$$|z_1|=|z_2|=\cdots=|z_{2n}|$$

与

$$\arg z_1\leqslant \arg z_2\leqslant\cdots\leqslant \arg z_{2n}\leqslant\pi$$

求证

$$|z_1+z_{2n}|\leqslant|z_2+z_{2n-1}|\leqslant\cdots\leqslant|z_n+z_{n+1}|$$

证法一 令 $M_1,M_2,\cdots,M_{2n}$ 是具有复数坐标 $z_1,z_2,\cdots,z_{2n}$ 的点,$A_1,A_2,\cdots,A_n$ 是线段 $M_1M_{2n},M_2M_{2n-1},\cdots,M_nM_{n+1}$ 的中点.

点 $M_i,i=\overline{1,2n}$ 在圆心为原点、半径为1的上半圆上. 并且,弦 $M_1M_{2n},M_2M_{2n-1},\cdots,M_nM_{n+1}$ 的长度是递减的,因此 OA_1, $OA_2,\cdots,OA_n$ 递增. 于是

$$\left|\frac{z_1+z_{2n}}{2}\right|\leqslant\left|\frac{z_2+z_{2n-1}}{2}\right|\leqslant\cdots\leqslant\left|\frac{z_n+z_{n+1}}{2}\right|$$

就推出结论.

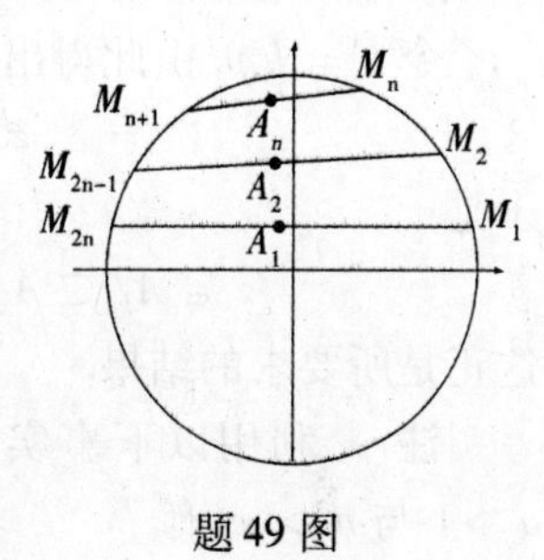

题49图

证法二 考虑

$$z_k=r(\cos t_k+\mathrm{i}\sin t_k),k=1,2,\cdots,2n$$

注意,对于任何 $j=1,2,\cdots,n$,我们有

$$\begin{aligned}
&|z_j+z_{2n-j+1}|^2\\
=&|r[(\cos t_j+\cos t_{2n-j+1})+\mathrm{i}(\sin t_j+\sin t_{2n-j+1})]|^2\\
=&r^2[(\cos t_j+\cos t_{2n-j+1})^2+(\sin t_j+\sin t_{2n-j+1})^2]\\
=&r^2[2+2(\cos t_j\cos t_{2n-j+1}+\sin t_j\sin t_{2n-j+1})]\\
=&2r^2[1+\cos(t_{2n-j+1}-t_j)]\\
=&4r^2\cos^2\frac{t_{2n-j+1}-t_j}{2}
\end{aligned}$$

因此

$$|z_j+z_{2n-j+1}|=2r\cos\frac{t_{2n-j+1}-t_j}{2}$$

且不等式

$$|z_1+z_{2n}|\leqslant|z_2+z_{2n-1}|\leqslant\cdots\leqslant|z_n+z_{n+1}|$$

等价于

$$t_{2n}-t_1\geqslant t_{2n-1}-t_2\geqslant\cdots\geqslant t_{n+1}-t_n$$

因为 $0\leqslant t_1\leqslant t_2\leqslant\cdots\leqslant t_{2n}\leqslant\pi$,所以最后的不等式显然满足.

(D. Andrica,RMT数学杂志,NO.(1984),pp. 67,问题5222)

50 对所有的正整数 k,定义

$$A_k = \{z \in \mathbf{C} \mid z^k = 1\}$$

求证:对于任何整数 m 与 n,且 $0 < m < n$,我们有

$$A_1 \cup A_2 \cup \cdots \cup A_m \subset A_{n-m+1} \cup A_{n-m+2} \cup \cdots \cup A_n$$

证 令 $p = 1,2,\cdots,m, z \in A_p$,则

$$z^p = 1$$

注意 $n-m+1, n-m+2, \cdots, n$ 是 m 个连续整数,因为 $p \leqslant m$,所以有一整数 $k \in \{n-m+1, n-m+2, \cdots, n\}$,使 p 整除 k.

令 $k = k'p$. 由此得出

$$z^k = (z^p)^{k'} = 1$$

于是

$$z \in A_k \subset A_{n-m+1} \cup A_{n-m+2} \cup \cdots \cup A_n$$

这正是所要求的结果.

注 利用以下事实可以得出另一解法:对于所有正整数 $a > 1$ 与 $n > k$,有

$$\frac{(a^n-1)(a^{n-1}-1)\cdots(a^{n-k+1}-1)}{(a^k-1)(a^{k-1}-1)\cdots(a-1)}$$

(D. Andrica,罗马尼亚部分地区数学竞赛,“Grigore Moisil”,1997)

51 令 z_1, z_2, z_3 是复数,不是全为实数,使 $|z_1| = |z_2| = |z_3| = 1$ 与 $2(z_1+z_2+z_3) - 3z_1z_2z_3 \in \mathbf{R}$.

求证

$$\max\{\arg z_1, \arg z_2, \arg z_3\} \geqslant \frac{\pi}{6}$$

证 令

$$z_k = \cos t_k + \mathrm{i}\sin t_k, k \in \{1,2,3\}$$

条件 $2(z_1+z_2+z_3) - 3z_1z_2z_3 \in \mathbf{R}$ 蕴含

$$2(\sin t_1 + \sin t_2 + \sin t_3) = 3\sin(t_1+t_2+t_3) \quad ①$$

用反证法,设 $\max\{t_1, t_2, t_3\} < \frac{\pi}{6}$,从而 $t_1, t_2, t_3 < \frac{\pi}{6}$. 令

$$t = \frac{t_1+t_2+t_3}{3} \in (0, \frac{\pi}{6})$$

正弦函数在 $[0, \frac{\pi}{6})$ 上是凹的,于是

$$\frac{1}{3}(\sin t_1 + \sin t_2 + \sin t_3) \leqslant \sin\frac{t_1+t_2+t_3}{3} \quad ②$$

由关系式①与②,我们得出

$$\frac{\sin(t_1+t_2+t_3)}{2}\leqslant \sin\frac{t_1+t_2+t_3}{3}$$

于是

$$\sin 3t\leqslant 2\sin t$$

由此得出

$$4\sin^3 t-\sin t\geqslant 0$$

即

$$\sin^2 t\geqslant \frac{1}{4}$$

因此

$$\sin t\geqslant \frac{1}{2}$$

于是

$$t\geqslant \frac{\pi}{6}$$

与 $t\in(0,\frac{\pi}{6})$ 矛盾.

因此 $\max\{t_1,t_2,t_3\}\geqslant\frac{\pi}{6}$,这正是所要求的结果.

(T. Andreescu,RMT 数学杂志,NO. 1(1986),pp. 91,问题5862)

52 令 n 是正偶数,使 $\frac{n}{2}$ 是奇数,且 $\varepsilon_0,\varepsilon_1,\cdots,\varepsilon_{n-1}$ 是1的 n 次复根.

求证:对于任何复数 a 与 b,有

$$\prod_{k=0}^{n-1}(a+b\varepsilon_k^2)=(a^{\frac{n}{2}}+b^{\frac{n}{2}})^2$$

证　令 $n=2(2s+1)$,$b\neq 0$,否则,断言显然的. 考虑复数 α,使 $\alpha^2=\frac{a}{b}$,并考虑多项式

$$f=X^n-1=(X-\varepsilon_0)(X-\varepsilon_1)\cdots(X-\varepsilon_{n-1})$$

我们有

$$f\left(\frac{\alpha}{\mathrm{i}}\right)=\left(\frac{1}{\mathrm{i}}\right)^a(\alpha-\mathrm{i}\varepsilon_0)\cdots(\alpha-\mathrm{i}\varepsilon_{n-1})$$

与

$$f\left(-\frac{\alpha}{\mathrm{i}}\right)=\left(\frac{-1}{\mathrm{i}}\right)^a(\alpha+\mathrm{i}\varepsilon_0)\cdots(\alpha+\mathrm{i}\varepsilon_{n-1})$$

从而

$$f\left(\frac{\alpha}{\mathrm{i}}\right)f\left(-\frac{\alpha}{\mathrm{i}}\right)=(\alpha^2+\varepsilon_0^2)\cdots(\alpha^2+\varepsilon_{n-1}^2)$$

因此

$$\prod_{k=0}^{n-1}(a+b\varepsilon_k^2)$$
$$=b^n\prod_{k=0}^{n-1}\left(\frac{a}{b}+\varepsilon_k^2\right)$$
$$=b^n\prod_{k=0}^{n-1}(\alpha^2+\varepsilon_k^2)$$
$$=b^n f\left(\frac{a}{\mathrm{i}}\right)f\left(-\frac{a}{\mathrm{i}}\right)$$
$$=b^n[(\alpha^2)^{2s+1}+1]^2$$
$$=b^n\left[\left(\frac{a}{b}\right)^{2s+1}+1\right]^2$$
$$=b^{2(2s+1)}\left(\frac{a^{2s+1}+b^{2s+1}}{b^{2s+1}}\right)^2$$
$$=(a^{\frac{\pi}{2}}+b^{\frac{\pi}{2}})^2$$

(D. Andrica,罗马尼亚数学奥林匹克——第 2 轮,2000)

53 令 n 是正奇数,$\varepsilon_0,\varepsilon_1,\cdots,\varepsilon_{n-1}$ 是 1 的 n 次复根.

求证:对于所有的复数 a 与 b,有

$$\prod_{k=0}^{n-1}(a+b\varepsilon_k^2)=a^n+b^n$$

证 如果 $ab=0$,那么断言是显然的,于是考虑 $a\neq 0$ 与 $b\neq 0$ 的情形.

我们从一个有用的引理开始:

引理 如果 $\varepsilon_0,\varepsilon_1,\cdots,\varepsilon_{n-1}$ 是 1 的 n 次复数根,其中 n 是奇整数,那么对于所有的复数 A 与 B,有

$$\prod_{k=0}^{n-1}(A+B\varepsilon_k)=A^n+B^n$$

证 对于 $x=-\dfrac{A}{B}$,利用恒等式

$$x^n-1=\prod_{k=0}^{n-1}(x-\varepsilon_k)$$

给出

$$-\left(\frac{A^n}{B^n}+1\right)=-\prod_{k=0}^{n-1}\left(\frac{A}{B}+\varepsilon_k\right)$$

就推出结论.

考虑具有根 x_1 与 x_2 的方程 $bx^2+a=0$. 因为

$$bx^2+a=b(x-x_1)(x-x_2)$$

我们有

$$\prod_{k=0}^{n-1}(a+b\varepsilon_k^2)=b^n\prod_{k=0}^{n-1}(\varepsilon_k-x_1)(\varepsilon_k-x_2)$$
$$=b^n\prod_{k=0}^{n-1}(\varepsilon_k-x_1)\prod_{k=0}^{n-1}(\varepsilon_k-x_2)$$

首先对 $A=-x_1,B=1$,其次对 $A=-x_2,B=1$ 利用引理,给出

$$\prod_{k=0}^{n-1}(\varepsilon_k-x_1)=(-x_1)^n+1=1-x_1^n$$
$$\prod_{k=0}^{n-1}(\varepsilon_k-x_2)=(-x_2)^n+1=1-x_2^n$$

因此

$$\prod_{k=0}^{n-1}(a+b\varepsilon_k^n)$$
$$=b^n(1-x_1^n)(1-x_2^n)$$
$$=b^n[1+(x_1x_2)^n-(x_1^n+x_2^n)]$$
$$=b^n\left[1+\left(\frac{a}{b}\right)^n\right]$$
$$=a^n+b^n$$

因为 $x_1x_2=\frac{a}{b}$ 与 $x_1^n+x_2^n=x_1^n+(-x_1)^n=0$.

(D. Andrica,罗马尼亚数学奥林匹克——第2轮,2000)

54 令 z_1,z_2,z_3 是不同的复数,使

$$|z_1|=|z_2|=|z_3|=r$$

求证

$$\frac{1}{|z_1-z_2||z_1-z_3|}+\frac{1}{|z_2-z_1||z_2-z_3|}+$$
$$\frac{1}{|z_3-z_1||z_3-z_2|}\geqslant\frac{1}{r^2}$$

证 考虑一个三角形,其顶点有复数坐标 z_1,z_2,z_3,外心在复平面的原点上. 于是外接圆半径 R 等于 $|z_1|=|z_2|=|z_3|=r$,边长是

$$a=|z_2-z_3|,b=|z_1-z_3|,c=|z_1-z_2|$$

所要求的不等式等价于

$$\frac{1}{ab}+\frac{1}{bc}+\frac{1}{ca}\geqslant\frac{1}{R^2}$$

即

$$a+b+c\geqslant\frac{abc}{R^2}=\frac{4S}{R}=\frac{4pr}{R}$$

或

$$R \geqslant 2r$$

它是三角形的欧拉不等式.

（D. Andrica，RMT 数学杂志，NO. 2(1985)，pp. 82，问题 5720）

55 令 z_1, z_2, z_3 是不同的复数，使

$$|z_1| = |z_2| = |z_3| = r$$

与

$$z_2 \neq z_3$$

求证

$$\min_{a \in \mathbf{R}} |az_2 + (1-a)z_3 - z_1| = \frac{|z_1 - z_2||z_1 - z_3|}{2r}$$

证 令 A_1, A_2, A_3, A 是复数坐标 z_1, z_2, z_3, z 对应的点，且

$$z = az_2 + (1-a)z_3, a \in \mathbf{R}$$

因此，点 A 在直线 A_2A_3 上，$\triangle A_1A_2A_3$ 的外心在复平面的原点上.

点 B 是 $\triangle A_1A_2A_3$ 中从点 A_1 作出的高线的足. 由此得出

$$A_1A \geqslant A_1B_1$$

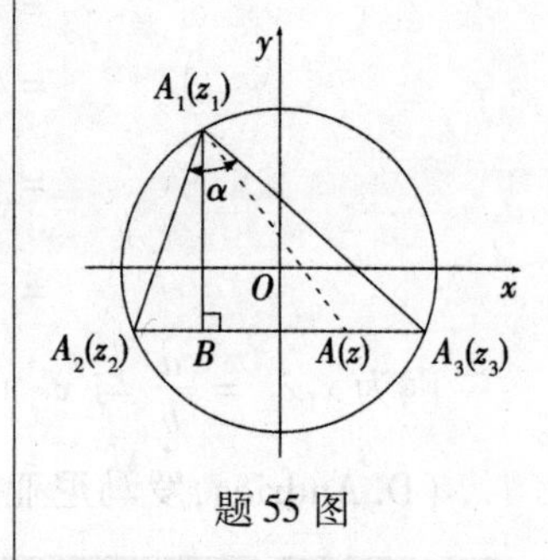

题 55 图

于是

$$\min_{a \in \mathbf{R}} |z - z_1| = \min_{a \in \mathbf{R}} |az_2 + (1-a)z_3 - z_1| = A_1B = h$$

我们有

$$S_{\triangle A_1A_2A_3} = \frac{|z_2 - z_3| h}{2}$$

$$= \frac{|z_1 - z_2||z_1 - z_3| \sin A_1}{2}$$

$$= \frac{|z_1 - z_2||z_1 - z_3| \cdot \frac{|z_2 - z_3|}{2r}}{2}$$

因此

$$h = \frac{|z_1 - z_2||z_1 - z_3|}{2r}$$

这正是所要求的结果.

（D. Andrica，罗马尼亚数学奥林匹克——决赛，1984）

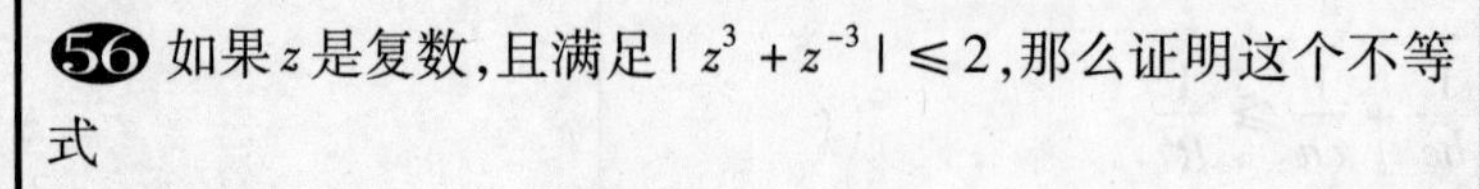

56 如果 z 是复数，且满足 $|z^3 + z^{-3}| \leqslant 2$，那么证明这个不等式

$$|z + z^{-1}| \leqslant 2$$

成立.

证　用 r 表示 $\left|z+\frac{1}{z}\right|$. 由假设,有

$$\begin{aligned}&\left|\left(z+\frac{1}{z}\right)^3\right|\\=&\left|z^3+\frac{1}{z^3}+3\left(z+\frac{1}{z}\right)\right|\\\leqslant&\left|z^3+\frac{1}{z^3}\right|+\left|3\left(z+\frac{1}{z}\right)\right|\\\leqslant&2+3r\end{aligned}$$

因此

$$r^3\leqslant 2+3r$$

由因式分解得出

$$(r-2)(r+1)^2\leqslant 0$$

这蕴含

$$r\leqslant 2$$

这正是所要求的结果.

(T. Andreescu,罗马尼亚数学奥林匹克——第1轮,1987;RMT数学杂志,NO.1(1987),pp.75,问题6191)

57 非零复数对 (z_1,z_2) 具有以下性质:有一实数 $a\in[-2,2]$,使

$$z_1^2-az_1z_2+z_2^2=0.$$

求证:所有的数对 (z_1^n,z_2^n), $n=2,3,\cdots$ 有相同的性质.

证法一　记 $t=\frac{z_1}{z_2}$, $t\in\mathbf{C}^*$. 关系式 $z_1^2-az_1z_2+z_2^2=0$ 等价于 $t^2-at+1=0$. 我们有 $\Delta=a^2-4\leqslant 0$,因此

$$t=\frac{a\pm \mathrm{i}\sqrt{4-a^2}}{2}$$

$$|t|=\sqrt{\frac{a^2}{4}+\frac{4-a^2}{4}}=1$$

如果

$$t=\cos\alpha+\mathrm{i}\sin\alpha$$

那么

$$\frac{z_1^n}{z_2^n}=t^n=\cos n\alpha+\mathrm{i}\sin n\alpha$$

我们可以记

$$z_1^{2n}-a_nz_1^nz_2^n+z_2^{2n}=0$$

其中

$$a_n = 2\cos n\alpha \in [-2,2]$$

证法二 因为 $a \in [-2,2]$，所以我们可以记

$$a = 2\cos \alpha$$

关系式 $z_1^2 - az_1z_2 + z_2^2 = 0$ 等价于

$$\frac{z_1}{z_2} + \frac{z_2}{z_1} = 2\cos \alpha \quad ①$$

用简单的归纳法证明，由关系式 ① 得出

$$\frac{z_1^n}{z_2^n} + \frac{z_2^n}{z_1^n} = 2\cos n\alpha, n = 1,2,\cdots$$

（D. Andrica，罗马尼亚数学奥林匹克 —— 第 2 轮，2001；GM - B 数学杂志，NO. 4(2001)，pp. 166）

58 令 $A_1A_2\cdots A_n$ 是正多边形，且有外接圆半径 1. 当 P 描绘出这个外接圆时，求 $\max\prod_{j=1}^{n} PA_j$ 的最大值.

解 旋转多边形 $A_1A_2\cdots A_n$，使它的顶点的复数坐标是 1 的 n 次复数根 $\varepsilon_1,\varepsilon_2,\cdots,\varepsilon_n$. 令 z 是在多边形外接圆上的点 P 的复数坐标，注意 $|z| = 1$.

等式

$$z^n - 1 = \prod_{j=1}^{n}(z - \varepsilon_j)$$

给出

$$|z^n - 1| = \prod_{j=1}^{n}|z - \varepsilon_j| = \prod_{j=1}^{n} PA_j$$

因为

$$|z^n - 1| \leqslant |z|^n + 1 = 2$$

所以由此得出 $\prod_{j=1}^{n} PA_j^2$ 的最大值是 2，此值是在 $z^n = -1$，即在 $\overset{\frown}{A_jA_{j+1}}(j = 1,\cdots,n)$ 的中点时达到的，其中 $A_{n+1} = A_1$.

（D. Andrica，罗马尼亚部分地区数学竞赛"Grigore Moisil"，1992）

59 令 n 是正奇数，$\alpha_1,\alpha_2,\cdots,\alpha_n$ 是区间 $[0,\pi]$ 上的数.

求证

$$\sum_{1\leqslant i\leqslant j\leqslant n}\cos(\alpha_i - \alpha_j) \geqslant \frac{1-n}{2}$$

证 我们将利用以下辅助结果：

引理　(国际数学奥林匹克1973,问题1) 令 C 是有单位半径的半圆,点 $P_1,P_2,\cdots,P_n$ 在圆 C 上,其中 $n\geqslant 1$ 是奇整数,则

$$|\overrightarrow{OP_1}+\overrightarrow{OP_2}+\cdots+\overrightarrow{OP_n}|\geqslant 1$$

其中 O 是圆 C 的圆心.

证　主要的目的是证明,向量和 $\overrightarrow{OP_1}+\overrightarrow{OP_2}+\cdots+\overrightarrow{OP_n}$ 在某一直线上的正射影的长不小于 1(见 S. Savchev, T. Andreescu"*Mathematical Miniatures*"一书,美国数学会,2003, pp. 75). 令 $n=2k-1$. 考虑到对称性,包含向量 $\overrightarrow{OP_k}$ 的直线 l 是这样的自然候选直线(此处我们利用 n 是奇数这一事实!).

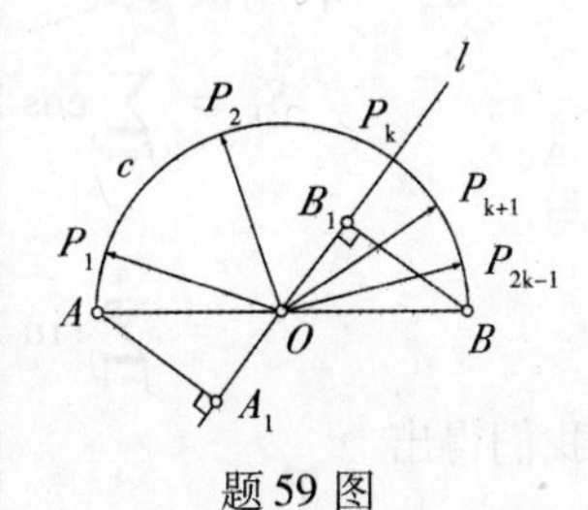

题59图

在解题技巧上,把 l 看作具有 $\overrightarrow{OP_k}$ 确定的正方向的轴,是方便的. 众所周知,几个向量之和的射影等于它们的射影之和. 因此只要证明,$\overrightarrow{OP_1},\overrightarrow{OP_2},\cdots,\overrightarrow{OP_{2k-1}}$ 在 l 上射影的带符号长 $\overline{OP_1}$, $\overline{OP_2},\cdots,\overline{OP_{2k-1}}$ 之和大于或等于1即可. 用 AB 表示圆 C 的直径,用 A_1 与 B_1 表示 A 与 B 在 l 上的正射影. 我们有

$$\overline{OP_k}=1$$

又有

$$\overline{OP_1}+\overline{OP_2}+\cdots+\overline{OP_{k-1}}\geqslant(k-1)\overline{OA_1}$$

$$\overline{OP_{k+1}}+\overline{OP_{k+2}}+\cdots+\overline{OP_{2k-1}}\geqslant(k-1)\overline{OB_1}$$

这是因为对于 $j=1,\cdots,k-1$,有

$$\overline{OP_j}\geqslant\overline{OA_1}$$

对于 $j=k+1,\cdots,2k-1$,有

$$\overline{OP_j}\geqslant\overline{OB_1}$$

因为

$$\overline{OA_1}+\overline{OB_1}=\mathbf{0}$$

所以证明完毕.

考虑复数

$$z_k=\cos\alpha_k+\mathrm{i}\sin\alpha_k, k=1,2,\cdots,n$$

与具有复数坐标 $z_1,z_2,\cdots,z_n$ 的点 $P_1,P_2,\cdots,P_n$.

利用上述引理,我们有

$$|\overrightarrow{OP_1}+\overrightarrow{OP_2}+\cdots+\overrightarrow{OP_n}|\geqslant 1$$

因此

$$|z_1+z_2+\cdots+z_n|\geqslant 1$$

即

$$\left|\sum_{k=1}^{n}\cos\alpha_k+\mathrm{i}\sum_{k=1}^{n}\sin\alpha_k\right|\geqslant 1$$

由此得出

$$\sum_{1\leqslant i\leqslant j\leqslant n}\cos(\alpha_i-\alpha_j)\geqslant\frac{1-n}{2}$$

这正是所要求的结果.

(D. Andrica, RMT 数学杂志, NO. 2(1983), pp. 90, 问题 C:58)

60 令 n 是正整数.

求实数 a_0 与 a_{kl}, $k,l=\overline{1,n}$, $k>l$, 使得对于所有的实数 $x\neq m\pi$, $m\in\mathbf{Z}$, 有

$$\frac{\sin^2 nx}{\sin^2 x}=a_0+\sum_{1\leqslant l<k\leqslant n}a_{kl}\cos 2(k-l)x$$

证 利用恒等式

$$S_1=\sum_{j=1}^{n}\cos 2jx=\frac{\sin nx\cos(n+1)x}{\sin x}$$

与

$$S_2=\sum_{j=1}^{n}\sin 2jx=\frac{\sin nx\sin(n+1)x}{\sin x}$$

我们得出

$$S_1^2+S_2^2=\left(\frac{\sin nx}{\sin x}\right)^2$$

另一方面

$$\begin{aligned}S_1^2+S_2^2&=(\cos 2x+\cos 4x+\cdots+\cos 2nx)^2+\\&\quad(\sin 2x+\sin 4x+\cdots+\sin 2nx)^2\\&=n+\sum_{1\leqslant l<k\leqslant n}(\cos 2kx\cos 2lx+\sin 2kx\sin 2lx)\\&=x+2\sum_{1\leqslant l<k\leqslant n}\cos 2(k-l)x\end{aligned}$$

因此

$$\left(\frac{\sin nx}{\sin x}\right)^2=n+\sum_{1\leqslant l<k\leqslant n}\cos 2(k-l)x$$

设 $a_0=n$, $a_{kl}=2$, $1\leqslant l<k\leqslant n$, 则问题解答完毕.

(D. Andrica, 罗马尼亚部分地区数学竞赛 "Grigore Moisil", 1995)

第5章　数学分析

1 令$1 \leqslant \alpha < \beta$是实数.

求证:有整数$m,n > 1$,使

$$\alpha < \sqrt[n]{m} < \beta$$

证　我们来证明,有一整数$n > 1$,使

$$\beta^n - \alpha^n > 1$$

令

$$c = \beta - \alpha$$

则

$$\beta^n - \alpha^n = (\alpha + c)^n - \alpha^n = \binom{n}{1}\alpha^{n-1}c + \cdots + c^n > n\alpha^{n-1}c > nc$$

因为$\alpha > 1$.

取整数$n > \frac{1}{c}$,则

$$\beta^n - \alpha^n > 1$$

区间(α^n, β^n)的长大于1,因此有一整数$m > 1$,使$\alpha^n < m < \beta^n$或$\alpha < \sqrt[n]{m} < \beta$,这正是所要求的结果.

(D. Andrica,RMT 数学杂志,NO. 1(1982),pp. 90,问题 4955)

2 令$(a_n)_{n\geqslant 0}$与$(b_n)_{n\geqslant 0}$是由下式定义的整数数列

$$(1 + \sqrt{3})^{2n+1} = a_n + b_n\sqrt{3}, n \in \mathbf{N}$$

求每个数列$(a_n)_{n\geqslant 0}$与$(b_n)_{n\geqslant 0}$的递推关系式.

证　注意

$$(1 + \sqrt{3})^{2(n+1)+1} = (1 + \sqrt{3})^{2n+3} = (1 + \sqrt{3})^{2n+1}(1 + \sqrt{3})^2 = (a_n + b_n\sqrt{3})(4 + 2\sqrt{3}) = 4a_n + 6b_n + (2a_n + 4b_b)\sqrt{3}$$

另一方面

$$(1+\sqrt{3})^{2(n+1)+1}=a_{n+1}+b_{n+1}\sqrt{3}$$

因为 a_n,b_n 是整数,所以我们推出:

(i)$a_{n+1}=4a_n+6b_n$;

(ii)$b_{n+1}=2a_n+4b_n$.

由关系式(i),我们得出

$$b_n=\frac{a_{n+1}-4a_n}{6}$$

代入关系式(ii),蕴含

$$\frac{a_{n+2}-4a_{n+1}}{6}=2a_n+4\cdot\frac{a_{n+1}-4a_n}{6}$$

或

$$a_{n+2}=8a_{n+1}-4a_n$$

另一方面

$$a_n=\frac{b_{n+1}-4b_n}{2}$$

第1关系式给出

$$\frac{b_{n+2}-4b_{n+1}}{2}=4\cdot\frac{b_{n+1}-4b_n}{2}+6b_n$$

因此

$$b_{n+2}=8b_{n+1}-4b_n$$

由此得出,对于所有的 $n\geqslant 1$,数列 $(a_n)_{n\geqslant 1}$ 与 $(b_n)_{n\geqslant 1}$ 由下式给出

$$a_1=10,a_2=76,a_{n+2}=8a_{n+1}-4a_n$$
$$b_1=6,b_2=44,b_{n+2}=8b_{n+1}-4b_n$$

(D. Andrica,RMT数学杂志,NO.2(1988),pp.71,问题4648)

3 研究满足以下性质的数列 $(x_n)_{n\geqslant 0}$ 的收敛性:

1)$x_n>0,n=0,1,2,\cdots$;

2)$\frac{1}{2}\left(x_{n+1}-\frac{1}{x_{n+1}}\right)=\frac{x_n+1}{x_n-1},n=0,1,2,\cdots$.

解 关于 x_{n+1} 解二次方程,并考虑条件1),得出

$$x_{n+1}=\frac{x_n+1+\sqrt{2(x_n^2+1)}}{x_n-1},n=0,1,2,\cdots \quad ①$$

也就是说

$$x_{n+1}=f(x_n),n=0,1,2,\cdots$$

其中

$f:(1,+\infty)\rightarrow\mathbf{R}$ 是由下式给出的函数

$$f(x)=\frac{x+1+\sqrt{2(x^2+1)}}{x-1}$$

不难检验,f 是递减的,$f(2+\sqrt{3})=2+\sqrt{3}$. 我们区别3种情形:

情形1. 如果 $x_0=2+\sqrt{3}$,那么对于所有的 n,有 $x_n=2+\sqrt{3}$.

情形2. 如果 $x_0\in(1,2+\sqrt{3})$,那么由函数 f 的单调性,得出

$$x_0<x_2<x_4<\cdots<2+\sqrt{3}<\cdots<x_5<x_3<x_1$$

情形3. 如果 $x_0\in(2+\sqrt{3},+\infty)$,那么

$$x_1<x_3<x_5<\cdots<2+\sqrt{3}<\cdots<x_4<x_2<x_0$$

在所有各种情形中,数列 $(x_n)_{n\geqslant 0}$ 是收敛的,$\lim\limits_{n\to\infty}x_n=2+\sqrt{3}$.

(T. Andreescu,D. Andrica,罗马尼亚部分地区数学竞赛 "Grigore Moisil",2003)

4 研究由下式定义的数列 $(x_n)_{n\geqslant 1}$ 的收敛性:

$x_1\in(0,2)$,当 $n\geqslant 1$ 时 $x_n=1+\sqrt{2x_n-x_n^2}$.

证　注意

$$\begin{aligned}x_{n+2}&=1+\sqrt{x_{n+1}(2-x_{n+1})}\\&=1+\sqrt{(1+\sqrt{2x_n-x_n^2})(1-\sqrt{2x_n-x_n^2})}\\&=1+\sqrt{1-2x_n+x_n^2}\\&=1+|x_n-1|\end{aligned}$$

因此对于所有的 $n\geqslant 2$,有

$$x_n\geqslant 1$$

我们研究3种情形:

(i) 如果 $x_1<1$,那么

$$x_n=\begin{cases}x_1,\text{当 } n=1 \text{ 时}\\x_2,\text{当 } n \text{ 是偶数时}\\x_3,\text{当 } n \text{ 是奇数且 } n>1 \text{ 时}\end{cases}$$

于是当且仅当 $x_2=x_3$ 时,数列收敛. 方程

$$x_2=1+\sqrt{2x_2-x_2^2}$$

有唯一解 $x_2=\dfrac{2+\sqrt{2}}{2}$. 在所有其他情形中,数列发散.

(ii) 如果 $x_1=1$,那么

$$x_n=\begin{cases}1,\text{当 } n \text{ 是奇数时}\\2,\text{当 } n \text{ 是偶数时}\end{cases}$$

数列发散.

(iii) 如果 $x_1 > 1$,那么

$$x_n = \begin{cases} x_1, 当 n 是奇数时 \\ x_2, 当 n 是偶数时 \end{cases}$$

由此得出,当且仅当 $x_1 = x_2$,即 $x_1 = \frac{2+\sqrt{2}}{2}$ 时,数列收敛.

(T. Andreescu,RMT 数学杂志,NO. 1 - 2(1979),pp. 56,问题 3865)

5 考虑实数列 $(x_n)_{n\geqslant 1}$,使

$$\lim_{n\to\infty}\frac{x_1^2+x_2^2+\cdots+x_n^2}{n}=0$$

求证

$$\lim_{n\to\infty}\frac{x_1+x_2+\cdots+x_n}{n}=0$$

其逆命题成立吗?

证 我们来证明更一般的陈述:如果 p 是正整数,$(x_n)_{n\geqslant 1}$ 是数列,使

$$\lim_{n\to\infty}\frac{x_1^{2p}+x_2^{2p}+\cdots+x_n^{2p}}{n}=0 \qquad ①$$

那么

$$\lim_{n\to\infty}\frac{x_1+x_2+\cdots+x_n}{n}=0 \qquad ②$$

对此,回忆不等式

$$\left(\frac{x_1+x_2+\cdots+x_n}{n}\right)^{2p}\leqslant\frac{x_1^{2p}+x_2^{2p}+\cdots+x_n^{2p}}{n}$$

由此得出

$$\left|\frac{x_1+x_2+\cdots+x_n}{n}\right|\leqslant\sqrt[2p]{\frac{x_1^{2p}+x_2^{2p}+\cdots+x_n^{2p}}{n}}$$

利用压缩定理与假设关系式 ①,就推出结论式 ②. 对于 $p=1$,我们得出原来的问题.

逆命题不成立. 取

$$x_n=(-1)^n$$

并注意到

$$\frac{x_1+x_2+\cdots+x_n}{n}=\begin{cases}0, 当 n 是偶数时 \\ -\frac{1}{n}, 当 n 是奇数时\end{cases}$$

因此

$$\lim_{n\to\infty}\frac{x_1+x_2+\cdots+x_n}{n}=0$$

但是

$$\lim_{n\to\infty}\frac{x_1^2+x_2^2+\cdots+x_n^2}{n}=1$$

(D. Andrica,RMT 数学杂志,NO. 2(1977),pp. 47,问题 2570)

6 令$(a_n)_{n\geqslant 1}$与$(b_n)_{n\geqslant 1}$是正数数列,使得对于所有的$n>1$,有$a_n>nb_n$.

求证:如果$(a_n)_{n\geqslant 1}$是递增的,$(b_n)_{n\geqslant 1}$是无界的,那么由$c_n=a_{n+1}-a_n$给出的数列$(c_n)_{n\geqslant 1}$也是无界的.

证 用反证法,设有$M>0$,使得对于所有的n,有

$$a_{n+1}-a_n<M$$

把这些不等式从1到n求和,给出

$$a_{n+1}-a_1<nm$$

或

$$\frac{a_{n+1}}{n}<\frac{a_1}{n}+M \qquad ①$$

由$a_n\geqslant nb_n$推出

$$\frac{a_{n+1}}{n}\geqslant\frac{n+1}{n}b_{n+1}$$

因为数列$(b_n)_{n\geqslant 1}$是无上界的,所以我们得出数列$\left(\frac{a_{n+1}}{n}\right)_{n\geqslant 1}$是无上界的,这与式①矛盾.

(D. Andrica,RMT 数学杂志,NO. 1(1978),pp. 91,问题 3441)

7 令$0<a<\alpha$是实数,$(x_n)_{n\geqslant 1}$定义为

$$x_1=a$$

与

$$x_n=\frac{(\alpha+1)x_{n-1}+\alpha^2}{x_{n-1}+(\alpha+1)},n\geqslant 2$$

求证:数列是收敛的,并求它的极限.

证 注意

$$0<x_2=\frac{(\alpha+1)x_1+\alpha^2}{x_1+(\alpha+1)}<\alpha$$

左边不等式是显然的,右边不等式等价于

$$x_1<\alpha$$

因为

$$0 < x_2 < \alpha$$

所以我们同样得出

$$0 < x_3 < \alpha$$

其次,对 n 用归纳法,得

$$x_n \in (0,\alpha)$$

另一方面,有

$$x_n - x_{n-1} = \frac{(\alpha+1)x_{n-1}+\alpha^2}{x_{n-1}+(\alpha+1)} - x_{n-1} = \frac{\alpha^2 - x_{n-1}^2}{x_{n-1}+(\alpha+1)} > 0$$

因此数列是递增且有界的. 由此得出数列收敛,令

$$l = \lim_{n\to\infty} x_n$$

则

$$l = \frac{(\alpha+1)l+\alpha^2}{l+(\alpha+1)}$$

于是

$$l = \alpha$$

(D. Andrica,RMT 数学杂志,NO. 2(1976),pp. 53,问题 2567)

8 求正实数数列 $(a_n)_{n\geqslant 1}$,使

$$\lim_{n\to\infty}(a_{n+1}-a_n) = \infty$$

与

$$\lim_{n\to\infty}(\sqrt{a_{n+1}}-\sqrt{a_n}) = 0$$

证 我们来证明 $a_n = n\ln n, n\geqslant 1$,满足条件. 首先

$$\begin{aligned} a_{n+1}-a_n &= (n+1)\ln(n+1) - n\ln n \\ &= \ln(n+1) + \ln\left(1+\frac{1}{n}\right)^n \end{aligned}$$

于是

$$\lim_{n\to\infty}(a_{n+1}-a_n) = \infty$$

第二

$$\begin{aligned} \sqrt{a_{n+1}}-\sqrt{a_n} &= \sqrt{(n+1)\ln(n+1)} - \sqrt{n\ln n} \\ &= \frac{(n+1)\ln(n+1)-n\ln n}{\sqrt{(n+1)\ln(n+1)}+\sqrt{n\ln n}} \\ &= \frac{\ln(n+1)}{\sqrt{(n+1)\ln(n+1)}+\sqrt{n\ln n}} + \\ &\quad \frac{\ln\left(1+\frac{1}{n}\right)^n}{\sqrt{(n+1)\ln(n+1)}+\sqrt{n\ln n}} \end{aligned}$$

$$= \sqrt{\frac{\ln(n+1)}{n+1}} \cdot \frac{1}{1+\sqrt{\frac{n\ln n}{(n+1)\ln(n+1)}}} + \frac{\ln\left(1+\frac{1}{n}\right)^n}{\sqrt{(n+1)\ln(n+1)}+\sqrt{n\ln n}}$$

因为

$$\lim_{n\to\infty} \ln\left(1+\frac{1}{n}\right)^n = 1$$

所以我们有

$$\lim_{n\to\infty} \frac{\ln\left(1+\frac{1}{n}\right)^n}{\sqrt{(n+1)\ln(n+1)}+\sqrt{n\ln n}} = 0$$

因为

$$\lim_{n\to\infty} \frac{\ln(n+1)}{n+1} = 0$$

与

$$\lim_{n\to\infty} \frac{n\ln n}{(n+1)\ln(n+1)} = 1$$

所以由此得出

$$\lim_{n\to\infty} (\sqrt{a_{n+1}} - \sqrt{a_n}) = 0$$

这正是所要求的结果.

注 其他这样的数列由 $a_n = n\sqrt{n}, n \geqslant 1$ 给出.

(D. Andrica,RMT 数学杂志,NO. 2(1977),pp. 70,问题 3087)

9 令$(x_n)_{n\geqslant 1}$ 是递增的正实数数列,使

$$\lim_{n\to\infty} \frac{x_n}{n^2} = 0$$

求证:有这样的正整数数列$(n_k)_{k\geqslant 1}$,使

$$\lim_{k\to\infty} \frac{x_{n_k+1} - x_{n_k}}{n_k} = 0$$

证 用反证法,设没有数列$(n_k)_{k\geqslant 1}$ 具有所要求的性质,则有 $\alpha > 0$ 使

$$\frac{x_{n+1} + x_n}{n} \geqslant \alpha > 0$$

因此

$$x_{n+1} - x_n \geqslant \alpha n, n \geqslant 1$$

由此得出

$$x_n - x_1 \geqslant \alpha[1+2+\cdots+(n-1)] = \alpha\frac{(n-1)n}{2}$$

于是对于所有的 $n \geqslant 1$,有

$$\frac{x_n}{n^2} \geqslant \alpha\frac{n-1}{2n} + \frac{x_1}{n^2} > \frac{1}{3}$$

这与

$$\lim_{n\to\infty}\frac{x_n}{n^2} = 0$$

矛盾,我们证毕.

(D. Andrica,罗马尼亚数学奥林匹克——决赛,1984)

10 令 α,β 是实数,$(x_n)_{n\geqslant1}$,$(y_n)_{n\geqslant1}$,$(z_n)_{n\geqslant1}$ 是实数数列,使得对于所有的 $n \geqslant 1$,有

$$\max\{x_n^2+\alpha y_n, y_n^2+\beta x_n\} \leqslant z_n$$

a) 求证:对于所有的 $n \geqslant 1$,有

$$z_n \geqslant -\frac{1}{8}(\alpha^2+\beta^2)$$

b) 如果

$$\lim_{n\to\infty} z_n = -\frac{1}{8}(\alpha^2+\beta^2)$$

求证:数列 $(x_n)_{n\geqslant1}$,$(y_n)_{n\geqslant1}$ 是收敛的,并求它们的极限.

证 a) 求不等式 $x_n^2+\alpha y_n \leqslant z_n$ 与 $y_n^2+\beta x_n \leqslant z_n$ 之和,我们得出,对于所有的 $n \geqslant 1$,有

$$0 \leqslant \left(x_n+\frac{\beta}{2}\right)^2 + \left(y_n+\frac{\alpha}{2}\right)^2 \leqslant \left(z_n+\frac{\alpha^2+\beta^2}{8}\right)$$

结论立即推出.

b) 注意

$$\left|x_n+\frac{\beta}{2}\right| \leqslant \sqrt{2}\left(z_n+\frac{\alpha^2+\beta^2}{8}\right)^{\frac{1}{2}}$$

与

$$\left|y_n+\frac{\alpha}{2}\right| \leqslant \sqrt{2}\left(z_n+\frac{\alpha^2+\beta^2}{8}\right)^{\frac{1}{2}}$$

从挤压定理得出

$$\lim_{n\to\infty} x_n = -\frac{\beta}{2}$$

与

$$\lim_{n\to\infty} y_n = -\frac{\alpha}{2}$$

(D. Andrica,罗马尼亚部分地区数学竞赛“Grigore Moisil”,1997)

11 数列$(x_n)_{n\geqslant 1}$与$(y_n)_{n\geqslant 1}$定义为$x_1=2,y_1=1$,且对于所有的$n\geqslant 1$,有

$$x_{n+1}=x_n^2+1,y_{n+1}=x_ny_n$$

a)求证:对于所有的$n\geqslant 1$,有

$$\frac{x_n}{y_n}<\sqrt{7}$$

b)求证:数列$(z_n)_{n\geqslant 1},z_n=\frac{x_n}{y_n}$是收敛的,且

$$\lim_{n\to\infty} z_n<\sqrt{7}$$

证 对n用归纳法,我们得出

$$y_n=x_1x_2\cdots x_{n-1}$$

与对于所有的$n\geqslant 1$,有

$$z_n=x_1+\frac{1}{x_1}+\frac{1}{x_1x_2}+\cdots+\frac{1}{x_1x_2\cdots x_{n-1}}$$

因为

$$x_{n+1}-x_n=x_n^2-x_n+1>0$$

所以数列$(x_n)_{n\geqslant 1}$递增.我们由$x_2=5$,得出

$$x_1x_2\cdots x_k\geqslant 2\cdot 5^{k-1},k\in\mathbf{N}^*$$

因此

$$\frac{1}{x_1x_2\cdots x_k}\leqslant\frac{1}{2\cdot 5^{k-1}},k\in\mathbf{N}^*$$

由此得出

$$\begin{aligned}z_n&<2+\frac{1}{2}+\frac{1}{2\cdot 5}+\cdots+\frac{1}{2\cdot 5^{n-2}}\\&=2+\frac{1}{2}\cdot\frac{1-\left(\frac{1}{5}\right)^{n-1}}{1-\frac{1}{5}}\\&=2+\frac{5}{8}\left[1-\left(\frac{1}{5}\right)^{n-1}\right]\\&<2+\frac{5}{8}=\frac{21}{8}<\sqrt{7}\end{aligned}$$

这正是所要求的结果.

另一方面

$$\frac{z_{n+1}}{z_n}=\frac{\dfrac{x_{n+1}}{y_{n+1}}}{\dfrac{x_n}{y_n}}=\frac{x_{n+1}y_n}{x_ny_{n+1}}=\frac{x_{n+1}y_n}{x_nx_ny_n}=\frac{x_{n+1}}{x_n^2}=\frac{x_n^2+1}{x_n^2}=1+\frac{1}{x_n^2}>1$$

于是$(z_n)_{n\geqslant 1}$是递增且有界的数列. 从而$(z_n)_{n\geqslant 1}$收敛,并且

$$\lim_{n\to\infty} z_n \leqslant \frac{21}{8} < \sqrt{7}$$

这正是所要求的结果.

(D. Andrica,S. Buzeteanu, 罗马尼亚部分地区数学竞赛 "Grigore Moisil",1992)

12 令$\alpha \geqslant 0, a \neq 0$是实数,$(x_n)_{n\geqslant 1}$是递增的实数数列,使

$$\lim_{n\to\infty} n^{\alpha}(x_{n+1}-x_n)=a$$

求证:当且仅当$\alpha>1$时,数列是有界的.

证 令$\varepsilon>0$,使$a-\varepsilon>0$. 由

$$\lim_{n\to\infty} n^{\alpha}(x_{n+1}-x_n)=a$$

推出,有一整数n_1,使得对于所有的$n>n_1$,有

$$\frac{1}{n^{\alpha}}(a-\varepsilon)<x_{n+1}-x_n<(a+\varepsilon)\frac{1}{n^{\alpha}} \quad ①$$

求不等式①从$n=n_1$到$n=n_1+p-1(p>0)$之和,蕴含

$$(a-\varepsilon)\sum_{k=0}^{p-1}\frac{1}{(n_1+k)^{\alpha}}<x_{n_1+p}-x_{n_1}$$

$$<(a+\varepsilon)\sum_{k=0}^{p-1}\frac{1}{(n_1+k)^{\alpha}} \quad ②$$

当且仅当$\alpha>1$时,级数$\sum\limits_{k=0}^{\infty}\frac{1}{(n_1+k)^{\alpha}}$收敛,因此把挤压定理应用于不等式②,就导出结论.

(D. Andrica,GM - B 数学杂志,NO. 11(1979),pp. 422,问题 18011)

13 求$\lim\limits_{n\to\infty}\sum \frac{k(n-k)!(k+1)}{(k+1)(n-k)!}$的值.

解 注意

$$\sum_{k=0}^{n}\frac{k(n-k)!+(k+1)}{(k+1)!(n-k)!}$$

$$=\sum_{k=0}^{n}\frac{k}{(k+1)!}+\sum_{k=0}^{n}\frac{1}{k!(n-k)!}$$

$$= \sum_{k=0}^{n} \frac{k}{(k+1)!} + \frac{1}{n!}\sum_{k=0}^{n} \frac{n!}{k!(n-k)!}$$

$$= \sum_{k=0}^{n} \left(\frac{1}{k!} - \frac{1}{(k+1)!}\right) + \frac{1}{n!}\sum_{k=0}^{n} \binom{n}{k}$$

$$= 1 - \frac{1}{(n+1)!} + \frac{2^n}{n!}$$

因为

$$\lim_{n\to\infty} \frac{1}{(n+1)!} = \lim_{n\to\infty} \frac{2^n}{n!} = 0$$

由此得出

$$\lim_{n\to\infty} \sum_{k=0}^{n} \frac{k(n-k)!+(k+1)}{(k+1)!(n-k)!} = 1$$

(D. Andrica,RMT 数学杂志,NO. 2(1975),pp. 52,问题 2281)

14 求$\lim\limits_{n\to\infty} \sum\limits_{k=1}^{n} \left(\frac{k}{n^2}\right)^{\frac{k}{n^2}+1}$的值.

解 注意

$$\lim_{\substack{x\to 0\\ x>0}} x^x = 1$$

实际上,应用洛必达法则后有

$$\lim_{\substack{x\to 0\\ x>0}} x^x = \lim_{\substack{x\to 0\\ x>0}} e^{x\ln x} = e^{\lim\limits_{\substack{x\to 0\\ x>0}} \frac{\ln x}{\frac{1}{x}}} = e^{\lim\limits_{\substack{x\to 0\\ x>0}}(-x)} = 1$$

于是

$$\lim_{\substack{x\to 0\\ x>0}} \frac{x^{n+1}}{x} = 1$$

令$\varepsilon < 0$,则有一整数$n(\varepsilon) > 0$,使得对于任一整数$n \geqslant n(\varepsilon)$,我们有

$$1 - \varepsilon < \frac{\left(\frac{k}{n^2}\right)^{\frac{k}{n^2}+1}}{\frac{k}{n^2}} < 1 + \varepsilon, k = 1, 2\cdots, n$$

从$k = 1$到$k = n$求和并利用代数运算,给出

$$1 - \varepsilon < \frac{\sum\limits_{k=1}^{n}\left(\frac{k}{n^2}\right)^{\frac{k}{n^2}+1}}{\sum\limits_{k=1}^{n}\frac{k}{n^2}} < 1 + \varepsilon, n \geqslant n(\varepsilon)$$

或者对于任一整数$n \geqslant n(\varepsilon)$,有

$$\frac{1}{2} - \frac{1}{2}\left(\varepsilon - \frac{1}{n} + \frac{\varepsilon}{n}\right) < \sum_{k=1}^{n}\left(\frac{k}{n^2}\right)^{\frac{k}{n^2}+1} < \frac{1}{2} + \frac{1}{2}\left(\varepsilon + \frac{1}{n} + \frac{\varepsilon}{n}\right)$$

因此

$$\lim_{n\to\infty}\sum_{k=1}^{n}\left(\frac{k}{n^2}\right)^{\frac{k}{n^2}+1}=\frac{1}{2}$$

(D. Andrica)

15 求(i) $\sum_{n=1}^{\infty}\frac{1}{nq^n},q>1$;(ii) $\sum_{n=1}^{\infty}\frac{1}{(4n+1)q^{n+1}},q>1$ 的值.

解 (i) 我们有

$$1+x+x^2+\cdots+x^n+\cdots=\frac{1}{1-x},|x|<1$$

因此

$$\int_0^{\frac{1}{q}}(1+x+x^2+\cdots)\mathrm{d}x=\int_0^{\frac{1}{q}}\frac{\mathrm{d}x}{1-x}$$

于是

$$\sum_{n=1}^{\infty}\frac{1}{nq^n}=\ln\frac{q}{q-1},q>1$$

(ii) 对任何 $|x|<1$,我们有

$$1+x^4+x^8+\cdots+x^{4n}+\cdots=\frac{1}{1-x^4}$$

因此

$$\int_0^{\frac{1}{q}}(1+x^4+x^8+\cdots)\mathrm{d}x=\int_0^{\frac{1}{q}}\frac{\mathrm{d}x}{1-x^4}$$

于是

$$\sum_{n=1}^{\infty}\frac{1}{(4n+1)q^{4n+1}}=-\frac{1}{q}+\frac{1}{4}\ln\left(1-\frac{1}{q^2}\right)+\frac{1}{2}\arctan\frac{1}{q}$$

(D. Andrica,RMT 数学杂志,NO. 2(1977),pp. 70, 问题 3091;GM - B 数学杂志,NO. 1(1981),pp. 40,问题 18608)

16 令 $(x_n)_{n\geqslant1}$ 是递增的正整数数列,使得对于所有的 $n\geqslant1$,有

$$x_{n+2}+x_n>2x_{n+1}$$

求证:数

$$\theta=\sum_{n=1}^{\infty}\frac{1}{10^{x_n}}$$

是无理数.

证 数 θ 有小数表示式

$$\theta=0.0\cdots01\underbrace{0\cdots0}_{k_1}1\underbrace{0\cdots0}_{k_2}1\cdots1\underbrace{0\cdots0}_{k_n}1$$

其中 $k_1, k_2, \cdots, k_n$ 是两个相继数之间零的个数.

因为

$$x_{n+2} - x_{n+1} > x_{n+1} - x_n, n \geqslant 1$$

所以我们有

$$k_1 < k_2 < k_3 < \cdots < k_n < \cdots$$

因此 θ 没有循环小数表示式.

由此得出 θ 是无理数,这正是所要求的结果.

(D. Andrica,RMT 数学杂志,NO. 2(1981),pp. 73,问题 4661)

17 求证:对于所有的 $n \geqslant 1$,有

$$\lambda_n = \sum_{k=1}^{\infty} \frac{1}{(k!)^n}$$

是无理数.

证 注意

$$\lambda_n = 1 + \sum_{k=2}^{\infty} \frac{1}{(k!)^n} > 1$$

与

$$\lambda_n = -1 + \sum_{k=0}^{\infty} \frac{1}{(k!)^n} < -1 + \sum_{k=0}^{\infty} \frac{1}{k!} = -1 + \mathrm{e} < 2$$

因此对于所有的 $n \geqslant 1$,有

$$1 < \lambda_n < 2$$

于是 λ_n 不是整数.

用反证法,设有正整数 n, p, q,且 $q \neq 1$,使

$$\frac{p}{q} = \lambda_n$$

则对于某一整数,有

$$\begin{aligned}
& pq^{n-1}(q-1)! \\
= & A + \frac{1}{(q+1)^n} + \frac{1}{(q+1)^n(q+2)^n} + \cdots \\
< & A + \frac{1}{(q+1)^n} + \frac{1}{(q+1)^n(q+1)^n} + \cdots \\
= & A + \frac{1}{(q+1)^n}\left(1 + \frac{1}{(q+1)^n} + \frac{1}{(q+1)^{2n}} + \cdots\right) \\
= & A + \frac{1}{(q+1)^n - 1}
\end{aligned}$$

由此得出

$$B = \frac{1}{(q+1)^n} + \frac{1}{(q+1)^n(q+2)^n} + \cdots < 1$$

于是 $A + B$ 不是整数,这是错误的.

因此对于所有的 $n \geq 1$, λ_n 是无理数.

(D. Andrica)

18 令 k, s 是正整数, $a_1, a_2, \cdots, a_k, b_1, b_2, \cdots, b_s$ 是正实数,使得对于无限多个整数 $n \geq 2$,有

$$\sqrt[n]{a_1} + \sqrt[n]{a_2} + \cdots + \sqrt[n]{a_k} = \sqrt[n]{b_1} + \sqrt[n]{b_2} + \cdots + \sqrt[n]{b_s}$$

求证:1) $k = s$;

2) $a_1 a_2 \cdots a_k = b_1 b_2 \cdots b_s$.

证 1) 利用极限

$$\lim_{n \to \infty} \sqrt[n]{a} = 1$$

并在等式两边同取极限,我们得出

$$\underbrace{1 + 1 + \cdots + 1}_{k次} = \underbrace{1 + 1 + \cdots + 1}_{s次}$$

于是

$$k = s$$

2) 利用极限

$$\lim_{n \to \infty} n(\sqrt[n]{a} - 1) = \ln a$$

与关系式

$$n(\sqrt[n]{a_1} - 1) + n(\sqrt[n]{a_2} - 1) + \cdots + n(\sqrt[n]{a_k} - 1)$$
$$= n(\sqrt[n]{b_1} - 1) + n(\sqrt[n]{b_2} - 1) + \cdots + n(\sqrt[n]{b_k} - 1)$$

取极限后,我们得出

$$\ln a_1 + \ln a_2 + \cdots + \ln a_k = \ln b_1 + \ln b_2 + \cdots + \ln b_k$$

这蕴含

$$a_1 \cdot a_2 \cdots a_k = b_1 \cdot b_2 \cdots b_k$$

这正是所要求的结果.

(D. Andrica,罗马尼亚部分地区数学竞赛"Grigore Moisil",1999)

19 令 $(x_n)_{n \geq 1}$ 是具有 $x_1 = 1$ 的数列,令 x 是实数,使

$$x_{n+1} = x^n + n x_n, n \geq 1$$

求证

$$\prod_{n=1}^{\infty} \left(1 - \frac{x^n}{x_{n+1}}\right) = e^{-x}$$

证 令

$$P_n = \prod_{k=1}^{n}\left(1 - \frac{x^k}{x_{k+1}}\right)$$

则

$$P_n = \prod_{k=1}^{n}\left(\frac{x_{k+1} - x^k}{x_{k+1}}\right) = \prod_{k=1}^{n}\frac{kx_k}{x_{k+1}} = \frac{n!}{x_{n+1}}$$

因此

$$\begin{aligned}\frac{1}{P_{n+1}} - \frac{1}{P_n} &= \frac{x_{n+2}}{(n+1)!} - \frac{x_{n+1}}{n!}\\ &= \frac{x_{n+2} - (n+1)x_{n+1}}{(n+1)!}\\ &= \frac{x^{n+1}}{(n+1)!}\end{aligned}$$

由此得出

$$\begin{aligned}\frac{1}{P_{n+1}} &= \frac{1}{P_1} + \frac{x^2}{2!} + \frac{x^3}{3!} + \cdots + \frac{x^{n+1}}{(n+1)!}\\ &= 1 + \frac{x}{1!} + \frac{x^2}{2!} + \cdots + \frac{x^{n+1}}{(n+1)!}\end{aligned}$$

因为

$$\lim_{n\to\infty}\left(1 + \frac{x}{1!} + \frac{x^2}{2!} + \cdots + \frac{x^{n+1}}{(n+1)!}\right) = e^x$$

所以由此得出

$$\lim_{n\to\infty} P_{n+1} = e^{-x}$$

这正是所要求的结果.

(T. Andreescu,RMT 数学杂志,NO.1(1977),pp.49,问题2843)

20 令 $\lambda \neq \pm 1$ 是实数.

求这样的函数 $f:\mathbf{R}\to\mathbf{R}$ 与 $g:(0,+\infty)\to\mathbf{R}$,使得对于所有的 $x,y\in(0,+\infty)$,有

$$f(\ln x + \lambda\ln y) = g(\sqrt{x}) + g(\sqrt{y})$$

证 交换 x 与 y,我们得出

$$f(\ln x + \lambda\ln y) = g(\sqrt{x}) + g(\sqrt{y}), xy \in (0, +\infty)$$

于是

$$f(\ln y + \lambda\ln x) = g(\sqrt{x}) + g(\sqrt{y}), xy > 0$$

令

$$a = \ln x + \lambda\ln y, b = \ln y + \lambda\ln x$$

则

$$x = e^{\frac{\lambda b - a}{\lambda^2 - 1}}, y = e^{\frac{\lambda a - b}{\lambda^2 - 1}}$$

因此

$$f(a) = f(b) = g(e^{\frac{\lambda b-a}{\lambda^2-1}}) + g(e^{\frac{\lambda a-b}{2\lambda^2-1}}), a, b \in \mathbf{R}$$

由此推出 f 是常数,令 $f(x) = c$,则对于 $x = y$,我们有

$$g(\sqrt{x}) = \frac{c}{2}$$

于是 g 是常数,有

$$g(x) = \frac{c}{2}$$

(D. Andrica,RMT 数学杂志,NO. 1-2(1979),pp. 51,问题 3827)

21 令 f 是在区间 $[a,b]$ 上的连续的实数值函数,m_1, m_2 是实数,使 $m_1 m_2 > 0$.

求证:方程

$$f(x) = \frac{m_1}{a-x} + \frac{m_2}{b-x}$$

在区间 (a,b) 内至少有一解.

证 考虑函数 $F:[a,b] \to \mathbf{R}$

$$F(x) = (x-a)(x-b)f(x) + m_1(x-b) + m_2(x-a)$$

注意 F 是连续的,因此有 $c \in (a,b)$,使

$$F(c) = 0$$

由此得出

$$f(c) = \frac{m_1}{a-c} + \frac{m_2}{b-c}$$

解答完毕.

(D. Andrica)

22 令 a 与 b 是区间 $(0, \frac{1}{2})$ 内的实数,g 是实数值函数,使得对于所有的实数 x,有

$$g(g(x)) = ag(x) + bx$$

求证:对于某一常数 c,有

$$g(x) = cx$$

证 注意,$g(x) = g(y)$ 蕴含

$$g(g(x)) = g(g(y))$$

因此由已知方程知

$$x = y$$

也就是说 g 是单射的. 因为 g 也是连续的,所以 g 是严格递增或严格递减的. 此外,当 $x \to +\infty$ 时,g 不能趋于有限极限,否则我们有

$$g(g(x)) - ag(x) = bx$$

其中左边有界,右边无界.类似地,当$x \to -\infty$时,g不能趋于有限极限.和单调性一起,这给出g也是满射的.

取x_0为任意的,对于所有的$n \in \mathbf{Z}$,对x_n递推地定义为:当$n > 0$时$x_{n+1} = g(x_n)$,当$n < 0$时$x_{n-1} = g^{-1}(x_n)$.令

$$r_1 = \frac{a + \sqrt{a^2 + 4b}}{2}, r_2 = \frac{a - \sqrt{a^2 + 4b}}{2}$$

是方程$x^2 - ax - b = 0$的根,则

$$r_1 > 0 > r_2, 1 > |r_1| > |r_2|$$

从而存在c_1, c_2,使得对于所有的$n \in \mathbf{Z}$,有

$$x_n = c_1 r_1^n + c_2 r_2^n$$

设g严格递增.如果对于x_0的某一选择,$c_2 \neq 0$,那么对于充分的负数n,x_n受r_2^n控制.但是对于充分的负数n,取适当奇偶性的x_n与x_{n+2},我们得出

$$0 < x_n < x_{n+2}$$

但是

$$g(x_n) > g(x_{n+2})$$

矛盾.于是

$$c_2 = 0$$

因为$x_0 = c_1$与$x_1 = c_1 r_1$,所以对于所有的x,我们有

$$g(x) = r_1 x$$

类似地,如果g严格递减,那么

$$c_2 = 0$$

否则对于充分的正数n,x_n受r_1^n控制.但是对于充分的正数n,取适当奇偶性的x_n与x_{n+2},我们得出

$$0 < x_{n+2} < x_n$$

但是

$$g(x_{n+2}) < g(x_n)$$

矛盾.因此在这种情形中,对于所有的x,有

$$g(x) = r_2 x$$

(T. Andreescu,普特南数学竞赛,2001,问题B-5)

23 求所有的连续函数$f: \mathbf{R} \to [0, +\infty)$,使得对于所有的实数$x, y$,有

$$f^2(x+y) - f^2(x-y) = 4f(x)f(y)$$

解 设$x = y = 0$给出$f(0) = 0$.对于$x = y$,我们得出

$$f^2(2x) = 4f^2(x)$$

于是

$$f(2x)=2f(x)$$

因为$f(x)\geqslant 0$.

我们来证明

$$f(nx)=nf(x), x\geqslant 1$$

对于所有的$k=1,2,\cdots,n$,设

$$f(kx)=kf(x)$$

我们有

$$f^2((n+1)x)-f^2((n-1)x)=4f(nx)f(x)$$

从而

$$f^2((n+1)x)=[(n-1)^2+4n]f^2(x)$$

因此

$$f((n+1)x)=(n+1)f(x)$$

这正是所要求的结果.

由此推出,如果p,q是正整数,那么

$$qf(\frac{p}{q})=f(p)=pf(1)$$

于是

$$f(\frac{p}{q})=\frac{p}{q}f(1)$$

对于任一正有理数r,有

$$f(r)=rf(1)$$

在原始条件中设$x=0$,给出

$$f^2(y)-f^2(-y)=0$$

则对于所有实数y,有

$$f(y)=f(-y)$$

因此对于所有有理数r,有

$$f(r)=|r|f(1)$$

我们来证明,对于所有实数x,有

$$f(x)=|x|f(1)$$

令x是任一实数,$(r_n)_{n\geqslant 1}$是有理数列,具有

$$\lim_{n\to\infty}r_n=x$$

因为

$$f(r_n)=|r_n|f(1)$$

f是连续函数,所以由此得出

$$\lim_{n\to\infty}f(r_n)=\lim_{n\to\infty}|r_n|f(1)=f(\lim_{n\to\infty}r_n)$$

因此

$$f(x)=f(1)|x|$$

注意$a=f(1)\geqslant 0$,因此对于某些$a\geqslant 0$,所求的函数是$f(x)=a|x|$.

（T. Andreescu，RMT 数学杂志，NO. 2(1977)，pp. 90，问题 3203）

24 (i) 求证：如果连续函数 $f:\mathbf{R}\to(-\infty,0]$ 与 $g:\mathbf{R}\to[0,+\infty)$ 有一定点，那么 $f+g$ 有一定点.

(ii) 求证：如果连续函数 $\varphi\to[0,1]$ 与 $\psi:\mathbf{R}\to[1,+\infty)$ 有一定点，那么 $\varphi\psi$ 有一定点.

证　(i) 令 a 与 b 分别是 f 与 g 的定点. 我们有

$$a - f(a) \leqslant 0, b = g(b) \geqslant 0$$

于是

$$a \geqslant b$$

考虑函数 $\varphi:\mathbf{R}\to\mathbf{R}$，$\varphi(x) = f(x) + g(x) - x_0$.

函数 φ 是连续的，因为函数 f 与 g 是连续的. 此外

$$\varphi(a) = f(a) + g(a) - a = g(a) \geqslant 0$$

与

$$\varphi(b) = f(b) + g(b) - b = f(b) \leqslant 0$$

由中值定理，有 $x_0 \in (a,b)$，使

$$\varphi(x_0) = 0$$

因此

$$(f+g)(x_0) = x_0$$

这正是所要求的结果.

(ii) 令 α 与 β 分别是函数 φ 与 ψ 的定点. 我们有

$$0 \leqslant \alpha = \varphi(\alpha) \leqslant 1, \beta = \psi(\beta) \geqslant 1$$

于是

$$\alpha \leqslant \beta$$

函数 ω 是连续的，因为 φ 与 ψ 是连续的. 此外

$$\omega(\alpha) = \varphi(\alpha)\psi(\alpha) - \alpha = \alpha(\psi(\alpha) - 1) \geqslant 0$$

$$\omega(\beta) = \varphi(\beta)\psi(\beta) - \beta = \beta(\psi(\beta) - 1) \leqslant 0$$

同样，有 $\gamma_0 \in [\alpha,\beta]$，使

$$\omega(\gamma_0) = 0$$

因此

$$(\varphi\psi)(\gamma_0) = \gamma_0$$

这正是所要求的结果.

（T. Andreescu，RMT 数学杂志，NO. 1(1977)，pp. 5 - 10）

25 令 $\varphi:\mathbf{R}\to\mathbf{R}$ 是在原点上的可微函数,满足 $\varphi(0)=0$.
求

$$\lim_{x\to 0}\frac{1}{x}\left[\varphi(x)+\varphi\left(\frac{x}{2}\right)+\cdots+\varphi\left(\frac{x}{n}\right)\right]$$

的值,其中 n 是正整数.

解 我们有

$$\lim_{x\to 0}\frac{1}{x}\left(\varphi(x)+\varphi\left(\frac{x}{2}\right)+\cdots+\varphi\left(\frac{x}{n}\right)\right)$$

$$=\lim_{x\to 0}\left(\frac{\varphi(x)-\varphi(0)}{x-0}+\frac{1}{2}\cdot\frac{\varphi\left(\frac{x}{2}\right)-\varphi(0)}{\frac{x}{2}-0}+\cdots+\frac{1}{n}\cdot\frac{\varphi\left(\frac{x}{n}\right)-\varphi(0)}{\frac{x}{n}-0}\right)$$

$$=\varphi'(0)\left(1+\frac{1}{2}+\cdots+\frac{1}{n}\right)$$

因为

$$\varphi(0)=0$$

所以 φ 在原点上可微.

(T. Andreescu,RMT 数学杂志,NO.2(1977),pp.71,问题 3095;GM-B 数学杂志,NO.3(1979),pp.111,问题 17671)

26 令 a 是一正实数.
求证:有唯一的正实数 μ,使得对于所有的 $x>0$,有

$$\frac{\mu^x}{x^\mu}\geqslant a^{\mu-x}$$

证 考虑函数 $f:(0,+\infty)\to\mathbf{R}$,$f(x)=\dfrac{\ln ax}{x}$.

我们有

$$f'(x)=\frac{1-\ln ax}{x^2}$$

于是当且仅当 $x=\dfrac{\mathrm{e}}{a}$ 时,有

$$f'(x)=0$$

由此得出,$\mu=\dfrac{\mathrm{e}}{a}$ 是函数 f 的极大值点,于是对于所有正实数 x,只有一点使 $f(x)\leqslant f(\mu)$.

因此,对于所有的 x,有

$$\frac{\mu^x}{x^\mu}\geqslant a^{\mu-x}$$

这正是所要求的结果.

(D. Andrica, RMT 数学杂志, NO. 2(1978), pp. 54, 问题 3547)

27 令 $f:[a,b]\to\mathbf{R}$ 是在 $[a,b]$ 上二次可微函数,那么

$$f(a)=f(b), f'(a)=f'(b)$$

求证:对于任一实数 λ,方程

$$f''(x)-\lambda(f'(x))^2=0$$

在区间 (a,b) 内至少有一解.

证 考虑函数 $F:[a,b]\to\mathbf{R}$

$$F(x)=f(x)\mathrm{e}^{-\lambda f(x)}, \lambda\in\boldsymbol{R}$$

函数 F 是可微的,因为 f 与 f' 是可微的,并且

$$F(a)=F(b)$$

由罗尔定理推出,有 $c\in(a,b)$,使

$$F'(c)=0$$

另一方面,有

$$F'(x)=\mathrm{e}^{-\lambda f(x)}[f''(x)-\lambda(f'(x))^2]$$

因此

$$f''(c)-\lambda(f'(c))^2=0$$

这正是所要求的结果.

(D. Andrica, RMT 数学杂志, NO. 2(1981), pp. 76, 问题 4677)

28 求所有的函数 $f:[0,2]\to(0,1]$,使 f 在原点上可微且满足

$$f(2x)=2f^2(x)-1, x\in[0,1]$$

解 令 $g:[0,2]\to[0,\frac{\pi}{2}]$, $g(x)=\arccos f(x)$,则对于所有的 $x\in[0,2]$,有

$$f(x)=\cos g(x)$$

条件等价于

$$\cos g(2x)=\cos 2g(x)$$

由此得出,对于所有的 $x\in[0,1]$,有

$$g(2x)=2g(x)+k(x)\pi$$

其中 $k:[0,1]\to\mathbf{Z}$.

另一方面,对于所有的 $x\in[0,2]$,有

$$0\leqslant g(x)<\frac{\pi}{2}$$

因此

$$k(x)=0$$

与

$$g(2x)=2g(x),x\in[0,1]$$

对 n 用归纳法,我们得出

$$g(x)=2^n g\left(\frac{x}{2^n}\right)$$

因为

$$f(0)=1,g(0)=\arccos 1=0$$

所以对于所有的 $x\in(0,2]$,有

$$\frac{g(x)}{x}=\frac{g\left(\frac{x}{2^n}\right)-g(0)}{\frac{x}{2^n}}$$

因为 f 在原点上可微,所以 g 在原点上可微,且对于所有的 $x\in(0,2]$,有

$$\frac{g(x)}{x}=\lim_{n\to\infty}\frac{g\left(\frac{x}{2^n}\right)-g(0)}{\frac{x}{2^n}}=g'(0)$$

由此得出

$$g(x)=\mu x$$

其中

$$\mu=g'(0)\in\left[0,\frac{\pi}{4}\right]$$

因为对于所有的 $x\in[0,2]$,有

$$0\leqslant g(x)<\frac{\pi}{2}$$

因此所求的函数是

$$f_\mu(x)=\cos\mu x,\mu\in\left[0,\frac{\pi}{4}\right]$$

(T. Andreescu,RMT数学杂志,NO.1(1977),pp.45,问题2852)

29 令 λ 是正整数.

求证:有唯一的正实数 θ,使得对于所有实数 $x>0$,有

$$\theta^{x^\lambda}\geqslant x^{\theta^\lambda}$$

证 考虑函数 $f:(0,+\infty)\to\mathbf{R}$,$f(x)=\frac{\ln x}{x^\lambda}$.

于是

$$f'(x)=\frac{1+\lambda\ln x}{x^{\lambda+1}}$$

且对于 $x = e^{\frac{1}{\lambda}}$,有

$$f'(x) = 0$$

由此得出

$$\theta = e^{\frac{1}{\lambda}}$$

是函数的唯一极大值点,则

$$f(x) \leqslant f(e^{\frac{1}{\lambda}}), x > 0$$

因此只对 $\theta = e^{\frac{1}{\lambda}}$,有

$$\frac{\ln x}{x^{\lambda}} \leqslant \frac{\ln \theta}{\theta^{\lambda}}, x^{\theta^{\lambda}} \leqslant \theta^{x^{\lambda}}$$

(D. Andrica,GM - B 数学杂志,NO. 3(1976),pp. 104,问题15768;RMT 数学杂志,NO. 1 - 2(1979),pp. 57,问题 3870)

30 令 $f: \mathbf{R} \to \mathbf{R}$ 是在原点上连续的函数,λ, μ 是两个不同的正实数.

求证:当且仅当 f 在原点上可微时,极限

$$\lim_{x \to 0} \frac{f(\lambda x) - f(\mu x)}{x}$$

存在且有限.

证　a) 令 $\lambda > \mu, y = x\mu$,则

$$\lim_{x \to \infty} \frac{f(\lambda x) - f(\mu x)}{x} = \lim_{y \to 0} \frac{f\left(\frac{\lambda}{\mu} y\right) - f(y)}{\frac{y}{\mu}} = A$$

于是

$$\lim_{y \to 0} \frac{f(\alpha y) - f(y)}{y} = \frac{A}{\mu} a$$

其中

$$\alpha = \frac{\lambda}{\mu} > 1$$

令 $\varepsilon > 0$,则有 $\delta > 0$,使得对于任何 $|y| < \delta$,我们有

$$a - \varepsilon < \frac{f(\alpha y) - f(y)}{y} < a + \varepsilon \qquad ①$$

在关系式 ① 中,用 $\frac{y}{\alpha^k}$ 代替 y,其中 $k = 1, 2, \cdots, n$,我们得出

$$\frac{1}{\alpha}(a - \varepsilon) < \frac{f(y) - f\left(\frac{y}{\alpha}\right)}{y} < \frac{1}{\alpha}(a + \varepsilon)$$

$$\frac{1}{a^2}(a - \varepsilon) < \frac{f\left(\frac{y}{\alpha}\right) - f\left(\frac{y}{\alpha^2}\right)}{y} < \frac{1}{\alpha^2}(a + \varepsilon)$$

$$\vdots$$

$$\frac{1}{\alpha^n}(a-\varepsilon)<\frac{f\left(\frac{y}{\alpha^{n-1}}\right)-f\left(\frac{y}{\alpha^n}\right)}{y}<\frac{1}{\alpha^n}(a+\varepsilon)$$

求这些不等式之和,给出

$$\frac{1}{\alpha}\cdot\frac{1-\frac{1}{\alpha^n}}{1-\frac{1}{\alpha}}(a-\varepsilon)<\frac{f(y)-f\left(\frac{y}{\alpha^n}\right)}{y}<\frac{1}{\alpha}\cdot\frac{1-\frac{1}{\alpha^n}}{1-\frac{1}{\alpha}}(a+\varepsilon)$$

因为f在原点上连续,所以

$$\lim_{n\to\infty}f\left(\frac{y}{\alpha^n}\right)=f(0)$$

于是

$$\frac{1}{\alpha-1}(a-\varepsilon)\leqslant\frac{f(y)-f(0)}{y}\leqslant\frac{1}{\alpha-1}(a+\varepsilon)$$

由此得出

$$f'(0)=\lim_{y\to0}\frac{f(y)-f(0)}{y}=\frac{a}{\alpha-1}=\frac{A}{\lambda-\mu}$$

于是函数f在原点上可微.

反之,如果f在原点上可微,那么

$$\lim_{x\to0}\frac{f(\lambda x)-f(0)}{\lambda x}=f'(0),\lim_{x\to0}\frac{f(\mu x)-f(0)}{\mu x}=f'(0)$$

因此

$$\lim_{x\to0}\frac{f(\lambda x)-f(\mu x)}{x}=(\lambda-\mu)f'(0)$$

这正是所要求的结果.

(D. Andrica,RMT 数学杂志,NO.2(1978),pp.76,问题3708)

31 数列$(x_n)_{n\geqslant1}$定义为

$$x_1<0,x_{n+1}=e^{x_n}-1,n\geqslant1$$

求证

$$\lim_{n\to\infty}nx_n=-2$$

证 因为对于所有的实数$x\neq0$,有

$$e^x>1+x$$

所以我们有

$$x_{n+1}-x_n=e^{x_n}-1-x_n>0$$

于是数列$(x_n)_{n\geqslant1}$是递增的.对n用归纳法,我们得出,对于所有的$n\geqslant1$,有

$$x_n<0$$

于是数列$(x_n)_{n\geq 1}$是有界的. 因此数列收敛,令l是它的极限. 方程$e^l=e+1$有唯一解

$$l=0$$

从而

$$\lim_{n\to\infty}x_n=0$$

利用$\lim\limits_{x\to 0}\left(\frac{1}{x}-\frac{1}{e^x-1}\right)=\frac{1}{2}$,由此得出

$$\lim_{n\to\infty}\frac{\frac{1}{x_{n+1}}-\frac{1}{x_n}}{(n+1)-n}=\lim_{n\to\infty}\frac{\frac{1}{e^{x_n}-1}-\frac{1}{x_n}}{1}=-\frac{1}{2}$$

切萨罗 - 施托尔茨定理蕴含

$$\lim_{n\to\infty}\frac{1}{nx_n}=-\frac{1}{2}$$

因此

$$\lim_{n\to\infty}nx_n=-2$$

这正是所要求的结果.

(D. Andrica,RMT 数学杂志,NO. 2(1982),pp. 68,问题5004)

32 令$x_0\in(0,1]$,$x_{n+1}=x_n-\arcsin(\sin^3x_n)$,$n\geq 0$. 求$\lim\limits_{n\to\infty}\sqrt{n}x_n$的值.

证法一 我们首先用归纳法证明$x_n>0$. 这当$n=0$时成立,对于某一正整数k,设$x_k>0$,给出

$$0<\sin x_k<1$$

因此

$$\sin^3x_k<\sin x_k$$

这蕴含

$$x_{k+1}>x_k-\arcsin(\sin x_k)=0$$

不难看出,$(x_n)_{n\geq 0}$收敛,$\lim\limits_{n\to\infty}x_n=0$. 我们有

$$(\sqrt{n}\sin x_n)^2=\frac{n}{\frac{1}{\sin^2x_n}}$$

与

$$\lim_{n\to\infty}\frac{n+1-n}{\frac{1}{\sin^2x_{n+1}}-\frac{1}{\sin^2x_n}}$$

$$=\lim_{n\to\infty}\frac{\sin^2x_{n+1}\sin^2x_n}{\sin^2x_n-\sin^2x_{n+1}}$$

$$= \lim_{n\to\infty}\frac{\sin^2 x_{n+1}\sin^2 x_n}{\sin(x_n - x_{n+1})\sin(x_n + x_{n+1})}$$

$$= \lim_{n\to\infty}\frac{\sin^2 x_{n+1}\sin^2 x_n}{x_n^3\sin(x_n + x_{n+1})}$$

$$= \lim_{n\to\infty}\left(\frac{\sin x_{n+1}}{x_{n+1}}\right)^2 \lim_{n\to\infty}\left(\frac{\sin x_n}{x_n}\right)^2 \lim_{n\to\infty}\frac{x_n + x_{n+1}}{\sin(x_n + x_{n+1})}\cdot$$

$$\lim_{n\to\infty}\frac{x_n}{x_{n+1}}\lim_{n\to\infty}\frac{1}{1+\frac{x_{n+1}}{x_n}} = \frac{1}{2}$$

从切萨罗－施托尔茨定理,我们得出

$$\lim_{n\to\infty}\frac{n}{\frac{1}{\sin^2 x_n}} = \frac{1}{2}$$

因此

$$\lim_{n\to\infty}(\sqrt{n}x_n)^2 = \lim_{n\to\infty}\frac{n}{\frac{1}{\sin^2 x_n}}\lim_{n\to\infty}\left(\frac{x_n}{\sin x_n}\right)^2 = \frac{1}{2}$$

于是

$$\lim_{n\to\infty}\sqrt{n}x_n = \frac{\sqrt{2}}{2}$$

证法二 我们在上面看出$(x_n)_{n\geqslant 0}$收敛,$\lim\limits_{n\to\infty}x_n = 0$,并且对于所有的$n = 0,1,2,\cdots$,有$x_n > 0$. 我们将来计算

$$\lim_{n\to\infty}\frac{n+1-n}{\frac{1}{x_{n+1}^2}-\frac{1}{x_n^2}} = \lim_{n\to\infty}\frac{1}{\frac{1}{(x_n - \arcsin(\sin^3 x_n))^2}-\frac{1}{x_n^2}} \qquad ①$$

显然,最后的极限从下式得出

$$\lim_{t\to 0}\left[\frac{1}{(\arcsin t - \arcsin t^3)^2} - \frac{1}{\arcsin^2 t}\right]$$

$$= \lim_{t\to 0}\frac{(\arcsin t^3)(2\arcsin t - \arcsin t^3)}{(\arcsin t - \arcsin t^3)^2\arcsin^2 t}$$

$$= \lim_{t\to 0}\frac{t(2\arcsin t - \arcsin t^3)}{(\arcsin t - \arcsin t^3)^2}$$

$$= \lim_{t\to 0}\frac{\left(2\frac{\arcsin t}{t} - t^2\frac{\arcsin t^3}{t^3}\right)}{\left(\frac{\arcsin t}{t} - t^2\frac{\arcsin t^3}{t^3}\right)^2} = 2$$

由此推出,极限式①是$\frac{1}{2}$,由切萨罗－施托尔茨定理得出结论.

(T. Andreescu, GM－B数学杂志, NO. 10(2002), pp. 409, 问题C:2557)

33 令 $f:\mathbf{R}\to\mathbf{R}$ 是二次可微函数,具有非负二阶导数.
求证

$$f(x+f'(x))\geqslant f(x),x\in\mathbf{R}$$

证　令 x 是 f' 的零点,则

$$f(x+f'(x))=f(x)$$

推出结论.

令 x 是实数,使 $f'(x)<0$. 在区间 $[x+f'(x),x]$ 上应用中值定理,我们对于某一 $c\in(x+f'(x),x)$,得出

$$f(x)-f(x+f'(x))=-f'(x)f'(c)$$

因为二阶导数是非负的,所以 f' 是非负的,因此

$$f'(c)<f'(x)<0$$

与

$$f(x)-f(x+f'(x))<0$$

这正是所要求的结果.

令 x 是实数,使 $f'(x)>0$. 同样,对于某一 $c\in(x,x+f'(x))$,有

$$f(x+f'(x))-f(x)=f'(x)f'(c)$$

与

$$f'(c)>f'(x)>0$$

因此对于所有的实数 x,有

$$f(x+f'(x))\geqslant f(x)$$

这正是所要求的结果.

(D. Andrica,RMT 数学杂志,NO. 1 - 2(1989),pp. 67,问题6143)

34 令 $a<b$ 是正实数.
求证:方程

$$\left(\frac{a+b}{2}\right)^{x+y}=a^xb^y$$

在区间 (a,b) 内至少有一解.

证　在区间 $\left[a,\frac{a+b}{2}\right]$ 上对函数 $f(t)=\ln t$ 应用中值定理,给出

$$\frac{\ln\frac{a+b}{2}-\ln a}{\frac{b-a}{2}}=\frac{1}{x},x\in\left(a,\frac{a+b}{2}\right)$$

因此

$$\ln\left(\frac{a+b}{2a}\right)^x=\frac{b-a}{2} \quad ①$$

利用对区间$\left[\frac{a+b}{2},b\right]$相同的论证,给出

$$\frac{\ln b-\ln\frac{a+b}{2}}{\frac{b-a}{2}}=\frac{1}{y},y\in\left(\frac{a+b}{2},b\right)$$

因此

$$\ln\left(\frac{2b}{a+b}\right)^y=\frac{b-a}{2} \quad ②$$

由等式①与②,我们得出

$$\left(\frac{a+b}{2a}\right)^x=\left(\frac{2b}{a+b}\right)^y$$

于是

$$\left(\frac{a+b}{2}\right)^{x+y}=a^xb^x$$

这正是所要求的结果.

(D. Andrica,RMT 数学杂志,NO. 2(1978),pp. 54,问题3548)

35 求并证明:有可微函数$\varphi:\mathbf{R}\to\mathbf{R}$,使得当$x$是整数时,$\varphi(x)$与$\varphi'(x)$是整数.

证 我们来证明没有这样的函数存在.假设相反,设k是一整数.我们由中值定理得出

$$\varphi(k+1)-\varphi(k)=\varphi'(\xi),\xi\in(k,k+1)$$

因为$\varphi(k)$与$\varphi(k+1)$是整数,所以$\varphi(k+1)-\varphi(k)$也是整数,$\varphi'(\xi)$也是整数.

另一方面,ξ不是整数,因此$\varphi'(\xi)$不是整数,矛盾.

(D. Andrica,RMT 数学杂志,NO. 2(1978),pp. 67,问题3618)

36 令$f:[a,b]\to\mathbf{R}$是可微函数.

求证:对于任一正整数n,在区间(a,b)内有数

$$\theta_1<\theta_2<\cdots<\theta_n$$

使

$$\frac{f(b)-f(a)}{b-a}=\frac{f'(\theta_1)+f'(\theta_2)+\cdots+f'(\theta_n)}{n}$$

证 定义

$$x_k=a+\frac{k}{n}(b-a),k=0,1,\cdots,n$$

注意

$$x_{k+1}-x_k=\frac{b-a}{n},k=0,1,\cdots,n$$

由中值定理,得

$$f(x_1)-f(x_0)=\frac{b-a}{n}f'(\theta_1),\theta_1\in(x_0,x_1)$$

$$f(x_2)-f(x_1)=\frac{b-a}{n}f'(\theta_2),\theta_2\in(x_1,x_2)$$

$$\vdots$$

$$f(x_n)-f(x_{n-1})=\frac{b-a}{n}f'(\theta_n),\theta_n\in(x_{n-1},x_n)$$

求这些不等式之和,蕴含

$$f(x_n)-f(x_0)=\frac{b-a}{n}\sum_{i=1}^{n}f'(\theta_i)$$

或

$$\frac{f(b)-f(a)}{b-a}=\frac{1}{n}\sum_{i=1}^{n}f'(\theta_i)$$

这正是所要求的结果.

(D. Andrica,RMT 数学杂志,NO. 1 - 2(1979),pp. 58,问题 3878)

37 令 $f,g:\mathbf{R}\to\mathbf{R}$ 是具有连续导致的可微函数,使得对于所有的 $x\in\mathbf{R}$,有

$$f(x)+g(x)=f'(x)-g'(x)$$

求证:如果 x_1,x_2 是方程 $f(x)-g(x)=0$ 的两个相继实数解,那么方程 $f(x)+g(x)=0$ 在区间 (x_1,x_2) 至少有一解.

证 令 $F:\mathbf{R}\to\mathbf{R},F(x)=f(x)-g(x)$,注意,$F$ 是可微的. 因为由罗尔定理有

$$F(x_1)=F(x_2)=0$$

所以有 $c\in(x_1,x_2)$,使

$$F'(x)=0$$

另一方面

$$F'(x)=f'(x)-g'(x)=f(x)+g(x)$$

因此

$$f(c)+g(c)=0$$

这正是所要求的结果.

(D. Andrica,RMT 数学杂志,NO. 2(1977),pp. 74,问题 3113)

38 令$f:\left[-\frac{\pi}{2},\frac{\pi}{2}\right]\to(-1,1)$是可微函数,它的导数$f'$是连续的且非负的.

求证:在$\left[-\frac{\pi}{2}\ \frac{\pi}{2}\right]$上存在$x_0$,使

$$(f(x_0))^2+(f'(x_0))^2\leqslant 1$$

证 对于$[-\frac{\pi}{2},\frac{\pi}{2}]$上的所有$x$,设$(f(x))^2+(f'(x))^2>1$,则对于所有的$x\in[-\frac{\pi}{2},\frac{\pi}{2}]$,有

$$\frac{f'(x)}{\sqrt{1-(f(x))^2}}>1$$

从$-\frac{\pi}{2}$到$\frac{\pi}{2}$求积分,给出

$$\arcsin\left(\frac{\pi}{2}\right)-\arcsin f\left(-\frac{\pi}{2}\right)>\pi$$

另一方面,显然有

$$\arcsin f\left(\frac{\pi}{2}\right)-\arcsin\left(-\frac{\pi}{2}\right)\leqslant\frac{\pi}{2}+\frac{\pi}{2}=\pi$$

与前面的不等式矛盾.

(T. Andreescu,数学前景,2000)

39 求证:没有正实数x与y,使

$$x\cdot 2^y+y\cdot 2^{-x}=x+y$$

证 如果$x=y$,那么$x=y=0$,这不可能,因为x与y是正的. 设有$x\neq y>0$,使

$$x\cdot 2^y+y\cdot 2^{-x}=x+y$$

对于某些$x_1>x_2>x_3>0$,令

$$y=x_1-x_2,x=x_2-x_3$$

则

$$\frac{2^{x_1-x_2}-1}{1-2^{x_3-x_2}}=\frac{x_1-x_2}{x_2-x_3}$$

或

$$\frac{2^{x_1}-2^{x_2}}{x_1-x_2}=\frac{2^{x_2}-2^{x_3}}{x_2-x_3}$$

由中值定理,有$\theta_1\in(x_2,x_1),\theta_2\in(x_3,x_2)$,使

$$\frac{2^{x_1}-2^{x_2}}{x_1-x_2}=2^{\theta_1}\ln 2,\theta_1\in(x_2,x_1)$$

与

$$\frac{2^{x_2}-2^{x_3}}{x_2-x_3}=2^{\theta_2}\ln 2,\theta_2\in(x_3,x_2)$$

因此

$$2^{\theta_1}\ln 2=2^{\theta_2}\ln 2$$

这蕴含 $\theta_1=\theta_2$,矛盾.

(D. Andrica,RMT数学杂志,NO. 1-2(1980),pp. 70,问题4152)

40 (a) 求证:如果对于某一整数 $n\geqslant 2$,有

$$x\geqslant y\geqslant\left(\frac{n}{n+1}\right)^{n(n+1)}$$

那么

$$\sqrt[n]{x}+\sqrt[n+1]{y}\geqslant\sqrt[n]{y}+\sqrt[n+1]{x}$$

(b) 求证

$$n\sqrt[n]{n}+\frac{n+1}{\sqrt[n+1]{n+1}}\geqslant 2n+1,n\geqslant 3$$

证 (a) 考虑可微函数 $f:(0,+\infty)\to\mathbf{R}$

$$f(t)=\sqrt[n]{t}-\sqrt[n+1]{t}$$

我们有

$$f'(t)=\frac{1}{n}t^{\frac{1}{n+1}-1}\left(t^{\frac{1}{n(n+1)}}-\frac{n}{n+1}\right)$$

于是,如果

$$t\geqslant\left(\frac{n}{n+1}\right)^{n(n+1)}$$

那么

$$f'(t)\geqslant 0$$

因此 f 在 $\left[\left(\frac{n}{n+1}\right)^{n(n+1)},+\infty\right)$ 上递增,并且对于 $x\geqslant y\geqslant\left(\frac{n}{n+1}\right)^{n(n+1)}$,我们有

$$f(x)\geqslant f(y)$$

因此

$$\sqrt[n]{x}+\sqrt[n+1]{y}\geqslant\sqrt[n]{y}+\sqrt[n+1]{x}$$

这正是所要求的结果.

(b) 对于所有的 $n\geqslant 3$,我们来证明

$$n^{n+1}\geqslant(n+1)^n$$

不等式等价于

$$\left(1+\frac{1}{n}\right)^n\leqslant n$$

这显然成立,因为对于所有的 $n>1$,有

$$\left(1+\frac{1}{n}\right)^{n}<\mathrm{e}<3$$

在不等式中设 $x=n^{n+1}$, $y=(n+1)^{n}$, $x>y$,由(a)给出

$$n\sqrt[n]{n}+\frac{n+1}{\sqrt[n+1]{n+1}}\geqslant 2n+1, n\geqslant 3$$

这正是所要求的结果.

(D. Andrica, RMT 数学杂志, NO. 2(1981), pp. 74, 问题 4668)

41 令 $x_1, x_2, \cdots, x_n$ 是正实数,使 $x_1+x_2+\cdots+x_n=1$. 求证

$$x_1^{x_1}x_2^{x_2}\cdots x_n^{x_n}\geqslant\frac{1}{n}$$

证 对于凹函数 f,回忆詹生不等式

$$\frac{\sum_{i=1}^{n}\lambda_i f(x_i)}{\sum_{i=1}^{n}\lambda_i}\geqslant(\leqslant)\left(\frac{\sum_{i=1}^{n}\lambda_i x_i}{\sum_{i=1}^{n}\lambda_i}\right)$$

对于 $i=1,2,\cdots,n$,考虑 $f(x)=\ln x$, $y_i=\frac{1}{x_i}$, $p=y_1, y_2\cdots y_n$.

我们有

$$\frac{\sum_{i=1}^{n}\frac{p}{y_i}\ln y_i}{\sum_{i=1}^{n}\frac{p}{y_i}}\leqslant\left(\frac{\sum_{i=1}^{n}p}{\sum_{i=1}^{n}\frac{p}{y_i}}\right)$$

于是

$$\ln\left(y_1^{\frac{1}{y_1}}y_2^{\frac{1}{y_2}}\cdots y_n^{\frac{1}{y_n}}\right)\leqslant\ln\left(\frac{n}{\sum_{i=1}^{n}\frac{1}{y_i}}\right)^{\sum_{i=1}^{n}\frac{1}{y_i}}$$

因此

$$y_1^{\frac{1}{y_1}}y_2^{\frac{1}{y_2}}\cdots y_n^{\frac{1}{y_n}}\leqslant\ln\left(\frac{n}{\sum_{i=1}^{n}\frac{1}{y_i}}\right)^{\sum_{i=1}^{n}\frac{1}{y_i}}$$

因为 $y_i=\frac{1}{x_i}$, $i=1,2,\cdots,n$,所以由此得出

$$\frac{1}{x_1^{x_1}x_2^{x_2}\cdots x_n^{x_n}}\leqslant\left(\frac{n}{\sum_{i=1}^{n}x_i}\right)^{\sum_{i=1}^{n}x_i}=n$$

因此

$$x_1^{x_1}x_2^{x_2}\cdots x_n^{x_n} \geqslant \frac{1}{n}$$

这正是所要求的结果.

(D. Andrica, RMT 数学杂志, NO. 2(1977), pp. 74, 问题 3111)

42 令 $f:\mathbf{R}\to\mathbf{R}$ 是具有非单射原函数的函数.

求证:对于某一 $c\in\mathbf{R}$,有 $f(c)=0$.

证 令 F 是函数 f 的原函数. 因为 F 是非单射的,所以有实数 $x_1<x_2$,使

$$F(x_1)=F(x_2)$$

在区间 $[x_1,x_2]$ 上应用罗尔定理,对于某一 $c\in(x_1,x_2)$,我们得出

$$f(c)=F'(c)=0$$

这正是所要求的结果.

(T. Andreescu)

43 令 $f_1,f_2,\cdots,f_n:\mathbf{R}\to\mathbf{R}$ 是连续函数.

求证

$$\max(f_1(x),f_2(x),\cdots,f_n(x))\mathrm{d}x$$

是导数,并求

$$\int\max(1,x,x^2,\cdots,x^n)\mathrm{d}x$$

的值.

证 因为

$$\max(f_1(x),f_2(x))=\frac{f_1(x)+f_2(x)+|f_1(x)-f_2(x)|}{2}$$

与 f_1,f_2 是连续的,所以 $\max(f_1,f_2)$ 也是连续的. 假设,如果 f_1, $f_2,\cdots,f_{k-1}$ 是连续的,那么 $\max(f_1,f_2,\cdots,f_{k-1})$ 是连续的. 由此推出

$$\max(f_1,f_2,\cdots,f_k)=\max(\max(f_1,\cdots,f_{k-1}),f_k)$$

根据第 1 步,函数 $\max(f_1,f_2,\cdots,f_k)$ 是连续的. 因此 $\max(f_1$, $f_2,\cdots,f_n)$ 是连续的,并且是导函数.

注意 如果 n 是偶数,那么

$$\max(1,x,\cdots,x^n)=\begin{cases}x^n, x\in(-\infty,-1)\\ 1, x\in[-1,1]\\ x^n, x\in(1,+\infty)\end{cases}$$

与

$$\int \max(1,x,\cdots,x^n)\mathrm{d}x=\begin{cases}\dfrac{x^{n+1}-n}{n+1}+C,x\in(-\infty,-1)\\ x+C,x\in[-1,1]\\ \dfrac{x^{n+1}+n}{n+1}+C,x\in(1,+\infty)\end{cases}$$

另一方面,如果 n 是奇数,那么

$$\max(1,x,\cdots,x^n)=\begin{cases}x^{n-1},x\in(-\infty,-1)\\ 1,x\in[-1,1]\\ x^n,x\in(1,+\infty)\end{cases}$$

与

$$\int \max(1,x,\cdots,x^n)\mathrm{d}x=\begin{cases}\dfrac{x^n-n+1}{n}+C,x\in(-\infty,-1)\\ x+C,x\in[-1,1]\\ \dfrac{x^{n+1}+n}{n+1}+C,x\in(1,+\infty)\end{cases}$$

(D. Andrica,RMT 数学杂志,NO. 2(1983),pp. 62,问题5185)

44 求 $\int \dfrac{x^2\mathrm{e}^{\arctan x}}{\sqrt{1+x^2}}\mathrm{d}x$ 的值.

证 记

$$I_1=\int \frac{\mathrm{e}^{\arctan x}}{\sqrt{1+x^2}}\mathrm{d}x,I_2=\int \frac{x\mathrm{e}^{\arctan x}}{\sqrt{1+x^2}}\mathrm{d}x$$

我们有

$$\begin{aligned}I&=\int \frac{\mathrm{e}^{\arctan x}}{\sqrt{1+x^2}}\mathrm{d}x\\&=\int \frac{\sqrt{1+x^2}\,\mathrm{e}^{\arctan x}}{1+x^2}\mathrm{d}x\\&=\int \sqrt{1+x^2}\,\mathrm{d}(\mathrm{e}^{\arctan x})\\&=\sqrt{1+x^2}\,\mathrm{e}^{\arctan x}-\int \frac{x\mathrm{e}^{\arctan x}}{\sqrt{1+x^2}}\mathrm{d}x\\&=\sqrt{1+x^2}\,\mathrm{e}^{\arctan x}-I_2\end{aligned}$$

因此

$$I_1+I_2=\sqrt{1+x^2}\,\mathrm{e}^{\arctan x}$$

另一方面

$$I_2=\int \frac{x\mathrm{e}^{\arctan x}}{\sqrt{1+x^2}}\mathrm{d}x$$

$$= \int \frac{x1 + x^2 e^{\arctan x}}{1 + x^2} dx$$

$$= \int x \sqrt{1 + x^2} d(e^{\arctan x})$$

$$= x \sqrt{1 + x^2} e^{\arctan x} - I_1 - 2\int \frac{x^2 e^{\arctan x}}{\sqrt{1 + x^2}} dx$$

于是

$$\int \frac{x^2 e^{\arctan x}}{\sqrt{1 + x^2}} dx = \frac{x \sqrt{1 + x^2} e^{\arctan x} - (I_1 + I_2)}{2}$$

$$= \frac{(x - 1) \sqrt{1 + x^2} e^{\arctan x}}{2} + C$$

(D. Andrica,罗马尼亚数学奥林匹克 —— 决赛,1975;RMT 数学杂志,NO. 2(1978),pp. 35,问题 2125)

45 令 p 是奇次多项式,使 p' 没有多重零点,令 $f:\mathbf{R} \to \mathbf{R}$ 是函数,使 $f \circ p$ 是导数.

求证:f 是导数.

证 我们从以下引理开始:

引理 令 $g,h:\mathbf{R} \to \mathbf{R}$ 是函数,使:

1)h 是导数;

2)g 是可微的,具有连续导数,则 $g \cdot h$ 是导函数.

证 令 H 是 h 的原函数,定义 $u:\mathbf{R} \to \mathbf{R}, u = g(x)H(x)$,则

$$u'(x) = g(x)h(x) + g'(x)H(x)$$

或

$$g(x)h(x) = u'(x) - g'(x)H(x)$$

函数 u' 是导数,$g'H$ 是连续的,因此 $g \cdot h$ 是导函数,这正如所要求的结果.

对非负整数 k,把引理应用于 $h = f \circ h$ 与 $g(x) = x^k$,由此推出 $x^k(f \circ h)(x)$ 是导数,因此 $p'(f \circ p)$ 是导数. 因为 p 的次数是奇数,所以 $p(\mathbf{R}) = \mathbf{R}$. 设 $\lim\limits_{x \to -\infty} p(x) = -\infty$,则有实数 $x_1, x'_1, x_2, x'_2, \cdots, x_m, x'_m$,使 p 在每个区间 $(-\infty, x_1]$,$[x'_1, x_2]$,$\cdots$,$[x'_{m-1}, x_m]$,$[x'_m, +\infty]$ 上递增,且

$$p(x_1) = p(x'_1)M_1$$

$$p(x_2) = p(x'_2) = M_2$$

$$\vdots$$

$$p(x_m) = p(x'_m) = M_M$$

令 $F_1, H_1, \cdots, H_m$ 分别是 $p(f \circ p)$ 在区间 $(-\infty, x_1]$,$[x'_1, x_2]$,$\cdots$,$[x'_m, +\infty)$ 上的原函数. 由此得出 $F_1 \circ p^{-1}, H_1 \circ p^{-1}, \cdots, H_m \circ p^{-1}$

分别是f在区间$(-\infty,M_1],[M_1,M_2],\cdots,[M_m,+\infty)$上的原函数,因此$f$是在所有$\mathbf{R}$上的导函数.

(D. Andrica,RMT数学杂志,NO. 2(1985),pp. 76,问题2)

46 令$I=(0,+\infty)$,$f:I\to I$是具有原函数F的函数,满足条件:对于I中所有的x,有

$$F(x)f\left(\frac{1}{x}\right)=x$$

求证:$g:I\to\mathbf{R}$,$g(x)=F(x)F\left(\frac{1}{x}\right)$是常值函数,其次求$f$.

证 把$x\to\frac{1}{x}$代入已知条件中,对于I中所有的x,给出

$$F\left(\frac{1}{x}\right)f(x)=\frac{1}{x} \qquad ①$$

对于I中所有的x,我们有

$$g'(x)=F'(x)F\left(\frac{1}{x}\right)+F(x)F'\left(\frac{1}{x}\right)\left(-\frac{1}{x^2}\right)$$

$$=f(x)F\left(\frac{1}{x}\right)-\frac{1}{x^2}f\left(\frac{1}{x}\right)F(x)\overset{(1)}{=}$$

$$=\frac{1}{x}-\frac{1}{x^2}\cdot x=0$$

于是g是常数. 从而对于I中所有的x,有常数$c>0$,使

$$F(x)F\left(\frac{1}{x}\right)=c$$

从式①我们得出

$$\frac{f(x)}{F(x)}=\frac{1}{cx},x\in I$$

求积分,给出

$$\ln F(x)=\frac{1}{c}\ln x+\ln d$$

其中$d>0$. 对于I中所有的x,由此得出

$$F(x)=dx^{\frac{1}{c}}$$

关系式$F(x)F\left(\frac{1}{x}\right)=c$变为$d^2=c$,于是

$$d=\sqrt{c}$$

最后

$$f(x)=\frac{1}{xF\left(\frac{1}{x}\right)}=\frac{1}{\sqrt{c}}x^{\frac{1}{c}-1},x\in I$$

其中 c 是任一正实数.

(T. Andreescu,罗马尼亚数学奥林匹克——决赛,1987,RMT 数学杂志,NO.2(1987),pp.86,问题6307)

47 令 $n>1$ 是整数,$f:[0,1]\to\mathbf{R}$ 是连续函数,使

$$\int_0^1 f(x)\,\mathrm{d}x = 1+\frac{1}{2}+\cdots+\frac{1}{n}$$

求证:有一实数 $x_0\in(0,1)$,使

$$f(x_0)=\frac{1-x_0^n}{1-x_0}$$

证 考虑函数 $g:[0,1]\to\mathbf{R}$

$$g(x)=f(x)-(1+x+\cdots+x^{n-1})$$

并注意 g 是连续的. 我们有

$$\int_0^1 g(x)\,\mathrm{d}x=\int_0^1 g(x)\,\mathrm{d}x-\int_0^1(1+x+\cdots+x^{n-1})\,\mathrm{d}x$$
$$=\int_0^1 f(x)\,\mathrm{d}x-\left(1+\frac{1}{2}+\cdots+\frac{1}{n}\right)=0$$

由中值定理,有 $x_0\in(0,1)$,使

$$g(x_0)=\int_0^1 g(x)\,\mathrm{d}x=0$$

因此

$$f(x_0)=1+x_0+\cdots+x_0^{n-1}=\frac{1-x_0^n}{1-x_0}$$

这正是所要求的结果.

(T. Andreescu,RMT 数学杂志,NO.1-2(1979),pp.33,问题3444)

48 考虑连续函数 $f,g:[a,b]\to\mathbf{R}$.

求证:方程

$$f(x)\int_0^x g(t)\,\mathrm{d}t=g(x)\int_x^b f(t)\,\mathrm{d}t$$

在区间 (a,b) 内至少有一解.

证 考虑函数 $F:[a,b]\to\mathbf{R}$

$$F(x)=\int_a^x g(t)\,\mathrm{d}t\int_x^b f(t)\,\mathrm{d}t$$

注意 F 是可微的,$F(a)=F(b)=0$. 应用罗尔定理,我们得出 $c\in(a,b)$,使 $F'(c)=0$,因此

$$f(c)\int_a^c g(t)\,\mathrm{d}t = g(c)\int_c^b f(t)\,\mathrm{d}t$$

这正是所要求的结果.

(D. Andrica)

49 令 $f:[a,b]\to\mathbf{R}$ 是连续函数,使

$$\int_a^b f(x)\,\mathrm{d}x \neq 0$$

求证:有数 $a<\alpha<\beta<b$,使

$$\int_a^\alpha f(x)\,\mathrm{d}x = (b-\alpha)f(\beta)$$

证 考虑函数 $F:[a,b]\to\mathbf{R}$

$$F(t) = \int_a^t f(x)\,\mathrm{d}x - \int_t^b f(x)\,\mathrm{d}x$$

注意 F 是连续的,$F(a)F(b)<0$. 从而有 $\alpha\in(a,b)$,使

$$F(\alpha)=0$$

于是

$$\int_a^\alpha f(x)\,\mathrm{d}x = \int_\alpha^b f(x)\,\mathrm{d}x$$

由中值定理,有 $\beta\in(a,b)$,使

$$\int_\alpha^b f(x)\,\mathrm{d}x = (b-\alpha)f(\beta)$$

因此有数 $\alpha,\beta\in(a,b)$,$\alpha<\beta$,使

$$\int_a^\alpha f(x)\,\mathrm{d}x = (b-\alpha)f(\beta)$$

这正是所要求的结果.

(D. Andrica,RMT 数学杂志,NO. 1 - 2(1979),pp. 61,问题 3897)

50 令 a,c 是非负实数,$f:[a,b]\to[c,d]$ 是双射增函数. 求证:有唯一实数 $\mu\in(a,b)$,使

$$\int_a^b f(t)\,\mathrm{d}t = (\mu-a)c + (b-\mu)d$$

证 因为 f 是递增的双射函数,所以 f 是连续的.

$$S_1 = \int_a^b f(x)\,\mathrm{d}x,\ S_2 = \int_c^d f^{-1}(y)\,\mathrm{d}y \qquad ①$$

注意由题 50 图知

$$S_1 + S_2 = bc - ac$$

由中值定理,有 $\xi\in(c,d)$,使

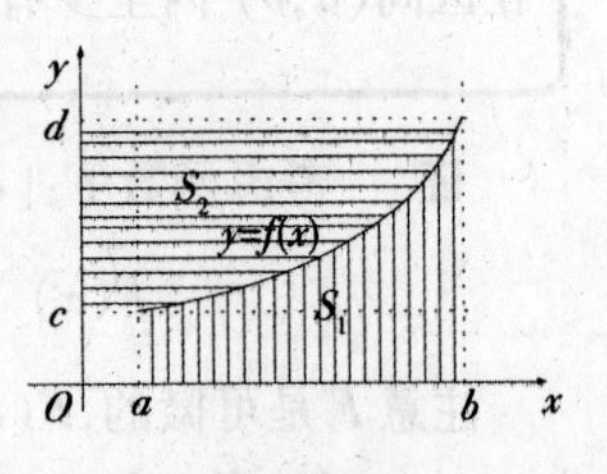

题 50 图

$$\int_c^d f^{-1}(y)\,\mathrm{d}y = (d-c)f^{-1}(\xi)$$

注意ξ是唯一的,令

$$\mu = f^{-1}(\xi)$$

关系式①给出

$$\int_a^b f(t)\,\mathrm{d}t = (\mu - a)c + (b-\mu)d, \mu \in (a,b)$$

这正是所要求的结果.

(D. Andrica,RMT数学杂志,NO.2(1978),pp.56,问题3556)

51 令$\varphi:\mathbf{R}\to\mathbf{R}$是连续函数,使得对于所有的$x,y\in\mathbf{R}$,有

$$\int_x^{x+y}\varphi(t)\,\mathrm{d}t = \int_{x-y}^x \varphi(t)\,\mathrm{d}t$$

求证:φ是常值函数.

证 考虑函数$F:\mathbf{R}\to\mathbf{R}$

$$F(S) = \int_0^s \varphi(t)\,\mathrm{d}t$$

注意F是可微的.

我们由假设得出

$$F(x+y) - F(x) = F(x) - F(x-y)$$

于是

$$F(x+y) + F(x-y) = 2F(x), x,y\in\mathbf{R}$$

对y求导数,由此得出

$$F'(x+y) = F'(x-y), x,y\in\mathbf{R}$$

设$x = y = \frac{z}{2}, z\in\mathbf{R}$,我们得出

$$F'(z) = F'(0)$$

于是对于所有的$z\in\mathbf{R}$,有

$$\varphi(z) = F'(0)$$

因此φ是常值函数,这正是所要求的结果.

(T. Andreescu,RMT数学杂志,NO.1(1977),pp.47,问题2865)

52 令$f:\mathbf{R}\to\mathbf{R}$是可微函数,使得对于所有实数$x<y$,有

$$\int_x^{\frac{x+y}{2}} f(t)\,\mathrm{d}t \leqslant \int_{\frac{x+y}{2}}^y f(t)\,\mathrm{d}t$$

求证:f是非减函数.

证 考虑函数$\varphi:\mathbf{R}\to\mathbf{R}, \varphi(s) = \int_0^s f(t)\,\mathrm{d}t$. 条件等价于

$$\int_0^x f(t)\,\mathrm{d}t + \int_0^y f(t)\,\mathrm{d}t \geqslant 2\int_0^{\frac{x+y}{2}} f(t)\,\mathrm{d}t$$

因此对于所有的 $x, y \in \mathbf{R}$,有

$$\frac{\varphi(x) + \varphi(y)}{2} \geqslant \varphi\left(\frac{x+y}{2}\right) \qquad ①$$

因为 f 是可微的,所以 φ 是二次可微的,并且由关系式①知,φ 是向下凹的. 因此,对于所有的 x,$\varphi''(x) \geqslant 0$ 或 $f'(x) \geqslant 0$,于是 f 是非减函数.

(T. Andreescu,RMT 数学杂志,NO. 1(1976),pp. 56,问题 2349;GM - B 数学杂志,NO. 2(1980),pp. 68,问题 18154)

53 令 $f:\mathbf{R} \to \mathbf{R}$ 是单射可微函数.

求证:函数 $F:(0, +\infty) \to \mathbf{R}$,$F(x) = \frac{1}{x}\int_0^x f(t)\,\mathrm{d}t$ 是单调的.

证 考虑函数 $h:[0, +\infty) \to \mathbf{R}$

$$h(x) = xf(x) - \int_0^x f(t)\,\mathrm{d}t$$

因为 f 是可微的,所以 h 是可微的,且

$$h(x) = xf'(x), x \geqslant 0 \qquad ①$$

因为 f 是单射与连续的,所以 f 是递增或递减的,于是对于所有的 x,有

$$f'(x) \leqslant 0$$

或对于所有的实数 x,有

$$f'(x) \geqslant 0$$

情形 1. 如果对于所有的 x,有 $f'(x) \leqslant 0$,那么我们从式①推出

$$h'(x) \leqslant 0, x \geqslant 0$$

因此 h 是非减的. 由此得出式

$$h(x) \leqslant h(0) = 0, x \geqslant 0$$

情形 2. 如果对于所有的 x,有 $f'(x) \geqslant 0$,那么

$$h'(x) \geqslant 0, x \geqslant 0$$

h 是非增的. 由此得出

$$h(x) \geqslant h(0) = 0, x \geqslant 0$$

因为 F 是可微的,且

$$F'(x) = \frac{xf(x) - \int_0^x f(t)\,\mathrm{d}t}{x^2} = \frac{h(x)}{x^2}$$

我们推出,对于所有的 $x > 0$,有

$$F'(x) \leqslant 0$$

或对于所有的 $x > 0$,有

$$F'(x) \geqslant 0$$

因此 F 是单调函数,这正是所要求的结果.

(T. Andreescu,RMT 数学杂志,NO. 2(1978),pp. 76, 问题 3709;GM - B 数学杂志,NO. 1(1980),pp. 38,问题 18115)

51 求证

$$\lim_{n\to\infty} n^2\int_0^{\frac{1}{n}} x^{x+1}\mathrm{d}x = \frac{1}{2}$$

证法一　从问题 14 回忆

$$\lim_{\substack{x\to 0\\x\to 0}} x^x = 1$$

令 $\varepsilon > 0$,存在 $\delta > 0$,使得对于所有的 $x < \delta$,有

$$| x^x - 1 | < \varepsilon$$

于是对于 $n > \frac{1}{\delta}$,我们得出

$$\left| n^2\int_0^{\frac{1}{n}}(x^{x+1} - x)\mathrm{d}x \right| \leqslant n^2\int_0^{\frac{1}{n}} | x^{x+1} - x | \mathrm{d}x$$

$$= n^2\int_0^{\frac{1}{n}} x | x^x - 1 | \mathrm{d}x$$

$$< \varepsilon n^2\int_0^{\frac{1}{n}} x\mathrm{d}x = \frac{\varepsilon}{2}$$

由此得出

$$\lim_{n\to\infty} n^2\int_0^{\frac{1}{n}}(x^{x+1} - x)\mathrm{d}x = 0$$

因此

$$\lim_{n\to\infty} n^2\int_0^{\frac{1}{n}} x^{x+1}\mathrm{d}x = \frac{1}{2}$$

这正是所要求的结果.

证法二　考虑函数

$$F(t) = \int_0^t x^{x+1}\mathrm{d}x$$

则

$$F(0) = 0$$

我们记

$$\lim_{n\to\infty} n^2\int_0^{\frac{1}{n}} x^{x+1}\mathrm{d}x = \lim_{n\to\infty} n^2 F\left(\frac{1}{n}\right) = \lim_{u\to 0}\frac{F(u)}{u^2} = \lim_{u\to 0}\frac{F'(u)}{2u}$$

$$= \lim_{u\to 0}\frac{u^{u+1}}{2u} = \frac{1}{2}\lim_{u\to 0}u^u = \frac{1}{2}$$

(D. Andrica, GM－B数学杂志, NO. 11(1979), pp. 424, 问题18025; RMT数学杂志, NO. 1－2(1980), pp. 71, 问题4160)

55 求证:没有黎曼可积函数 $f:\mathbf{R}\to\mathbf{R}\setminus\{0\}$,使得对于所有的实数 $x\neq y$,有

$$\int_x^y f(t)\,\mathrm{d}t = \frac{f(x)}{f(y)}$$

证 假设相反,令 $x\neq y$ 是实数,则

$$\int_x^y f(t)\,\mathrm{d}t = \frac{f(x)}{f(y)},\int_y^x f(t)\,\mathrm{d}t = \frac{f(y)}{f(x)}$$

因此

$$\frac{f(x)}{f(y)} = -\frac{f(y)}{f(x)}$$

由此得出

$$f^2(x) + f^2(y) = 0$$

于是

$$f(x) = f(y) = 0$$

这是不合理的,因为对于所有的 x,有 $f(x)\neq 0$.

(T. Andreescu, RMT数学杂志, NO. 2(1978), pp. 35, 问题3126)

56 令 $f:[0,1]\to\mathbf{R}$ 是具有连续导数的可微函数,使

$$\int_0^1 [f'(x)]^2\mathrm{d}x = 1$$

求证

$$|f(1) - f(0)| < 1$$

证 显然

$$\int_0^1 (|f'(x)| - 1)^2\mathrm{d}x \geqslant 0$$

因此

$$\int_0^1 (f'(x))^2\mathrm{d}x - 2\int_0^1 |f'(x)|\,\mathrm{d}x + \int_0^1 1\mathrm{d}x \geqslant 0$$

与

$$1 \geqslant \int_0^1 |f'(x)|\,\mathrm{d}x \geqslant \left|\int_0^1 f'(x)\,\mathrm{d}x\right|$$

这正是所要求的结果.

(T. Andreescu, RMT数学杂志, NO. 2(1977), pp. 77, 问题3130)

57 求所有的连续函数 $f:[0,1]\to\mathbf{R}$,使

$$\int_0^1 f(x)(x-f(x))\,\mathrm{d}x=\frac{1}{12}$$

解 关系式等价于

$$\int_0^1 (xf(x)-f^2(x))\,\mathrm{d}x=\int_0^1 \frac{x^2}{4}\mathrm{d}x$$

因此

$$\int_0^1 \left(f^2(x)-xf(x)+\frac{x^2}{4}\right)\mathrm{d}x=0$$

或

$$\int_0^1 \left(f(x)-\frac{x}{2}\right)^2\mathrm{d}x=0$$

因为 f 是连续的,所以对于所有的 $x\in[0,1]$,有

$$f(x)-\frac{x}{2}=0$$

于是

$$f(x)=\frac{x}{2},x\in[0,1]$$

(T. Andreescu,RMT 数学杂志,NO.1(1978),pp.72,问题 3319)

58 令 $f_0:[0,1]\to\mathbf{R}$ 是连续函数,数列 $(f_n)_{n\geqslant 1}$ 定义为

$$f_n(x)=\int_0^x f_{n-1}(t)\,\mathrm{d}t,x\in[0,1]$$

求证:如果有一整数 $m\geqslant 0$,使

$$\int_0^1 f_m(t)\,\mathrm{d}t=\frac{1}{(m+1)!}$$

那么函数 f_0 有一定点.

证 关系式

$$\int_0^1 f_m(t)\,\mathrm{d}t=\frac{1}{(m+1)!}$$

等价于

$$\int_0^1 \left(f_m(t)-\frac{t^m}{m!}\right)\mathrm{d}t=0$$

因为由中值定理知 f_m 是连续的,所以存在 $x_0\in(0,1)$,使

$$f_m(x_0)=\frac{x_0^m}{m!}$$

或

$$\int_0^{x_0}\left(f_{m-1}(t)-\frac{t^{m-1}}{(m-1)!}\right)\mathrm{d}t=0$$

利用相同的论证,我们得出 $x_1 \in (0,x_0)$,使

$$f_{m-1}(x_1)=\frac{x_1^{m-1}}{(m-1)!}$$

把这个程序继续下去,我们得出 $x_m \in (0,x_{m-1})$,使

$$f_0(x_m)=x_m$$

这正是所要求的结果.

(T. Andreescu,RMT 数学杂志,NO. 1(1978),pp. 72,问题 3320)

59 令 $f:[-1,1]\to\mathbf{R}$ 是具有非减导数的可微函数.

求证

$$\frac{1}{2}\int_{-1}^{1}f(x)\mathrm{d}x\leqslant f(-1)+f'(1)$$

证 由中值定理,我们推出,对于任一 $x\in[-1,1]$,存在 $c_x\in(-1,x)$,使

$$f(x)-f(-1)=(x+1)f'(c_x)$$

因为

$$f'(c_x)\leqslant f'(1),f(x)-f(-1)\leqslant(x+1)f'(1)$$

所以

$$\int_{-1}^{1}f(x)\mathrm{d}x-2f(-1)\leqslant\left.\frac{(x+1)^2}{2}\right|_{-1}^{1}f'(1)$$

这就推出结论.

(T. Andreescu,RMT 数学杂志,NO. 1(1981),pp. 77,问题 4686)

60 令 $f,g:[a,b]\to\mathbf{R}$ 是连续函数.

求证:有一实数 $c\in(a,b)$,使

$$\int_a^c f(x)\mathrm{d}x+(c-a)g(c)=\int_c^b g(x)\mathrm{d}x+(b-c)f(c)$$

证 考虑函数 $h:[a,b]\to\mathbf{R}$

$$h(t)=(b-t)\int_a^t f(x)\mathrm{d}x+(t-a)\int_t^b g(x)\mathrm{d}x$$

注意 h 是可微的,且

$$h'(t)=-\int_a^t f(x)\mathrm{d}x+(b-t)f(t)+\int_t^b g(x)\mathrm{d}x-(t-a)g(t)$$

因为

$$h(a) = h(b) = 0$$

所以由罗尔定理推出,有一实数 $c \in (a,b)$,使

$$h'(c) = 0$$

从而

$$-\int_a^c f(x)\,\mathrm{d}x - (c-a)g(c) + (b-c)f(c) + \int_c^b g(x)\,\mathrm{d}x = 0$$

这就推出了结论.

(T. Andreescu,RMT 数学杂志,NO. 2(1985),pp. 56,问题5628)

第6章 综合性问题

1 令 A 是有 n 个元素的集合,B 是 A 的子集,有 $m \geqslant 1$ 个元素. 设函数 $f:A \to A$,使 $f(B) \subseteq B$.

求这种函数 f 的个数.

解 有 m^m 个函数 $h:B \to B$. 其中每个函数可以用 n^{n-m} 个方法扩充成函数 $f:A \to A$,它满足 $f(B) \subseteq B$.

(D. Andrica,RMT 数学杂志,NO. 1 - 2(1981),pp. 81,问题 C1:1)

2 令 A 是有 n 个元素的集合,X,Y 是 A 的子集,分别有 $p \geqslant 1$ 与 $q \geqslant 1$ 个元素. 设函数 $f:A \to A$,使 $Y \subset f(x)$. 求这种函数 f 的个数.

证 令 X_q 是有 X 中 q 个元素的子集. 因为 Y 有 q 个元素,所以由此得出有 $q!$ 个双射函数 $g:X_q \to X$. 其中每个函数可以用 n^{n-q} 个方法扩充成函数 $f:A \to A$,它满足 $Y \subseteq f(x)$.

X 的子集 X_q 的个数是 $\binom{p}{q}$,因此要求的数是 $\binom{p}{q} n^{n-p}$.

注 如果 $q > p$,那么认为

$$\binom{p}{q} = 0$$

(D. Andrica,罗马尼亚部分地区数学竞赛"Grigore Moisil",2000)

3 令 A 是有 n 个元素的集合,x 是 A 的子集,有 $k \geqslant 1$ 个元素. 设函数 $f:A \to A$,使 $f(x) = x$. 求这种函数 f 的个数.

证 因为 $f(x) = x$,所以由此得出 f 是 x 上的双射函数. 有 $k!$ 个这样的双射函数,其中每个函数可以用 n^{n-k} 个方法扩充成函数 $f:A \to A$. 因此要求的数是 $k!n^{n-k}$.

(D. Andrica)

4 考虑集合 $A=\{1,2,\cdots,n\}$, $B=\{1,2,\cdots,m\}$, 令 $k\leqslant\min\{n,m\}$. 设函数 $f:A\to A$ 恰有 k 个定点.

求这种函数 f 的个数.

证　我们考虑两种情形:

i) $n\leqslant m$. 令 A_k 是一子集,它有集合 A 中的 k 个元素. 只有 1 个函数 $h:A_k\to A_k$,它对所有的 $i\in A_k$,有性质 $h(i)=i$. 这个函数可以用 $(m-1)^{n-k}$ 个方法扩充成函数 $f:A\to B$,使得对于所有的 $i\in A\backslash A_k$,有 $f(i)\neq i$.

A 的子集 A_k 的个数是 $\binom{n}{k}$,因此要求的数是 $\binom{n}{k}(m-1)^{n-k}$.

ii) $m\leqslant n$. 令 B_k 是一子集,它有集合 B 中的 k 个元素. 只有 1 个函数 $h:B_k\to B_k$,它对所有的 $i\in B_k$,有 $h(i)=i$. 这个函数可以用 $(m-1)^{m-k}$ 个方法扩充成函数 $g:B\to B$,使得对于所有的 $i\in B\backslash B_k$,有 $g(i)\neq i$. 此外,每个函数 g 可以用 m^{n-m} 个方法扩充成函数 $f:A\to A$,它显然恰有 k 个定点.

B 的子集 B_k 的个数是 $\binom{m}{k}$,因此要求的数是

$$\binom{m}{k}m^{n-m}(m-1)^{m-k}$$

所以当 $n\leqslant m$ 时,具有 k 个定点的函数 $f:A\to A$ 的个数是 $\binom{n}{k}(m-1)^{n-k}$;当 $m\leqslant n$ 时这个函数 f 的个数是

$$\binom{m}{k}m^{n-m}(m-1)^{m-k}$$

(D. Andrica,罗马尼亚部分地区数学竞赛“Marian Tarină”,2001)

5 令 $a_1,a_2,\cdots,a_n$ 是正实数, $m\geqslant 1$. 求证

$$\left(1+\frac{a_1}{a_2}\right)^m+\left(1+\frac{a_2}{a_3}\right)^m+\cdots+\left(1+\frac{a_n}{a_1}\right)^m\geqslant n\cdot 2^m$$

证　对于

$$x_1=1+\frac{a_1}{a_2},x_2=1+\frac{a_2}{a_3},\cdots,x_n=1+\frac{a_n}{a_1}$$

利用不等式

$$x_1^m+x_2^m+\cdots+x_n^m\geqslant\frac{1}{n^{m-1}}(x_1+x_2+\cdots+x_n)^m$$

我们得出

$$\left(1+\frac{a_1}{a_2}\right)^m+\left(1+\frac{a_2}{a_3}\right)^m+\cdots+\left(1+\frac{a_n}{a_1}\right)^m$$

$$\geqslant \frac{1}{n^{m-1}}\left(n+\frac{a_1}{a_2}+\frac{a_2}{a_3}+\cdots+\frac{a_b}{a_1}\right)^m$$

另一方面,由算术平均 - 几何平均不等式

$$\frac{a_1}{a_2}+\frac{a_2}{a_3}+\cdots+\frac{a_n}{a_1}\geqslant n\sqrt[n]{\frac{a_1}{a_2}\cdot\frac{a_2}{a_3}\cdots\frac{a_n}{a_1}}=n$$

因此

$$\left(1+\frac{a_1}{a_2}\right)^m+\left(1+\frac{a_2}{a_3}\right)^m+\cdots+\left(1+\frac{a_n}{a_1}\right)^m\geqslant\frac{1}{n^{m-1}}(2n)^m=n\cdot 2^m$$

这正是所要求的结果.

(T. Andreescu,RMT 数学杂志,NO. 1(1974),pp. 7, 问题 1564;GM - B 数学杂志,NO. 2(1976),pp. 65)

6 令 $a_1,a_2,\cdots,a_n$ 是正实数,$k\geqslant 0$.

求证

$$k+\sqrt[n]{\prod_{i=1}^{n}a_i}\leqslant\sqrt[n]{\prod_{i=1}^{n}(k+a_i)}\leqslant k+\frac{1}{n}\sum_{i=1}^{n}a_i$$

证 我们有

$$\prod_{i=1}^{n}(k+a_i)=k^n+\sum a_1k^{n-1}+\sum a_1a_2k^{n-2}+\cdots+a_1a_2\cdots a_n$$

利用算术平均数 - 几何平均数不等式,得出

$$\sum a_1a_2\cdots a_j\geqslant C_n^k\left(\prod_{i=1}^{n}a_i\right)^{\frac{\binom{n-1}{j-1}}{\binom{n}{j}}}=\binom{n}{j}\left(\prod_{i=1}^{n}a_i\right)^{\frac{j}{n}}$$

从前面的关系式,我们推出

$$\prod_{i=1}^{n}(k+a_i)\geqslant k^n+\binom{n}{1}\left(\prod_{i=1}^{n}a_i\right)^{\frac{1}{n}}k^{n-1}+$$

$$\binom{n}{2}\left(\prod_{i=1}^{n}a_i\right)^{\frac{2}{n}}k^{n-2}+\cdots+\binom{n}{n}\left(\prod_{i=1}^{n}\right)^{\frac{n}{n}}$$

$$=\left(k+\sqrt[n]{\prod_{i=1}^{n}a_i}\right)^n$$

于是

$$k+\sqrt[n]{\prod_{i=1}^{n}a_i}\leqslant\sqrt[n]{\prod_{i=1}^{n}(k+a_i)} \quad ①$$

利用算术平均数 - 几何平均数不等式,我们得出

$$\frac{1}{n}\sum_{i=1}^{n}(k+a_i)\geqslant\sqrt[n]{\prod_{i=1}^{n}(k+a_i)}$$

因此

$$\sqrt[n]{\prod_{i=1}^{n}(k+a_i)} \leqslant k+\frac{1}{n}\sum_{i=1}^{n}a_i \qquad ②$$

(T. Andreescu, RMT 数学杂志, NO. 2(1977), pp. 63, 问题 3045)

7 令 a,b,c 是正实数，使 $abc=1$.
求证

$$\left(a-1+\frac{1}{b}\right)\left(b-1+\frac{1}{c}\right)\left(c-1+\frac{1}{a}\right) \leqslant 1$$

证法一　因为 $abc=1$，所以这个非齐次不等式可以用适当的变量代换化为齐次不等式. 事实上，存在正实数 p,q,r，使

$$a=\frac{p}{q}, b=\frac{q}{r}, c=\frac{r}{p}$$

用 p,q,r 改写不等式，我们得出

$$(p-q+r)(q-r+p)(r-p+q) \leqslant pqr \qquad ①$$

其中 $p,q,r>0$.

数 $u=p-q+r, v=q-r+p, w=r-p+q$ 中至多有一个是负的，因为其中任两数之和是正的. 如果数 u,v,w 中恰有一数是负的，那么

$$uvw \leqslant 0 < pqr$$

如果它们全是非负的，那么由算术平均数 - 几何平均数不等式，有

$$\sqrt{uv} \leqslant \frac{1}{2}(u+v)=p$$

同样

$$\sqrt{vw} \leqslant q, \sqrt{wu} \leqslant r$$

因此

$$uvw \leqslant pqr$$

这正是所要求的结果.

证法二　展开式 ① 的左边，给出

$$\begin{aligned}
&(p-q+r)(q-r+p)(r-p+q)\\
=&[p(p-r)+(r-q)(p-q)+q(r-q)+pq][r+(q-p)]\\
=&pr(p-r)+r(r-q)(p-r)+rq(r-q)+pqr+\\
&p(p-r)(q-p)+(r-q)(p-r)(q-p)+\\
&q(r-q)(q-p)+pq(q-p)
\end{aligned}$$

注意

$$pr(p-r)+rq(r-q)+pq(q-p)+(r-q)(p-r)(q-p)=0$$

于是式 ① 等价于

$$0 \leqslant p(p-q)(p-r)+q(q-r)(q-p)+r(r-p)(r-q)$$

这是舒尔不等式的特殊情形.

证法三 用 L 表示所要求不等式的左边,我们有

$$L=abcL=b\left(a-1+\frac{1}{b}\right)c\left(b-1+\frac{1}{c}\right)a\left(c-1+\frac{1}{a}\right)$$
$$=(ab-b+1)(bc-c+1)(ca-a+1)=L_1$$

又因为

$$\frac{1}{b}=ac, \frac{1}{c}=ab, \frac{1}{a}=bc$$

$$L=\left(a-1+\frac{1}{b}\right)\left(b-1+\frac{1}{c}\right)\left(c-1+\frac{1}{a}\right)$$
$$=(a-1+ac)(b-1+ab)(c-1+bc)=L_2$$

如果 $u=a-1+\frac{1}{b} \leqslant 0$,那么 $a<1$ 与 $b>1$,这蕴含

$$v=b-1+\frac{1}{c}>0, w=c-1+\frac{1}{a}>0$$

于是 $L=uvw \leqslant 0$,这正是所要求的结果.类似地,$u \leqslant 0$ 或 $v \leqslant 0$ 给出相同结果.如果 $u,v,w>0$,那么 L_1 与 L_2 的所有因式是正的.由算术平均数 - 几何平均数不等式给出

$$\sqrt{(ab-b+1)(b-1+ab)}$$
$$\leqslant \frac{1}{2}[(ab-b+1)+(b-1+ab)]=ab$$

同样

$$\sqrt{(bc-c+1)(c-1+bc)} \leqslant bc$$
$$\sqrt{(ca-a+1)(a-1+ac)} \leqslant ca$$

因此

$$L=\sqrt{L_1 L_2} \leqslant (ab)(bc)(ca)=(abc)^2=1$$

证法四 利用证法三中所规定的记号,容易验证等式

$$bcu+vc=2, cav+aw=2, abw+bu=2$$

像证法三一样,我们只需要考虑 $u,v,w>0$ 的情形.由算术平均数 - 几何平均数不等式给出

$$2 \geqslant 2c\sqrt{buv}, 2 \geqslant 2a\sqrt{cuw}, 2 \geqslant 2\sqrt{awu}$$

由此得

$$uvw \leqslant 1$$

证法五 令 $u_1=ab-b+1, v_1=bc-c+1, w_1=ca-a+1$;$u_2=1-bc+c, v_2=1-ca+a, w_2=1-ab+b$.像证法三一样,我们只需要对 $i=1,2$,考虑 $u_i,v_i,w_i>0$ 的情形.我们又有

$$L=u_1v_1w_1=u_2v_2w_2$$

令 $X=a+b+c, Y=ab+bc+ca$,则

$$u_1+v_1+w_1=Y-X+3, u_2+v_2+w_2=X-Y+3$$

因此,或者 $u_1+v_1+w_1\leqslant 3$,或者 $u_2+v_2+w_2\leqslant 3$. 在这两种情形中,由算术平均数 - 几何平均数不等式推出 $L\leqslant 1$.

(T. Andreescu,国际数学奥林匹克,2000,问题2)

8 令 α,β,γ 是正实数,$[a,b]$ 是区间.

求数 $x,y,z\in[a,b]$,使

$$E(x,y,z)=\alpha(x-y)^2+\beta(y-z)^2+\gamma(z-x)^2$$

是最大值.

解 不失一般性,我们可以设 $\alpha\leqslant\beta\leqslant\gamma$. 令 x,y,z 是区间 $[a,b]$ 上3个任意数,使 $x\leqslant y\leqslant z$,则

$$E(x,y,z)-E(x,z,y)=(\gamma-\alpha)[(z-x)^2-(y-x)^2]\geqslant 0$$

与

$$E(a,y,b)=\alpha(y-a)^2+\beta(y-b)^2+\gamma(b-a)^2$$
$$E(b,y,a)=\alpha(y-b)^2+\beta(y-a)^2+\gamma(b-a)^2$$

我们必须在区间$[a,b]$上求以下两个函数的最大值

$$f_1(y)=\alpha(y-a)^2+\beta(y-b)^2$$

与

$$f_2(y)=\alpha(y-b)^2+\beta(y-a)^2$$

因为

$$f_1(a)=\beta(b-a)^2\geqslant\alpha(b-a)^2=f_1(b)$$

f_1 中 y^2 的关系是 $\alpha+\beta\geqslant 0$,所以由此得出,当 $y=a$ 时得出 f_1 的最大值. 同样,$f_2(b)\geqslant f_2(a)$,当 $y=a$ 时得出 f_2 的最大值.

因此

$$\max_{y\in[a,b]}E(a,y,b)=E(a,a,b)=(\beta+\gamma)(b-a)^2$$

与

$$\max_{y\in[a,b]}E(b,y,a)=E(b,b,a)=(\beta+\gamma)(b-a)^2$$

由此推出,E 的最大值是$(\beta+\gamma)(b-a)^2$,是当 $x=a,y=a,z=b$ 或 $x=b,y=b,z=a$ 时得出的.

(D. Andrica,I. Rasa,RMT 数学杂志,NO. 1(1983),pp. 66,问题 C5:2)

9 求和

$$\sum_{i,j=1}^{n}|f(i)-f(j)|$$

的非零项的最大个数,其中$f:\{1,2,\cdots,n\}\rightarrow(a,b,c)$ 是 3^n 个可能函数之一.

解 对于函数 $f:\{1,2,\cdots,n\}\to\{a,b,c\}$，令

$$M_a=f^{-1}(\{a\}),M_b=f^{-1}(\{b\}),M_c=f^{-1}(\{c\})$$

令 p,q,r 分别是集合 M_a,M_b,M_c 的元素个数. 显然

$$p+q+r=n$$

不失一般性，我们可以设 $p\geqslant q\geqslant r$.

如果数对 (i,j) 在集合 $M_a\times M_b,M_b\times M_a,M_a\times M_c,M_c\times M_a,M_b\times M_c$ 或 $M_c\times M_b$ 之一中，那么项 $|f(i)-f(j)|$ 不为0. 因此在和 $\sum\limits_{i,j=1}^{n}|f(i)-f(j)|$ 中非零项的个数是 $2(pq+qr+rp)$.

问题化为当 $p+q+r=n$ 与 $p,q,r\geqslant 0$ 是整数时，求 $2(pq+qr+rp)$ 的最大值.

注意，如果 (p_0,q_0,r_0) 是使 $2(pq+qr+rp)$ 取最大值的三元数组，那么这个三元数组中两数的任一差的绝对值至多是 1. 实际上，设 $p_0-r_0\geqslant 2$，并定义

$$p_1=p_0-1,q_1=q_0,r_1=r_0+1$$

于是

$$p_1+q_1+r_1=n$$

与

$$\begin{aligned}p_1q_1+p_1r_1+q_1r_1&=(p_0-1)q_0+(p_0-1)(r_0+1)+q_0(r_0+1)\\&=p_0q_0+p_0r_0+q_0r_0+p_0-r_0-1\\&>p_0q_0+p_0r_0+q_0r_0\end{aligned}$$

这与 $2(p_0q_0+q_0r_0+r_0p_0)$ 的最大性矛盾.

我们有以下情形：

1) $n=3k$. 于是

$$p_0+q_0+r_0=3k,p_0\geqslant q_0\geqslant r_0\geqslant p_0-1$$

因此 $p_0=k$，其次 $q_0=r_0=k$.

在这种情形中，最大值是

$$2(k^2+k^2+k^2)=6k^2=\frac{2n^2}{3}$$

2) $n=3k+1$. 于是

$$p_0+q_0+r_0=3k+1,p_0\geqslant q_0\geqslant r_0\geqslant p_0-1$$

那么

$$3p_0\geqslant 3k+1\geqslant 3p_0-2$$

因此 $p_0=k+1$，其次 $q_0=r_0=k$. 在这种情形中，最大值是

$$2[(k+1)k+(k+1)k+k^2]=2(3k^2+2k)=\frac{2}{3}(n^2-1)$$

3) $n=3k+2$. 于是

$$p_0+q_0+r_0=3k+2,p_0\geqslant q_0\geqslant r_0\geqslant p_0-1$$

那么

$$3p_0 \geqslant 3k+1 \geqslant 3p_0-2$$

由此得出

$$p_0 = k+1, q_0+r_0 = 2k+1$$

因为 $k+1 \geqslant q_0 \geqslant r_0 \geqslant k$，所以 $q_0 = k+1, r_0 = k$. 在这种情形中，最大值是

$$2[(k+1)(k+1)+(k+1)k+(k+1)k]$$
$$=2(k+1)(3k+1) = 2\cdot\frac{n^2-1}{3}$$

因此，当3整除 n 时，所求的数是 $\frac{2n^2}{3}$，在其他情形中，所求的数是 $\frac{2(n^2-1)}{3}$.

注 问题可以重新陈述如下：设球内 n 个点被涂上3种不同颜色，A 与 B 有不同颜色，求线段的最大条数.

（D. Andrica, P. Dalya，罗马尼亚国际数学奥林匹克选拔考试，1982；RMT 数学杂志，NO. 1(1982)，pp. 83，问题4917）

10 令 $a_1, a_2, \cdots, a_n, b_1 \leqslant b_2 \leqslant \cdots \leqslant b_n$ 是正数，使

$$a_1 \leqslant b_1$$
$$a_1+a_2 \leqslant b_1+b_2$$
$$\vdots$$
$$a_1+a_2+\cdots+a_n \leqslant b_1+b_2+\cdots+b_n$$

求证

$$\sqrt{a_1}+\sqrt{a_2}+\cdots+\sqrt{a_n} \leqslant \sqrt{b_1}+\sqrt{b_2}+\cdots+\sqrt{b_n}$$

证 由不等式

$$\left(\frac{\sqrt{a_1}}{\sqrt[4]{b_1}}-\sqrt[4]{b_1}\right)^2+\left(\frac{\sqrt{a_2}}{\sqrt[4]{b_2}}-\sqrt[4]{b_2}\right)^2+\cdots+\left(\frac{\sqrt{a_n}}{\sqrt[4]{b_n}}-\sqrt[4]{b_n}\right)^2 \geqslant 0$$

推出

$$\sqrt{a_1}+\sqrt{a_2}+\cdots+\sqrt{a_n}$$
$$\leqslant \frac{1}{2}\left[\left(\frac{a_1}{\sqrt{b_1}}+\frac{a_2}{\sqrt{b_2}}+\cdots+\frac{a_n}{\sqrt{b_n}}\right)+(\sqrt{b_1}+\sqrt{b_2}+\cdots+\sqrt{b_n})\right]$$

我们有

$$\frac{a_1}{\sqrt{b_1}}+\frac{a_2}{\sqrt{b_2}}+\cdots+\frac{a_n}{\sqrt{b_n}}$$
$$=\frac{1}{\sqrt{b_n}}(a_0+a_{n-1}+\cdots+a_1)+$$

$$\left(\frac{1}{\sqrt{b_{n-1}}}-\frac{1}{\sqrt{b_n}}\right)(a_{n-1}+a_{n-2}+\cdots+a_1)+\cdots+$$
$$\left(\frac{1}{\sqrt{b_2}}-\frac{1}{\sqrt{b_2}}\right)(a_2+a_1)+\frac{1}{\sqrt{b_1}}a_1$$
$$\leqslant\frac{1}{\sqrt{b_n}}(b_n+b_{n-1}+\cdots+b_1)+$$
$$\left(\frac{1}{\sqrt{b_{n-1}}}-\frac{1}{\sqrt{b_n}}\right)(b_{n-1}+b_{n-2}+\cdots+b_1)+\cdots+$$
$$\left(\frac{1}{\sqrt{b_2}}-\frac{1}{\sqrt{b_1}}\right)(b_2+b_1)+\frac{1}{\sqrt{b_1}}b_1$$
$$=\sqrt{b_1}+\sqrt{b_2}+\cdots+\sqrt{b_n}$$

因此

$$\sqrt{a_1}+\sqrt{a_2}+\cdots+\sqrt{a_n}\leqslant\sqrt{b_1}+\sqrt{b_2}+\cdots+\sqrt{b_n}$$

这正是所要求的结果.

(T. Andreescu,RMT 数学杂志,NO. 2(1977),pp. 63,问题 3046)

11 对于所有正整数 n 与 p,定义

$$S(n,p)=\sum_{i=1}^{n}(n+1-2i)^{2p}$$

求证:对于所有正实数 $a_i, i=\overline{1,n}$,以下不等式成立

$$\min_{1\leqslant i<j\leqslant n}(a_i-a_j)^{2p}\leqslant\frac{4^p}{S(n,p)}\sum_{i=1}^{n}a_t^{2p}$$

证 把数 $a_1,a_2,\cdots,a_n$ 乘以适当的因数 $M=\dfrac{1}{\sum\limits_{i=1}^{n}a_i^{2p}}$,我们可以把问题化为 $\sum\limits_{i=1}^{n}a_i^{2p}=1$ 的情形.

不失一般性,设

$$a=a_1\leqslant a_2\leqslant\cdots\leqslant a_n$$

令 $\alpha=\dfrac{2}{\sqrt[2p]{S(n,p)}}$,用反证法,设

$$\min\{a_2-a_1,a_3-a_2,\cdots,a_n-a_{n-1}\}>\alpha$$

则

$$a_i-a=(a_i-a_{i-1})+(a_{i-1}-a_{i-2})+\cdots+(a_2-a_1)>(i-1)\alpha$$

因此

$$\sum_{i=1}^{n}a_i^{2p}>\sum_{i=1}^{n}[a+\alpha(i-1)]^{2p}$$

考虑函数 $\varphi:\mathbf{R}\to(0,+\infty)$

$$\varphi(x)=\sum_{i=1}^{n}[x+\alpha(i-1)]^{2p}$$

于是

$$\varphi'(x)=2p\sum_{i=1}^{n}[x+\alpha(i-1)]^{2p-1}$$

与

$$\varphi''(x)=2p(2p-1)\sum_{i=1}^{n}[x+\alpha(i-1)]^{2p-2}>0$$

因为对于所有实数x,$\varphi'(x)$是奇次多项式,$\varphi''(x)>0$,所以由此得出φ'有唯一的实零点

$$x_0=\frac{(1-n)}{2}\alpha$$

数x_0也是函数φ的最小值点,于是

$$\sum_{i=1}^{n}a_i^{2p}>\varphi(x_0)=\sum_{i=1}^{n}\left[\frac{1-n}{2}\alpha+\alpha(i-1)\right]^{2p}=\frac{\alpha^{2p}}{4^p}S(n,p)=1$$

矛盾.

因此

$$\min_{1\leqslant i\leqslant j\leqslant n}(a_i-a_j)^{2p}\leqslant\frac{4^p}{S(n,p)}\sum_{i=1}^{n}a_i^{2p}$$

这正是所要求的结果.

注　对于$p=1$,我们得出来特利诺维奇不等式

$$\min_{1\leqslant i\leqslant j\leqslant n}(a_i-a_j)^2\leqslant\frac{12}{n(n^2-1)}\sum_{i=1}^{n}a_i^2$$

(D. Andrica)

12 求证:对于所有整数$n\geqslant k\geqslant 2$,有

$$\sqrt[n]{n}<1+\sqrt[k]{(n-1)\binom{n}{k}^{-1}}$$

证　注意,对于所有的正实数x,有

$$(1+x)^n>1+\binom{n}{k}x^k$$

设$x=\sqrt[n]{n}-1>0$,蕴含

$$(\sqrt[n]{n})^n>1+\binom{n}{k}(\sqrt[n]{n}-1)^k$$

则

$$n-1>\binom{n}{k}(\sqrt[n]{n}-1)^k$$

由此得出

$$\frac{n-1}{\binom{n}{k}} > (\sqrt[n]{n}-1)^k$$

从而

$$\sqrt[k]{\frac{n-1}{\binom{n}{k}}} > \sqrt[n]{n}-1$$

这正是所要求的结果.

(D. Andrica,罗马尼亚数学冬令营,1984;RMT 数学杂志,NO. 1(1985),pp. 72,问题 1)

13 a) 考虑实数 a_{ij},$i=1,2,\cdots,n-2$,$j=1,2,\cdots,n$,$n\geqslant 3$ 与行列式 A_k,$k=1,2,\cdots,n$

$$A_k=\begin{vmatrix} 1 & \cdots & 1 & 1 & \cdots & 1 \\ a_{11} & \cdots & a_{1,k-1} & a_{1,k+1} & \cdots & a_{1n} \\ \vdots & & \vdots & \vdots & & \vdots \\ a_{n-2,1} & \cdots & a_{n-2,k-1} & a_{n-2,k+1} & \cdots & a_{n-2,n} \end{vmatrix}$$

求证

$$A_1+A_3+A_5+\cdots=A_2+A_4+A_6+\cdots$$

b) 令 $x_1,x_2,\cdots,x_n$ 是不同实数,对 $k=1,2,\cdots,n$,令

$$p_k=\prod_{i=0}^{n-(k+1)}(x_{n-i}-x_k),q_k=\prod_{i=1}^{k-1}(x_k-x_i)$$

求证

$$\sum_{k=1}^{n}\frac{(-1)^k}{p_kq_k}=0$$

c) 求证:对于所有整数 $n\geqslant 3$,有

$$\sum_{k=1}^{n}\frac{(-1)^k k^2}{(n-k)!(n+k)!}=0$$

证 a) 显然

$$\begin{vmatrix} 1 & 1 & \cdots & 1 & 1 \\ 1 & 1 & \cdots & 1 & 1 \\ a_{11} & a_{12} & \cdots & a_{1,n-1} & a_{1,n} \\ a_{12} & a_{22} & \cdots & a_{2,n-1} & a_{2,n} \\ \vdots & \vdots & & \vdots & \vdots \\ a_{n-2,1} & a_{n-2,2} & \cdots & a_{n-2,n-1} & a_{n-2,n} \end{vmatrix}=0$$

按照第 1 行展开行列式,得

$$A_1-A_2+A_3-A_4+\cdots=0$$

因此

$$A_1+A_3+A_5+\cdots=A_2+A_4+A_6+\cdots$$

这正是所要求的结果.

b) 考虑行列式

$$A_k=\begin{vmatrix}1 & \cdots & 1 & 1 & \cdots & 1\\ x_1 & \cdots & x_{k-1} & x_{k+1} & \cdots & x_n\\ \vdots & & \vdots & \vdots & & \vdots\\ x_1^{n-2} & \cdots & x_{k-1}^{n-2} & x_{k+1}^{n-2} & \cdots & x_n^{n-2}\end{vmatrix}$$

$$=\prod_{\substack{i>j\\ i,j\neq k}}^{n}(x_i-x_j)=\frac{\prod\limits_{i>j}^{n}(x_i-x_j)}{p_kq_k}$$

从等式 a) 我们得出

$$\sum_{k=1}^{n}\frac{(-1)^k}{p_kq_k}=0$$

c) 在上述等式中,设

$$x_k=k^2,k=1,2,\cdots,n$$

在作一些代数运算后,我们得出

$$\sum_{k=1}^{n}\frac{(-1)^kk^2}{(n-k)!(n+k)!}=0,n\geqslant 3$$

这正是所要求的结果.

(D. Andrica,罗马尼亚部分地区数学竞赛"Grigore Moisil",1995)

14 令 $P(x)=x^n+a_1x^{n-1}+\cdots+a_n$ 是多项式,它的所有零点都是正实数.

求证:如果有 $m\neq p\in\{1,2,\cdots,n\}$,使

$$a_m=(-1)^m\binom{n}{m},a_p=(-1)^p\binom{n}{p}$$

那么

$$P(x)=(x-1)^n$$

证　令 $x_1,x_2,\cdots,x_n>0$ 是多项式 $P(x)$ 的零点. 由零点与系数之间的关系,给出

$$\sum x_1x_2\cdots x_m=\binom{n}{m},\sum x_1x_2\cdots x_p=\binom{n}{p}$$

于是在广义麦克劳林不等式中有等式的情形

$$\sqrt[m]{\frac{\sum x_1x_2\cdots x_m}{C_n^m}}\geqslant\sqrt[p]{\frac{\sum x_1x_2\cdots x_p}{C_n^p}},m\leqslant p$$

因此

$$x_1 = x_2 = \cdots = x_n$$

从 $\sum x_1 x_2 \cdots x_m = \binom{n}{m}$ 推出

$$x_i = 1, i = 1, 2, \cdots, n$$

所以

$$P(x) = (x-1)^n$$

这正是所要求的结果.

(T. Andreescu, RMT 数学杂志, NO. 1(1977), pp. 24, 问题 2300)

15 对于所有的 $k = 0, 1, \cdots, n-1$, 把多项式 $P_0, P_1, \cdots, P_n$ 定义为

$$P_0(x) = 1, P_{k+1}(x) = (n-k+x)P_k(x) + xP'_k(x)$$

求证:对于所有的 k, 有 $\deg P_k = k$[①], 并求出多项式 P_n.

证 显然, P_0 的次数为 0, P_1 的次数为 1. 设 P_k 的次数为 k, 我们从已知关系式得出 P_{k+1} 的次数为 $k+1$, 因此由归纳法, 对于所有的 $i = 0, 1, \cdots, n$, P_i 的次数为 i.

考虑函数 $f: \mathbf{R} \to \mathbf{R}, f(x) = x^n e^x$. 容易证明

$$f^{(k)}(x) = x^{n-k} Q_k(x) e^x$$

其中 $Q_k(x)$ 是 k 次实系数多项式.

我们来证明, 对于所有的 k, 有

$$Q_k(x) = P_k(x)$$

注意

$$Q_0(x) = 1 - P_0(x)$$

与

$$\begin{aligned} x^{n-(k+1)} Q_{k+1}(x) e^x &= f^{(k+1)}(x) \\ &= (f^{(k)}(x))' \\ &= (x^{n-k} Q_k(x) e^x)' \\ &= x^{n-(k+1)} [(n-k+x)Q_k(x) + xQ'_k(x)] \end{aligned}$$

因此

$$Q_{k+1}(x) = (n-k+x)Q_k(x) + xQ'_k(x)$$

因为 $(P_k)_{k=\overline{0,n}}$ 与 $(Q_k)_{k=\overline{0,n}}$ 满足同一递推关系式与 $P_0 = Q_0$, 所以由此推出, 对于所有的 k, 有

$$P_k = Q_k$$

于是

① deg 表示次数. 此式表示 P_k 的次数等于 k.

$$f^{(n)}(x) = P_n(x)e^x$$

另一方面

$$f^{(n)}(x) = (x^n e^x)^{(n)} = \sum_{k=0}^{n} C_n^k (x^n)^{(k)} e^x$$

由此得出

$$P_n(x) = x^n + \frac{n^2}{1!}x^{n-1} + \frac{n^2(n-1)^2}{2}x^{n-2} + \cdots + n!$$

(D. Andrica,RMT 数学杂志,NO. 1(1978),pp. 67,问题 3293)

16 令$(P_n)_{n\geqslant 0}$ 是用下式定义的多项式序列

$$P_{n+1}(x) = -2xP'_n(x) + P_n(x), P_0(x) = 1$$

求 $P_n(0)$.

解法一　我们来证明

$$P'_n(x) = -2nP_{n-1}(x), n \geqslant 0$$

注意

$$P'_1(x) = -2 = -2 \cdot 1 \cdot P_0(x)$$

设

$$P'_{n-1}(x) = -2(n-1)P_{n-2}(x), n \geqslant 2$$

则

$$\begin{aligned} P_n(x) &= -2xP_{n-1}(x) + P'_{n-1}(x) \\ &= -2xP_{n-1}(x) - 2(n-1)P_{n-2}(x) \end{aligned}$$

求导数,我们得出

$$\begin{aligned} P'_n(x) &= -2P_{n-1}(x) - 2xP'_{n-1}(x) - 2(n-1)P'_{n-2}(x) \\ &= -2P_{n-1}(x) + 4(n-1)xP_{n-2}(x) - 2(n-1)P'_{n-2}(x) \\ &= -2P_{n-1}(x) - 2(n-1)[-2xP_{n-2}(x) + P'_{n-2}(x)] \\ &= -2P_{n-1}(x) - 2(n-1)P_{n-1}(x) \\ &= -2nP_{n-1}(x) \end{aligned}$$

这正是所需要的结果.

原始的关系式变为

$$P_n(x) = -2xP_{n-1}(x) - 2(n-1)P_{n-2}(x), n \in \mathbf{N}, n \geqslant 2$$

于是

$$P_n(0) = -2(n-1)P_{n-2}(0), n \geqslant 2$$

因此

$$P_n(0) = \begin{cases} 0, \text{当 } n \text{ 是奇数时} \\ (-1)^{\frac{n}{2}} \dfrac{n!}{\left(\frac{n}{2}\right)!}, \text{当 } n \text{ 是偶数时} \end{cases}$$

解法二　注意,对于多项式 $Q_n(x)$,有

$$(e^{-x^2})^{(n)}=Q_n(x)e^{-x^2}$$

从

$$\begin{aligned}(e^{-x^2})^{(n+1)}&=[(e^{-x^2})^{(n)}]'=[Q_n(x)e^{-x^2}]'\\&=[Q'_n(x)-2xQ_n(x)]e^{-x^2}\\&=Q_{n+1}(x)e^{-x^2}\end{aligned}$$

我们得出

$$Q_{n+1}(x)=-2xQ_n(x)-Q'_n(x),n\geqslant 0$$

因为

$$Q_0(x)=1=P_0(x)$$

我们注意,对于所有的 $n\geqslant 0$,有

$$Q_n(x)=P_n(x)$$

所以

$$(e^{-x^2})^{(n)}=P_n(x)e^{-x^2}$$

另一方面

$$e^{-x^2}=1-\frac{x^2}{1!}+\frac{x^4}{2!}-\frac{x^6}{3!}+\cdots+(-1)^n\frac{x^{2n}}{n!}+\cdots \qquad ①$$

如果 n 是奇数,那么对级数 ① 求奇数次导数,我们得出

$$P_n(0)=0$$

如果 n 是偶数,那么设 $n=2m$. 对式 ① 求 n 次导数,给出

$$(e^{-x^2})^{2m}=(-1)^n\frac{(2m)}{m!}+x\left[(-1)^{m+1}\frac{x^{2m+1}}{(m+1)!}+\cdots\right]$$

从而

$$P_n(0)=(-1)^m\frac{(2m)!}{m!}$$

因此

$$P_n(0)=\begin{cases}0,\text{当 } n \text{ 是奇数时}\\(-1)^{\frac{n}{2}}\dfrac{n!}{\left(\frac{n}{2}\right)!},\text{当 } n \text{ 是偶数时}\end{cases}$$

(D. Andrica, RMT 数学杂志, NO. 2(1978), pp. 76, 问题 3706)

17 考虑多项式

$$P(x)=\sum_{k=0}^{n}\frac{1}{n+k+1}x^k$$

求证:方程 $P(x^2)=P^2(x)$ 没有实根.

证 令

$$P(x)=\sum_{k=0}^{n}a_kx^k$$

是非负实系数多项式. 由柯西 - 施瓦茨不等式,我们推出

$$P(x)=\left(\sum_{k=0}^{n}\sqrt{a_k}\cdot\sqrt{a_k}x^k\right)^2\leqslant\left(\sum_{k=0}^{n}a_k\right)\left(\sum_{k=0}^{n}a_kx^{2k}\right)=P(1)P(x^2)$$

只要证明 $P(1)<1$ 即可. 实际上

$$\sum_{k=0}^{n}\frac{1}{n+l+1}<1$$

这正是所要求的结果.

因此对于所有的 x,有

$$P^2(x)<P(x^2)$$

于是方程没有实根.

(D. Andrica, RMT 数学杂志, NO. 1-2(1989), pp. 107, 问题 C9:8)

18 令 P 是实系数多项式.

求所有的函数 $f:\mathbf{R}\to\mathbf{R}$,使得对于所有的 $x\in\mathbf{R}$,有实数 t 满足

$$f(x+t)-f(x)=P(x)$$

证　如果 $P=0$,那么对于 $t=0$ 与任一函数 $f:\mathbf{R}\to\mathbf{R}$,断言成立.

令

$$P(x)=\sum_{k=0}^{n}a_kx^k$$

其中 $a_n\neq 0$,且设 $t\in\mathbf{R}^*$. 我们寻找多项式

$$Q_t(x)=\sum_{k=1}^{n+1}b_kx^k$$

使

$$Q_t(x+t)-Q_t(x)=P(x),x\in\mathbf{R}$$

使两边对应的系数相等,给出

$$\begin{cases}\binom{n+1}{1}tb_{n+1}=a_n\\ \binom{n+1}{2}t^2b_{n+1}+\binom{n}{1}tb_n=a_{n-1}\\ \vdots\\ \binom{n+1}{n+1}t^{n+1}b_{n+1}+\cdots+\binom{1}{1}tb_1=a_0\end{cases}$$

注意,方程组有唯一解,因此有唯一的多项式 Q_t,使

$$Q_t(x+t)-Q_t(x)=P(x),x\in\mathbf{R}$$

$$Q_t(0)=0$$

与

$$\deg Q_t = 1 + \deg P^{①}$$

设 $g(x) = f(x) - Q_t(x)$，则当且仅当对于所有的实数 x，有 $g(x+t) - g(x) = 0$ 时，即 g 有周期 t 时，f 满足断言.

因此

$$f(x) = Q_t(x) + g(x)$$

其中 g 是周期 t 的函数.

(D. Andrica，RMT 数学杂志，NO. 2(1984)，pp. 103，问题 C6:10)

19 求实数 $a,b,c,d,e \in [-2,2]$，使

$$a+b+c+d+e=0$$

$$a^3+b^3+c^3+d^3+e^3=0$$

与

$$a^5+b^5+c^5+d^5+e^5=10$$

解 因为 $\frac{1}{2}a, \frac{1}{2}b, \frac{1}{2}c, \frac{1}{2}d, \frac{1}{2}e \in [-1,1]$，所以有实数 x，y,z,t,u，使

$$a = 2\cos x, b = 2\cos y, c = 2\cos z, d = 2\cos t, e = 2\cos u$$

利用恒等式

$$2\cos 5\alpha = (2\cos\alpha)^5 - 5(2\cos\alpha)^3 + 5(2\cos\alpha)$$

我们得出

$$2\cos 5x = a^5 - 5a^3 + 5a$$

与类似的关系式. 求它们之和，得出

$$\sum 2\cos 5x = \sum a^5 - 5\sum a^3 + 5\sum a = 10$$

于是

$$\sum \cos 5x = 5$$

因此

$$\cos 5x = \cos 5y = \cos 5z = \cos 5t = \cos 5u = 1$$

所以

$$a,b,c,d,e \in \{2, \frac{\sqrt{5}-1}{2}, -\frac{\sqrt{5}+1}{2}\}$$

由关系式 $a+b+c+d+e=0$ 推出，这些数中一个是2，两个是 $\frac{\sqrt{5}-1}{2}$，其他两个是 $-\frac{\sqrt{5}+1}{2}$. 容易检验，对于这些数有

$$\sum a^3 = 0$$

(T. Andreescu，罗马尼亚数学奥林匹克——决赛，2002)

---

① deg 表示次数. 本式表示 Q_t 的次数 $= 1 + P$ 的次数.

20 令 p 是奇质数. 数列 $(a_n)_{n\geqslant 0}$ 定义如下

$$a_0=0,a_1=1,\cdots,a_{p-2}=p-2$$

对于所有的 $n\geqslant p-1$，a_n 是大于 a_{n-1} 的最小整数，a_n 不形成长度为 p 的等差数列，此数列具有各居前各项之一. 求证：对于所有的 n，a_n 是把 n 写成基底 $p-1$ 且读作基底 p 所得的数.

证 我们将称 N 的子集是自由的 p - 数列，如果它不包含长度为 p 的等差数列. 用 b_n 表示用基底 $p-1$ 写出 n 且用基底 b 读出 n 所得的数. 利用集合 $B=\{b_0,b_1,\cdots,b_n,\cdots\}$ 的以下性质（我们推迟它的证明），由归纳法，我们容易证明，对于所有的 $n=0,1,2,\cdots,a_n=b_n$：

1°. B 是自由的 p - 数列；

2°. 如果对于某一 $n\geqslant 1$，有

$$b_{n-1}<a<b_n$$

那么集合 $\{b_0,b_1,\cdots,b_{n-1},a\}$ 不是自由的 p - 数列.

实际上，设1°与2°成立. 由 a_k 与 b_k 的定义，对于 $k=0,1,\cdots,p-2$，我们有

$$a_k=b_k$$

对于所有的 $k\leqslant n-1$，令 $a_k=b_k$，其中 $n\geqslant p-1$. 由1°，集合

$$\{a_0,a_1,\cdots,a_{n-1},b_n\}=\{b_0,b_1,\cdots,b_{n-1},b_n\}$$

是自由的 p - 数列，于是

$$a_n\leqslant b_n$$

又由2°看来，不等式 $a_n<b_n$ 是不可能的.

于是只要证明1°与2°即可. 我们首先注意到，B 由所有这样的数组成，使它的基底 p 表示式不包含数字 $p-1$. 因此1°由以下事实推出：如果 $a,a+d,\cdots,a+(p-1)d$ 是长度为 p 的任一等差数列，那么所有基底 p 个数字出现在它各项基底 p 表示式中. 为看出这一点，把 d 表示成形式

$$d=p^mk$$

其中

$$\gcd(k,p)=1$$

于是 d 以 m 个0结尾，这些0前的数字8不为0. 容易看出，如果 d 是 a 的第 $(m+1)$ 个数字（从右到左），那么 $a,a+d,\cdots,a+(p-1)d$ 的对应数字分别是 $\alpha,\alpha+\delta,\cdots,\alpha+(p-1)\delta$ 对模 p 的余数. 剩下的只要注意，$\alpha,\alpha+\delta,\cdots,\alpha+(p-1)\delta$ 是对模 p 的余数完全集，因为 δ 与 p 互质. 这就完成了1°的证明.

注意到 $b_{n-1} < a < b_n$ 蕴含 $a \notin B$，我们开始证明2°. 因为 B 恰好由这样的数组成，使它们的基底 p 表示式不包含数字 $p-1$，所以正是这个数字出现在 a 的基底 p 表示式中. 当数字不是 $p-1$ 时，令 d 是由 a 的每个数字换为0得出的数，当数字是 $p-1$ 时，令 d 是由 a 的每个数字换为1得出的数. 考虑数列

$$a-(p-1)d, a-(p-2)d, \cdots, a-d, a$$

正如 d 的定义那样蕴含，前 $p-1$ 项在它们的基底 p 表示式中不包含 $p-1$. 因此小于 a，它们一定属于 $\{b_0, b_1, \cdots, b_{n-1}\}$. 所以集合 $\{b_0, b_1, \cdots, b_{n-1}, a\}$ 不是自由的 p - 数列，证明完毕.

（T. Andreescu，美国数学奥林匹克，1995）

21 i）令 a, c 是非负实数，$f:[a,b]\to[c,d]$ 是双射增函数.

求证

$$\sum_{a\leqslant k\leqslant b}[f(k)]+\sum_{c\leqslant k\leqslant d}[f^{-1}(k)]-n(G_f)=[b][d]-\alpha(a)\alpha(c)$$

其中 k 是整数，$n(G_f)$ 是在 f 的图像上具有非负整数坐标的点数，$\alpha:\mathbf{R}\to\mathbf{Z}$ 定义为

$$\alpha(x)=\begin{cases}[x], 当 x\in\mathbf{R}\backslash\mathbf{Z} 时\\ 0, 当 x=0 时\\ x-1, 当 x\in\mathbf{Z}\backslash\{0\} 时\end{cases}$$

ii）求

$$S_n=\sum_{k=1}^{\frac{n(n+1)}{2}}\left[\frac{-1+\sqrt{1+8k}}{2}\right]$$

的值.

证 i）对于平面的有界区域 M，我们用 $n(M)$ 表示 M 中具有非负整数坐标的点的个数.

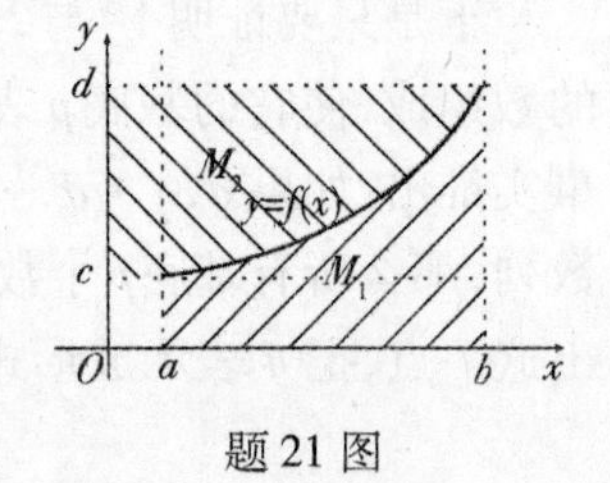

题21图

函数 f 是递增且双射的，因此是连续的. 考虑集合

$$M_1=\{(x,y)\in\mathbf{R}^2\mid a\leqslant x\leqslant b, 0\leqslant y\leqslant f(x)\}$$

$$M_2=\{(x,y)\in\mathbf{R}^2\mid c\leqslant y\leqslant d, 0\leqslant x\leqslant f^{-1}(y)\}$$

$$M_3=\{(x,y)\in\mathbf{R}^2\mid 0\leqslant x\leqslant b, 0\leqslant y\leqslant d\}$$

$$M_4=\{(x,y)\in\mathbf{R}^2\mid 0\leqslant x\leqslant a, 0\leqslant y\leqslant c\}$$

于是

$$n(M_1)=\sum_{a\leqslant k\leqslant b}[f(k)], n(M_2)=\sum_{c\leqslant k\leqslant d}[f^{-1}(k)]$$

$$n(M_3)=[b][d], n(M_4)=\alpha(a)\alpha(c)$$

我们有

$$n(M_1)+n(M_2)-n(M_1\cap M_2)=n(M_1\cup M_2)$$

因此

$$n(M_1)+n(M_2)-n(G_f)=n(M_3)-n(M_4)$$

这就推出结论.

ii) 考虑函数

$$f:[1,n]\to\left[1,\frac{n(n+1)}{2}\right]$$

$$f(x)=\frac{x(x+1)}{2}$$

函数f是递增且双射的. 注意

$$n(G_f)=n,f^{-1}(x)=\frac{-1+\sqrt{1+8x}}{2}$$

应用公式 i),我们得出

$$\sum_{k=1}^{n}\left[\frac{k(k+1)}{2}\right]+\sum_{k=1}^{\frac{n(n+1)}{2}}\left[\frac{-1+\sqrt{1+8k}}{2}\right]-n=\frac{n^2(n+1)}{2}$$

因此

$$\begin{aligned}&\sum_{k=1}^{\frac{n(n+1)}{2}}\left[\frac{-1+\sqrt{1+8k}}{2}\right]\\&=\frac{n^2(n+1)}{2}+n-\frac{1}{2}\sum_{k=1}^{n}k(k+1)\\&=\frac{n^2(n+1)}{2}+n-\frac{n(n+1)}{4}-\frac{n(n+1)(2n+1)}{12}\\&=\frac{n(n^2+2)}{3}\end{aligned}$$

(T. Andreescu, D. Andrica, GM-B数学杂志, NO. 11(1978), pp. 472-475)

22 i) 令a,c是非负实数,$f:[a,b]\to[c,d]$是双射减函数.

求证

$$\sum_{a\leqslant k\leqslant b}[f(k)]-\sum_{c\leqslant k\leqslant d}[f^{-1}(k)]=[b]\alpha(c)-[d]\alpha(a)$$

其中k是整数,α是上题定义的函数.

ii) 求证:对于所有的整数$n\geqslant 1$,有

$$\sum_{k=1}^{n}\left[\frac{n^2}{k^2}\right]=\sum_{k=1}^{n^2}\left[\frac{n}{\sqrt{k}}\right]$$

证 i) 函数f是递减且双射的,因此是连续的. 考虑集合

$$N_1=\{(x,y)\in\mathbf{R}^2\mid a\leqslant x\leqslant b,c\leqslant y\leqslant f(x)\}$$

$$N_2=\{(x,y)\in\mathbf{R}^2\mid c\leqslant y\leqslant d,a\leqslant x\leqslant f^{-1}(y)\}$$

$$N_3=\{(x,y)\in\mathbf{R}^2\mid a\leqslant x\leqslant b,0\leqslant y\leqslant c\}$$

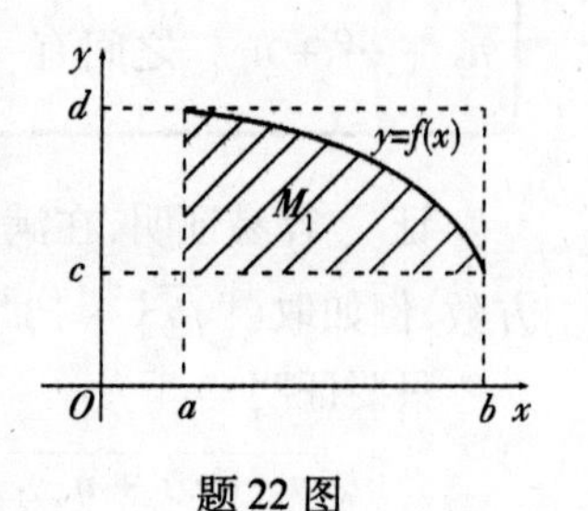

题22图

$$N_4 = \{(x,y) \in \mathbf{R}^2 \mid 0 \leqslant x \leqslant a, c \leqslant y \leqslant d\}$$

于是

$$\sum_{a \leqslant k \leqslant b} [f(k)] = n(N_1) + n(N_3)$$

$$\sum_{c \leqslant k \leqslant d} [f^{-1}(k)] = n(N_2) + n(N_4)$$

$$n(N_1) = n(N_2)$$

并且

$$n(N_3) = ([b] - \alpha(a))\alpha(c)$$

$$n(N_4) = ([d] - \alpha(c))\alpha(a)$$

由此得出

$$\sum_{a \leqslant k \leqslant b} [f(k)] - \sum_{c \leqslant k \leqslant d} [f^{-1}(k)] = n(N_3) - n(N_4) = [b]\alpha(c) - [d]\alpha(a)$$

这正是所要求的结果.

ii) 考虑函数 $f:[1,n] \to [1,n^2]$

$$f(x) = \frac{n^2}{x^2}$$

注意 f 是递减且双射的,又有

$$f^{-1}(x) = \frac{n}{\sqrt{x}}$$

利用公式 i),我们得出

$$\sum_{k=1}^{n} \left[\frac{n^2}{k^2}\right] - \sum_{k=1}^{n^2} \left[\frac{n}{\sqrt{k}}\right] = n\alpha(1) - n^2\alpha(1) = 0$$

因此

$$\sum_{k=1}^{n} \left[\frac{n^2}{k^2}\right] = \sum_{k=1}^{n^2} \left[\frac{n}{\sqrt{k}}\right], n \geqslant 1$$

这正是所要求的结果.

(D. Andrica, T. Andreescu, GM - B 数学杂志, NO. 6(1979), pp. 254, 问题 O:48)

23 令 $1 < n_1 < n_2 < \cdots < n_k < \cdots$ 是整数数列,使没有两个数是连续的.

求证:对于所有的正整数 m,在 $n_1 + n_2 + \cdots + n_m$ 与 $n_1 + n_2 + \cdots + n_{m+1}$ 之间有一个完全平方数.

证 容易证明,在满足 $\sqrt{a} - \sqrt{b} > 1$ 的各数之间,有一完全平方数,例如取 $([\sqrt{b}] + 1)^2$.

只要证明

$$\sqrt{n_1 + \cdots + n_{m+1}} - \sqrt{n_1 + \cdots + n_m} > 1, m \geqslant 1$$

这等价于

$$n_1+\cdots+n_m+n_{m+1}>(1+\sqrt{n_1+n_2+\cdots+n_m})^2$$

于是

$$n_{m+1}>1+2\sqrt{n_1+n_2+\cdots+n_m},m\geqslant 1$$

我们对n用归纳法. 当$m=1$时,我们来证明$n_2>1+2\sqrt{n_1}$. 实际上

$$n_2\geqslant n_1+2=1+(1+n_1)>1+2\sqrt{n_1}$$

设断言对某一$m\geqslant 1$成立,则

$$n_{m+1}-1>2\sqrt{n_1+\cdots+n_m}$$

于是

$$(n_{m+1}-1)^2>4(n_1+\cdots+n_m)$$

因此

$$(n_{m+1}+1)^2>4(n_1+\cdots+n_{m+1})$$

这蕴含

$$n_{m+1}+1>2\sqrt{n_1+\cdots+n_{m+1}}$$

因为

$$n_{m+2}-n_{m+1}\geqslant 2$$

所以由此得出

$$n_{m+2}>1+2\sqrt{n_1+\cdots+n_{m+1}}$$

这正是所要求的结果.

(T. Andreescu,GM－B数学杂志,NO.1(1980),pp.41,问题O:113)

24 令$(x_n)_{n\geqslant 1}$是一数列,定义为$x_1=3$,对于所有的正整数n,有$x_{n+1}=x_n^2-2$.

对于所有的$n\geqslant 1$,考虑$\gcd(x_n,x_{n+1})=1$,有正整数数列$(n_n)_{n\geqslant 1}$,$(v_n)_{n\geqslant 1}$,使

$$u_nx_{n+1}-v_nx_n=1,n\geqslant 1$$

求证:对于所有的$n\geqslant 1$,有

$$t_n=v_n^2+8u_n^2+4u_n$$

是完全平方数.

证　把$x_{n+1}=x_n^2-2$代入关系式

$$u_nx_{n+1}-v_nx_n=1$$

给出

$$u_nx_n^2-v_nx_n-(2u_n+1)=0,n\geqslant 1 \quad ①$$

对于已知的$n\geqslant 1$,关系式①是二次方程,具有整系数与整

数根 x_n. 因此判别式

$$\Delta = v_n^2 + 8u_n^2 + 4u_n = t_n^2$$

是平方数,这正是所要求的结果.

(D. Andrica)

25 求级数 $\sum_{n=1}^{\infty} \frac{\varphi(n)}{2^n - 1}$ 的和.

解 令 $(a_n)_n \geqslant 1$ 是实数数列. 从等式

$$\frac{x^n}{1 - x^n} = x^n + x^{2n} + \cdots + x^{kn} + \cdots, |x| < 1, n \geqslant 1$$

我们推出

$$\sum_{n=1}^{+\infty} \frac{a_n x^n}{1 - x^n} = \sum_{n=1}^{+\infty} A_n x^n$$

其中

$$A_n = \sum_{d|n} a_d$$

利用高斯公式

$$\sum_{d|n} \varphi(d) = n$$

给出

$$\sum_{n=1}^{+\infty} \frac{\varphi(n) x^n}{1 - x^n} = \sum_{n=1}^{+\infty} n x^n = \frac{x}{(1 - x)^2}$$

设 $x = \frac{1}{2}$,蕴含

$$\sum_{n=1}^{\infty} \frac{\varphi(n)}{2^n - 1} = 2$$

(D. Andrica)

26 在坐标系 xOy 中,对于已知的正整数 n,考虑点 $A_k(k, n - 1)$, $k = 0, 1, \cdots, n - 1$.

求不含整数坐标的点的开区间 OA_k 个数.

解 我们从有用的引理开始:

引理 在

$$\frac{1 \cdot n}{k}, \frac{2 \cdot n}{k}, \cdots, \frac{(k-1)n}{k}$$

中有 $\gcd(k, n) - 1$ 个整数.

证 令 $\gcd(k, n) = d$, $k = k_1 d$, $n = n_1 d$,注意 $\gcd(k_1, n_1) = 1$. 数是

$$\frac{1\cdot n_1}{k_1},\frac{2\cdot n_1}{k_1},\cdots,\frac{(k-1)n_1}{k_1}$$

在集合$\{1,2,\cdots,k-1\}$中k_1倍数的个数是$d-1$，因此在上述各数中有$d-1=\gcd(k,n)-1$个整数，这正是所要求的结果.

直线OA_k有方程

$$y=\frac{n}{k}\cdot x$$

从引理推出，在数

$$\frac{1\cdot n}{k},\frac{2\cdot n}{k},\cdots,\frac{(k-1)n}{k}$$

中有$\gcd(k,n)-1$个整数. 因此当且仅当$\gcd(k,n)=1$时，开线段不包含整数坐标的点. 有$\varphi(n)$个这样的数，我们证明完毕.

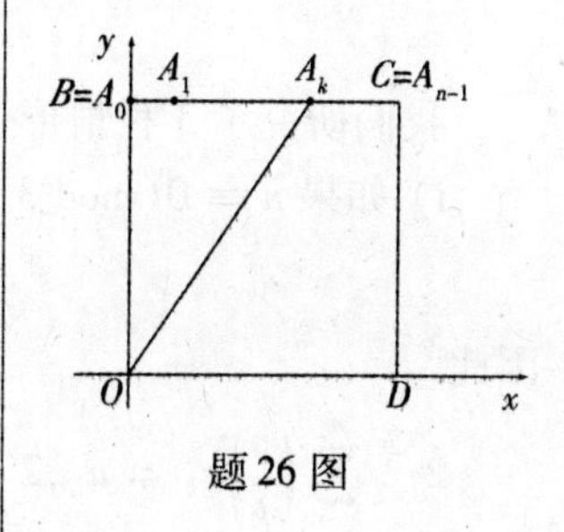

题26图

注 本题的另一种说法可以是："一个猎人站在森林中的点O上，其中树木位于整数坐标的点上. 一些鹿站在点$A_0,A_1,\cdots,A_{n-1}$上. 猎人有多少的成功机会？"

(D. Andrica)

27 令$(a_n)_{n\geqslant1},(b_n)_{n\geqslant1},(c_n)_{n\geqslant1}$是正整数数列，定义为

$$(1+\sqrt[3]{2}+\sqrt[3]{4})^n=a_n+b_n\sqrt[3]{2}+c_n\sqrt[3]{4},n\geqslant1$$

求证

$$2^{-\frac{n}{2}}\sum_{k=0}^{n}\binom{n}{k}a_k=\begin{cases}a_n,当n\equiv0\pmod 3时\\ b_n\sqrt[3]{2},当n\equiv2\pmod 3时\\ c_n\sqrt[3]{4},当n=1\pmod 3时\end{cases}$$

并对$(b_n)_{n\geqslant1}$与$(c_n)_{n\geqslant1}$求出类似的关系式.

证 我们有

$$\begin{aligned}a_n+b_n\sqrt[3]{2}+c_n\sqrt[3]{4}&=(1+\sqrt[3]{2}+\sqrt[3]{4})^n\\&=\frac{[\sqrt[3]{2}(1+\sqrt[3]{2}+\sqrt[3]{4})]^n}{(\sqrt[3]{2})^n}\\&=2^{-\frac{n}{3}}(\sqrt[3]{2}+\sqrt[3]{4}+2)^n\\&=2^{-\frac{n}{3}}[1+(1+\sqrt[3]{2}+\sqrt[3]{4})]^n\\&=2^{-\frac{n}{3}}\sum_{k=0}^{n}\binom{n}{k}(1+\sqrt[3]{2}+\sqrt[3]{4})^k\\&=2^{-\frac{n}{3}}\sum_{k=0}^{n}\binom{n}{k}(a_k+b_k\sqrt[3]{2}+c_k\sqrt[3]{4})\end{aligned}$$

因此

$$a_n+b_n\sqrt[3]{2}+c_n\sqrt[3]{4}$$

$$= 2^{-\frac{n}{3}}\sum_{k=1}^{n}\binom{n}{k}a_k + \left[2^{-\frac{n}{3}}\sum_{k=0}^{n}\binom{n}{k}b_k\right]\sqrt[3]{2} + \left[2^{-\frac{n}{3}}\sum_{k=0}^{n}\binom{n}{k}c_k\right]\sqrt[3]{4} \quad ①$$

我们研究了 3 种情形：

i）如果 $n \equiv 0 \pmod 3$，那么

$$2^{-\frac{n}{3}} \in \mathbf{Q}$$

因此

$$2^{-\frac{n}{3}}\sum_{k=0}^{n}\binom{n}{k}a_k = a_n, 2^{-\frac{n}{3}}\sum_{k=0}^{n}\binom{n}{k}b_k = b_n, 2^{-\frac{n}{3}}\sum_{k=0}^{n}\binom{c}{k}c_k = c_n \quad (\mathrm{I})$$

ii）如果 $n \equiv 2 \pmod 3$，那么

$$2^{\frac{-n+2}{3}} \in \mathbf{Q}$$

把关系式 ① 乘以 $2^{\frac{2}{3}} = \sqrt[3]{4}$，我们得出

$$a_n\sqrt[3]{4} + 2b_n + 2\sqrt[3]{2}c_n$$
$$= 2^{\frac{-n+3}{3}}\sum_{k=0}^{n}\binom{n}{k}a_k + \left[2^{\frac{-n+2}{3}}\sum_{k=0}^{n}\binom{n}{k}b_k\right]\sqrt[3]{2} + \left[2^{\frac{-n+2}{3}}\sum_{k=0}^{n}\binom{0}{k}c_k\right]\sqrt[3]{4} \quad ②$$

于是

$$2^{\frac{-n+2}{3}}\sum_{k=0}^{n}\binom{n}{k}a_k = 2b_n, 2^{\frac{-n+2}{3}}\sum_{k=0}^{n}\binom{n}{k}b_k = 2c_n, 2^{\frac{-n+2}{3}}\sum_{k=0}^{n}\binom{n}{k}c_k = 2a_n$$

因此

$$2^{-\frac{n}{3}}\sum_{k=0}^{n}\binom{n}{k}a_k$$
$$= b_n\sqrt[3]{2}, 2^{-\frac{n}{3}}\sum_{k=0}^{n}\binom{n}{k}b_k = c_n\sqrt[3]{2}, 2^{-\frac{n}{3}}\sum_{k=0}^{n}\binom{n}{k}c_k = \frac{a_n}{\sqrt[3]{4}} \quad (\mathrm{II})$$

iii）如果 $n \equiv 1 \pmod 3$，那么

$$2^{\frac{-n+1}{3}} \in \mathbf{Q}$$

把关系式 ① 乘以 $2^{\frac{1}{3}} = \sqrt[3]{2}$，我们得出

$$a_n\sqrt[3]{2} + b_n\sqrt[3]{4} + 2c_n$$
$$= 2^{\frac{-n+1}{3}}\sum_{k=0}^{n}\binom{n}{k}a_k + \left[2^{\frac{-n+1}{3}}\sum_{k=0}^{n}\binom{n}{k}b_k\right]\sqrt[3]{2} + \left[2^{\frac{-n+1}{3}}\sum_{k=0}^{n}\binom{n}{k}c_k\right]\sqrt[3]{4} \quad ③$$

于是

$$2^{\frac{-n+1}{3}}\sum_{k=0}^{n}\binom{n}{k}a_k = 2c_n, 2^{\frac{-n+1}{3}}\sum_{k=0}^{n}\binom{n}{k}b_k = a_n, 2^{\frac{-n+1}{3}}\sum_{k=0}^{n}\binom{n}{k}c_k = b_n$$

因此

$$2^{-\frac{n}{3}}\sum_{k=0}^{n}\binom{n}{k}a_k = c_n\sqrt[3]{4}, 2^{-\frac{n}{3}}\sum_{k=0}^{n}\binom{n}{k}b_k = \frac{a_n}{\sqrt[3]{2}}, 2^{-\frac{n}{3}}\sum_{k=0}^{n}\binom{n}{k}c_k = \frac{b_n}{\sqrt[3]{2}}$$

(Ⅲ)

关系式(Ⅰ)(Ⅱ)(Ⅲ)蕴含

$$2^{-\frac{n}{3}}\sum_{k=0}^{n}\binom{n}{k}a_k=\begin{cases}a_n,n\equiv 0(\bmod 3)\\ b_n\sqrt[3]{2},n\equiv 2(\bmod 3)\\ c_n\sqrt[3]{4},n\equiv 1(\bmod 3)\end{cases}$$

$$2^{-\frac{n}{3}}\sum_{k=0}^{n}\binom{n}{k}b_k=\begin{cases}b_n,n\equiv 0(\bmod 3)\\ c_n\sqrt[3]{2},n\equiv 2(\bmod 3)\\ \dfrac{a_n}{\sqrt[3]{2}},n\equiv 1(\bmod 3)\end{cases}$$

与

$$2^{-\frac{n}{3}}\sum_{k=0}^{n}\binom{n}{k}c_k=\begin{cases}c_n,n\equiv 0(\bmod 3)\\ \dfrac{a_n}{\sqrt[3]{4}},n\equiv 2(\bmod 3)\\ \dfrac{b_n}{\sqrt[3]{2}},n\equiv 1(\bmod 3)\end{cases}$$

(T. Andreescu, D. Andrica, RMT 数学杂志, NO. 1(1984), pp. 83, 问题 C6:3)

28 考虑数列$(a_n)_{n\geqslant 1},(b_n)_{n\geqslant 1},(c_n)_{n\geqslant 1},(d_n)_{n\geqslant 1}$,定义为

$$a_1=0,b_1=0,c_1=0,d_1=0$$

与

$$a_{n+1}=2b_n+3c_n,b_{n+1}=a_n+3d_n$$

$$c_{n+1}=a_n+2d_n,d_{n+1}=b_n+c_n,n\geqslant 1$$

求这些数列的通项的闭公式.

解 注意

$$(\sqrt{2}+\sqrt{3})^n=a_n+b_n\sqrt{2}+c_n\sqrt{3}+d_n\sqrt{6},n\geqslant 1$$

令

$$n=2k$$

与

$$x_k=\frac{1}{2}[(5+2\sqrt{6})^k+(5-2\sqrt{6})^k]$$

$$y_k=\frac{1}{2}\sqrt{6}[(5+2\sqrt{6})^k-(5-2\sqrt{6})^k]$$

于是

$$(\sqrt{2}+\sqrt{3})^{2k}=x_k+y_k\sqrt{6},k\geqslant 1$$

因此

$$a_n = \frac{1}{2}x_{\frac{n}{2}}, b_n = c_n = 0, d_n = y_{\frac{n}{2}}$$

令 $n = 2k + 1$. 则对于所有的 $k \geqslant 1$,有

$$(\sqrt{2} + \sqrt{3})^{2k+1} = (\sqrt{2} + \sqrt{3})(\sqrt{2} + \sqrt{3})^{2k}$$
$$= (x_k + 3y_k)\sqrt{2} + (x_k + 2y_k)\sqrt{3}$$

因此

$$a_n = 0, b_n = x_{\frac{n-1}{2}} + 3y_{\frac{n-1}{2}}$$
$$c_n = x_{\frac{n-1}{2}} + 2y_{\frac{n-1}{2}}, d_n = 0$$

(D. Andrica)

29 令 $f:\mathbf{N}^* \times \mathbf{N}^* \to \mathbf{N}^*$ 是函数,使 $f(1,1) = 2$. 求满足如下条件的数对 (p,q):对于所有的 $p,q \in \mathbf{N}^*$,有

$$f(p+1,q) = f(p,q) + p$$

与

$$f(p,q+1) = f(p,q) - q$$

证 我们有

$$f(p,q) = f(p-1,q) + p - 1$$
$$= f(p-2,q) + (p-2) + (p-1)$$
$$= f(1,q) + \frac{p(p-1)}{2}$$
$$= f(1,q-1) + (q-1) + \frac{p(p-1)}{2}$$
$$= f(1,1) - \frac{q(q-1)}{2} + \frac{p(p-1)}{2} = 2\ 001$$

因此

$$\frac{p(p-1)}{2} - \frac{q(q-1)}{2} = 1\ 999$$
$$(p-q)(p+q-1) = 2 \times 1\ 999$$

注 1 999 是质数,并且对于 $p,q \in \mathbf{N}^*$,有

$$p - q < p + q - 1$$

我们有以下两种情形:

(a) $p - q = 1, p + q - 1 = 3\ 998$. 因此 $p = 2\ 000, q = 1\ 999$.

(b) $p - q = 2, p + q - 1 = 1\ 999$. 因此 $p = 1\ 001, q = 999$.

因此 $(p,q) = (2\ 000, 1\ 999)$ 或 $(1\ 001, 999)$.

(T. Andreescu,朝鲜数学竞赛,2001)

30 求满足以下条件的所有函数 $f:\mathbf{Z}\to\mathbf{Z}$,对于所有的整数 x,y,z,有

$$f(x^3+y^3+z^3)=(f(x))^3+(f(y))^3+(f(z))^3$$

解 唯一的解是

$$f(x)=0,f(x)=x,f(x)=-x$$

首先,显然这3个是解.其次设 $x=y=z=0$,我们求出

$$f(0)=3(f(0))^3$$

它的唯一整数解是

$$f(0)=0$$

再次对于 $y=-x,z=0$,我们得出

$$f(0)=(f(x))^3+(f(-x))^3+(f(0))^3$$

这给出

$$f(-x)=-f(x)$$

于是 f 是奇函数.对于 $(x,y,z)=(1,0,0)$,我们得出

$$f(1)=(f(1))^3+2(f(0))^3=f(1)^3$$

因此 $f(1)\in\{-1,0,1\}$.对 $(x,y,z)=(1,1,0)$ 与 $(x,y,z)=(1,1,1)$ 继续下去,给出

$$f(2)=2(f(1))^3=2f(1)$$

与

$$f(3)=3(f(1))^3=3f(1)$$

为继续下去,我们需要一个引理

引理 如果 x 是大于3的整数,那么 x^3 可以写成5个小于 x^3 的整数立方和.

证 我们有

$$4^3=3^3+3^3+2^3+1^3+3^3$$

$$5^3=4^3+4^3+(-1)^3+(-1)^3+(-1)^3$$

$$6^3=5^3+4^3+3^3+0^3+0^3$$

$$7^3=6^3+5^3+1^3+1^3+0^3$$

如果 $x=2k+1$ 且 $k\geqslant 3$,那么

$$\begin{aligned}x^3&=(2k+1)^3\\&=(2k-1)^3+(k+4)^3+(4-k)^3+(-5)^3+(-1)^3\end{aligned}$$

所有的 $\{2k-1,k+3,|4-k|,5,1\}$ 都小于 $2k+1$.如果 $x>3$ 是任一整数,那么记 $x=my$,其中 y 是4或6或大于3的奇数,m 是自然数.把 y^3 表示为 $y_1^3+y_2^3+y_3^3+y_4^3+y_5^3$.于是数 x^3 可以表示为 $(my_1)^3+(my_2)^3+(my_3)^3+(my_4)^3+(my_5)^3$.

因为 f 是奇函数,$f(1)\in\{-1,0,1\}$,所以只要对每一整数 x,

证明$f(x)=xf(1)$即可. 我们对$|x|\leqslant 3$来证明这一点. 对于$x\geqslant 4$,设这个断言对于所有小于x的值都成立. 由引理,$x^3=x_1^3+x_2^3+x_3^3+x_4^3+x_5^3$,其中对于所有的$i$,$|x_i|<x$. 在写出$x^3+(-x_4)^3+(-x_5)^3=x_1^3+x_2^3+x_3^3$之后,我们把$f$应用于两边. 由上述$f$的条件与$f$的奇性,我们有

$$(f(x))^3-(f(x_4))^3-(f(x_5))^3=(f(x_1))^3+(f(x_2))^3+(f(x_3))^3$$

因此,归纳法假设给出

$$(f(x))^3=\sum_{i=1}^{5}(x_if(1))^3=(f(1))^3\sum_{i=1}^{5}x_i^3=(f(1))^3x^3$$

从而

$$f(x)=xf(1)$$

由归纳法推出结果.

(T. Andreescu,美国数学月刊,第108卷,NO.4(2001),pp.372,问题10728)

31 1 981个点在棱长为9的正方体内.
求证:有两个点的距离小于1.

证 用反证法,设任二点之间的距离大于或等于1,则半径为$\frac{1}{2}$,球心在这1 981个点上的各球有不相交的内部,且被包含在棱长为10的正方体中,正方体由平行于已知正方体的各面的6个平面确定,且位于相距$\frac{1}{2}$的内部. 由此得出1 981个球的体积之和小于边长为10的正方体体积,因此

$$1\,981\cdot\frac{4\pi\cdot\left|\frac{1}{2}\right|^3}{3}=1\,981\cdot\frac{\pi}{6}>1\,000$$

矛盾. 证明完毕.

注 鸽笼原理在这里不能帮助我们. 实际上,把正方体每条棱分成$[\sqrt[3]{1\,981}]=12$条全等线段,我们得出棱长为$\frac{9}{12}=\frac{3}{4}$的$12^3=1\,728$个小正方体. 在这样的正方体中,在原始的1 981个点中有两个点,它们之间的距离小于$\frac{3\sqrt{3}}{4}$,这是不够的,因为$\frac{3\sqrt{3}}{4}>1$.

(T. Andreescu,RMT数学杂志,NO.2(1981),pp.68,问题4627)

32 棋盘的小方格随机地标上号码从 1 号到 64 号. 在前 63 号中有马. 在一些走动后,开始时空着的第 64 号小方格,还是空着. 令 n_k 是马开始时在第 k 号后来所在的小方格号数.

求证

$$\sum_{k=1}^{63} |n_k - k| \leqslant 1\ 984$$

证　注意

$$\sum_{k=1}^{63} |n_k - k| = \sum_{k=1}^{63} \varepsilon_k (n_k - k)$$

其中

$$\varepsilon_k \in \{-1, 1\}$$

因此

$$S = \sum_{k=1}^{63} |n_k - k| = \pm 63 \pm 63 \pm 62 \pm 62 \pm \cdots \pm 2 \pm 2 \pm 1 \pm 1$$

有 63 个"+"号与 63 个"-"号. 于是

$$S \leqslant (63 + 63 + 62 + 62 + \cdots + 33 + 33 + 32) - (32 + 31 + 31 + \cdots + 1 + 1) = 1\ 984$$

这正是所要证明的结果.

注　我们对某一标号,证明 $S = 1\ 984$. 已知马只能通过棋盘所有 64 个方格一次,然后回到原来方格. 现在按照这些马通过的次序给方格标号 1 至 64. 空位可以依次为 64,1,2,…,63,64,… 于是我们可以到达位置 $n_1 = 32, n_2 = 33, \cdots, n_{32} = 63, n_{33} = 1, n_{34} = 2, \cdots, n_{63} = 31$. 对于这个图形,我们有

$$S = 1\ 984$$

(T. Andreescu, RMT 数学杂志, NO. 2(1984), pp. 103, 问题 C6:6)

33 斐波那契数列 $(F_n)_{n\geqslant 1}$ 由下式给出

$$F_1 = F_2 = 1, F_{n+2} = F_{n+1} + F_n, n \geqslant 1$$

求证:对于所有的 $n \geqslant 2$,有

$$F_{2n} = \frac{F_{2n+2}^3 + F_{2n-2}^3}{9} - 2F_{2n}^3$$

证　注意

$$F_{2n+2} - 3F_{2n} = F_{2n+1} - 2F_{2n} = F_{2n-1} - F_{2n} = -F_{2n-2}$$

因此对于所有的 $n \geqslant 2$,有

$$3F_{2n} - F_{2n+2} - F_{2n-2} = 0 \qquad ①$$

在代数恒等式

$$a^3+b^3+c^3-3abc=(a+b+c)(a^2+b^2+c^2-ab-bc-ca)$$

中,设

$$a=3F_{2n},b=-F_{2n+2},c=-F_{2n-2}$$

给出

$$27F_{2n}^3-F_{2n+2}^3-F_{2n-2}^3-9F_{2n+2}F_{2n}F_{2n-2}=0$$

应用式①两次给出

$$\begin{aligned}&F_{2n+2}F_{2n-2}-F_{2n}^2\\&=(3F_{2n}-F_{2n-2})F_{2n-2}-F_{2n}^2\\&=F_{2n}(3F_{2n-2}-F_{2n})-F_{2n-2}^2\\&=F_{2n}F_{2n-4}-D_{2n-2}^2\\&=F_6F_2-F_4^2=-1\end{aligned}$$

要求的结果由下式推出

$$9F_{2n+2}F_{2n}F_{2n-2}-9F_{2n}^3=9F_{2n}(F_{2n+2}F_{2n-2}-F_{2n}^2)=-9F_{2n}$$

(T. Andreescu,朝鲜数学竞赛,2000)

34 令 n 是正整数,N_k 是递增等差数列的个数,该数列含有集合$\{1,2,\cdots,n\}$中的 k 项.

求证

$$N_k\leqslant-\frac{1}{2}q^2+\left(n+\frac{1}{2}\right)q+1-k$$

其中

$$q=\left[\frac{n-1}{k-1}\right]$$

证法一 令 r 是等差数列的公差.我们有

$$1+r(k-1)\leqslant n$$

于是

$$r\leqslant\frac{n-1}{k-1}$$

由此得出最大的公差是

$$q=\left[\frac{n-1}{k-1}\right]$$

令 $r\in\{1,2,\cdots,q\}$,令 $a_r\in\{1,2,\cdots,n\}$ 是公差为 r 的数列的最大首项,则

$$a_r+(r-1)k\leqslant n \qquad ①$$

于是 a_r 等于公差为 r 的等差数列的个数,其中 $r\in\{1,2,\cdots,n\}$.因此

$$N(n,k)=a_1+a_2+\cdots+a_q$$

因为 $a_1 = n - k + 1$,利用式 ① 给出

$$\begin{aligned} N &\leqslant a_1 + n - k + n - 2k + \cdots + n - (q-1)k \\ &= nq - k + 1 - k[1 + 2 + \cdots + (q-1)] \\ &= nq - k - \frac{(q-1)qk}{2} + 1 \\ &= -\frac{q^2}{2}k + \left(n + \frac{k}{2}\right)q + 1 - k \end{aligned}$$

只要证明

$$\frac{q^2}{2}k + \left(n + \frac{k}{2}\right)q + 1 - k \leqslant -\frac{1}{2}q^2 + \left(n + \frac{1}{2}\right)q$$

此式等价于

$$\frac{k-1}{2}q \leqslant \frac{k-1}{2}q^2$$

这个不等式显然成立,于是我们证明完毕.

证法二 注意 $n \geqslant k \geqslant 2$. 含 k 项与公差为 $r = 1$ 的等差数列是

$$\begin{gathered} 1,2,\cdots,k \\ 2,3,\cdots,k+1 \\ \vdots \\ n-(k-1),\cdots,n \end{gathered}$$

于是有 $n - k + 1$ 个这样的数列.

含 k 项与公差为 $r = 2$ 的数列是

$$\begin{gathered} 1,3,\cdots,2k-1 \\ 2,4,\cdots,2k \\ \vdots \\ n-2(k-1),\cdots,n \end{gathered}$$

于是共有 $n - 2(k-1)$ 个数列.

由此得出

$$N_k = \sum_{d=1}^{q} [n - d(k-1)]$$

其中 q 是含 k 项的等差数列的最大公差,且 $k \in \{1,2,\cdots,n\}$. 我们证明了 $q = \left[\frac{n-1}{k-1}\right]$,因此

$$N_k = \sum_{d=1}^{q} [n - d(k-1)] = nq - \frac{q(q+1)(k-1)}{2}$$

只要证明

$$(k-2)q^2 + kq + 2 - 2k \geqslant 0 \quad ①$$

即可. 这个不等式左边二次式的根是

$$q_1 = \frac{-2(k-1)}{k-2}, q_2 = 1$$

注意,对于 $k>2$,有

$$q_1<0$$

因为 $q=\left[\frac{n-1}{k-1}\right]\geqslant 1$,所以不等式 ① 对所有的 $k>2$ 成立. 如果 $k=2$,那么容易检验,断言也成立.

(T. Andreescu, D. Andrica, RMT 数学杂志, NO. 1(1982), pp. 104, 问题 C4:2)

35 令 F_n 是第 n 个斐波那契数(即 $F_1=F_2=1$,对于 $n\geqslant 2$,$F_{n+1}=F_n+F_{n-1}$),令 $P(x)$ 是 990 次多项式,使得对于 $k=992,993,\cdots,1\,982$,有 $P(k)=F_k$.

求证

$$P(1\,983)=F_{1\,983}-1$$

证 用 $P_n(x)$ 表示 n 次(唯一)多项式,使得对于 $k=n+2,n+3,\cdots,2n+2$,有

$$P_n(k)=F_k \quad ①$$

我们着手证明,对于所有的 $n\geqslant 0$,有

$$P_n(2n+3)=F_{2n+3}-1$$

显然,$P_0(x)=1$,断言对 $n=0$ 成立. 设它对 $P_{n-1}(x)$ 成立,考虑 $P_n(x)$. 多项式

$$Q(x)=P_n(x+2)-P_n(x+1)$$

的次数至多是 $n-1$. 由式 ①,对于每个 $k=n+1,n+2,\cdots,2n$,有

$$Q(k)=P_n(k+2)-P_n(k+1)=F_{k+2}-F_{k+1}=F_k$$

因此 $Q(x)$ 与 $P_{n-1}(x)$ 在 n 个不同点上相等,因而对于所有的 x,有

$$Q(x)=P_{n-1}(x)$$

换言之,对于所有的 x,有

$$P_n(x+2)=P_n(x+1)+P_{n-1}(x)$$

与归纳法假设 $P_{2n-1}(2n+1)=P_{2n+1}-1$ 结合起来,这蕴含

$$P_n(2n+3)=F_{2n+2}+F_{2n+1}-1=F_{2n+3}-1$$

(T. Andreescu, 国际数学奥林匹克 1983 短评)

36 令 x_1,x_2,α,β 是实数,数列 $(x_n)_{n\geqslant 1}$ 由下式给出

$$x_{n+2}=\alpha x_{n+1}+\beta x_n, n\geqslant 1$$

如果对于所有的 $m>1$,有

$$x_m^2-x_{m+1}x_{m-1}\neq 0$$

求证:对于所有的 $n>2$,有实数 λ_1,λ_2,使

$$\frac{x_n^2-x_{n+1}x_{n-1}}{x_{n-1}^2-x_nx_{n-2}}=\lambda_1$$

与

$$\frac{x_nx_{n-1}-x_{n+1}x_{n-2}}{x_{n-1}^2-x_nx_{n-2}}=\lambda_2$$

证 对于任一整数 n,我们有

$$\begin{cases}x_{n+1}=\alpha x_n+\beta x_{n-1}\\x_n=\alpha x_{n-1}+\beta x_{n-2}, n\geqslant 2\end{cases} \quad ①$$

这是一个含未知数 α 与 β 的线性方程组.解是

$$\alpha=\frac{\Delta\alpha}{\Delta}=\frac{x_nx_{n-1}-x_{n+1}x_{n-2}}{x_{n-1}^2-x_nx_{n-2}}$$

与

$$-\beta=-\frac{\Delta\beta}{\Delta}=\frac{x_n^2-x_{n-1}x_{n+1}}{x_{n-1}^2-x_nx_{n-2}}$$

因为 α 与 β 是常数,所以就得出结论.

(D. Andrica)

37 考虑 $b\in[0,1)$,数列 $(a_n)_{n\geqslant 1}$ 定义为 $a_1=a_2=\cdots=a_{k-1}=0, k=3$,且对于所有的 k,有

$$a_{n+1}=\frac{1}{k}(b+a_n+a_{n-1}^2+\cdots+a_{n-k+2}^{k-1})$$

求证:数列收敛.

证 对于 $n\geqslant 2$,令

$$\Delta_n=a_n-a_{n-1}$$

因为

$$a_{n+1}=\frac{1}{k}(b+a_n+a_{n-1}^2+\cdots+a_{n-k+2}^{k-1})$$

与

$$a_n=\frac{1}{k}(b+a_{n-1}+a_{n-2}^2+\cdots+a_{n-k+1}^{k-1})$$

我们有

$$\Delta_{n+1}=\frac{1}{k}(\Delta_n+\lambda_1\Delta_{n-1}+\cdots+\lambda_{k-1}\Delta_{n-k+2}) \quad ①$$

其中

$$\lambda_1=a_{n-1}+a_{n-2}$$
$$\lambda_2=a_{n-2}^2+a_{n-2}a_{n-3}+a_{n-3}^2$$
$$\vdots$$
$$\lambda_{k-1}=a_{n-k+2}^{k-2}+\cdots+a_{n-k+2}a_{n-k+1}^{k-3}+a_{n-k+1}^{k-2}$$

注意,对于 $n\geqslant k$,$a_1=a_2=\cdots=a_{k-1}=0$ 蕴含 $a_n>0$,于是 $\lambda_1,\lambda_2,\cdots,\lambda_{k-1}\geqslant 0$.

另一方面

$$\Delta_1=\Delta_2=\cdots=\Delta_{k-1}=0$$

由关系式 ① 推出,当所有的 $n\geqslant k$ 时,有 $\Delta_n>0$. 因此数列 $(a_n)_{n\geqslant k}$ 递增.

我们来证明,当所有的 $n\geqslant 1$ 时,$a_n<1$. 设

$$a_{n-k+2},a_{n-k+3},\cdots,a_n\leqslant 1$$

于是

$$a_{n+1}\leqslant\frac{1}{k}(b+k-1)<1$$

因为 $b<1$.

因此数列是上有界的,于是是收敛的.

令 $x=\lim\limits_{n\to\infty}a_n$,则

$$x^{k-1}+x^{k-2}+\cdots+x^2-(k-1)x+b=0 \quad ②$$

如果 $b=0$,那么对于所有的 $n\geqslant 1$,有 $a_n=0$,因此 $x=0$.

如果 $b\in(0,1)$,那么我们来证明,方程 ② 在区间$(0,1)$内有唯一解.

令 $f:[0,1]\to\mathbf{R}$

$$f(x)=x^{k-1}+x^{k-2}+\cdots+x^2-(k-1)x+b$$

那么

$$f(0)=b,f(1)=b-1$$
$$f(0)f(1)=b(b-1)<0$$

因此方程 ② 在区间$(0,1)$内有奇数个解. 函数 f 是二次可微的,因为

$$f''(x)-(k-1)(k-2)x^{k-3}+2>0,x\in(0,1)$$

所以 f 在$(0,1)$内是凹的. 由此得出方程 ② 在$(0,1)$内至多有两个解,因此推出结论.

注 断言方程 ② 有唯一正解,可由

$$f(0)f(1)=b(b-1)<0$$

与

$$f(x) = x^{k-1} + x^{k-2} + \cdots + x^2 - (k-1)x + b$$

有唯一的符号变更推出(笛卡儿).

(D. Andrica, RMT 数学杂志, NO. 1 - 2(1979), pp. 56, 问题3866)

38 令$(a_n)_{n\geqslant 1}$与$(b_n)_{n\geqslant 1}$是数列,使:

i) $(b_n)_{n\geqslant 1}$是严格单调与无界的;

ii) 存在$\lim\limits_{n\to\infty}\frac{a_n}{b_n}$;

iii) $\frac{a_{n+1}}{a_n} + \frac{b_{n+1}}{b_n} = 2, n \geqslant 1$.

求证

$$\lim_{n\to\infty}\frac{a_n}{b_n} = 0$$

证　由关系式 iii) 我们得出

$$\frac{a_{n+1} - a_n}{a_n} + \frac{b_{n+1} - b_n}{b_n} = 0, n \geqslant 1$$

于是

$$\frac{a_{n+1} - a_n}{b_{n+1} - b_n} = -\frac{a_n}{b_n}, n \geqslant 1$$

利用 ii) 给出

$$\lim_{n\to\infty}\left(-\frac{a_n}{b_n}\right) = \lim_{n\to\infty}\frac{a_{n+1} - a_n}{b_{n+1} - b_n} \quad ①$$

另一方面,由施托尔茨 - 切萨罗定理,我们有

$$\lim_{n\to\infty}\frac{a_{n+1} - a_n}{b_{b+1} - b_n} = \lim_{n\to\infty}\frac{a_n}{b_n} \quad ②$$

容易看出,关系式 ① 与 ② 蕴含

$$\lim_{n\to\infty}\frac{a_n}{b_n} = 0$$

这正是所要求的结果.

(T. Andreescu, RMT 数学杂志, NO. 1(1978), pp. 69, 问题 3304)

39 令$(u_n)_{n\geqslant 1}$是数列,定义为$u_1\in\mathbf{R}\setminus\{0,1\}$与

$$u_{n+1}=\begin{vmatrix}0 & u_1 & u_2 & \cdots & u_n\\ u_1 & 0 & u_2 & \cdots & u_n\\ \vdots & \vdots & \vdots & & \vdots\\ u_1 & u_2 & u_3 & \cdots & 0\end{vmatrix},n\geqslant 1$$

如果数列收敛,求

$$\lim_{n\to\infty}\frac{1}{n}\prod_{k=2}^{n}(1+u_1\cdots u_k)$$

的值.

解 考虑行列式

$$\Delta(x_1,x_2,\cdots,x_n)=\begin{vmatrix}0 & x_1 & x_2 & \cdots & x_n\\ x_1 & 0 & x_2 & \cdots & x_n\\ x_1 & x_2 & 0 & \cdots & x_n\\ \vdots & \vdots & \vdots & & \vdots\\ x_1 & x_2 & x_3 & \cdots & 0\end{vmatrix}$$

注意

$$\Delta(0,x_2,\cdots,x_n)=\Delta(x_1,0,x_3,\cdots,x_n)$$
$$=\Delta(x_1,x_2,\cdots,x_{n-1},0)=0$$

此外,如果$x_1+x_2+\cdots+x_n=0$,那么

$$\Delta(x_1,x_2,\cdots,x_n)=0$$

因此对于某一实数a,有

$$\Delta(x_1,x_2,\cdots,x_n)=ax_1x_2\cdots x_n(x_1+x_2+\cdots+x_n)$$

由两边$x_1^2x_2\cdots x_n$的系数恒等,我们得出

$$a=1$$

因此

$$u_{k+1}=u_1\cdots u_k(u_1+\cdots+u_k),k\geqslant 2$$

我们有

$$1+u_1\cdots u_k=1+\frac{u_{k+1}}{u_1+\cdots+u_k}=\frac{u_1+u_2+\cdots+u_{k+1}}{u_1+u_2+\cdots+u_k}$$

于是

$$\prod_{k=2}^{n}(1+u_1\cdots u_k)=\frac{u_1+u_2+\cdots+u_{n+1}}{u_1+u_2}$$

设$u_2=-u_1^2$,我们得出

$$\frac{1}{n}\prod_{k=2}^{n}(1+u_1\cdots u_k)=\frac{u_1+\cdots+u_{n+1}}{nu_1(1-u_1)}$$

令 $u = \lim\limits_{n\to\infty} u_n$，并注意

$$\lim_{n\to\infty} \frac{u_1 + \cdots + u_{n+1}}{n} = u$$

由此得出

$$\lim_{n\to\infty} \frac{1}{n} \prod_{k=2}^{n} (1 + u_1 \cdots u_k) = \frac{u}{u_1(1 - u_1)}$$

（T. Andreescu，RMT 数学杂志，NO. 2（1978），pp. 52，问题 3533）

40 令 $(a_n)_{n\geqslant 1}$ 与 $(b_n)_{n\geqslant 1}$ 是数列，使：

i）$0 < b_1 < b_2 < \cdots < b_n < \cdots$；

ii）$\dfrac{b_{n+1}}{b_n} \geqslant k > 1, n \geqslant 1$；

iii）存在 $\lim\limits_{n\to\infty} \dfrac{a_n}{b_n}$.

求证：$\lim\limits_{n\to\infty} \dfrac{a_{n+1} - a_n}{b_{n+1} - b_n}$ 存在，且等于 $\lim\limits_{n\to\infty} \dfrac{a_n}{b_n}$.

证　令 $a = \lim\limits_{n\to\infty} \dfrac{a_n}{b_n}$，$\varepsilon > 0$，则有整数 $n(\varepsilon) > 0$，使得对于 $n \geqslant n(\varepsilon)$，有

$$a - \varepsilon \frac{k+1}{k-1} < \frac{a_n}{b_n} < a + \varepsilon \frac{k+1}{k-1}$$

因为 $b_n > 0$，所以对于 $n \geqslant n(\varepsilon)$，有

$$ab_n - \varepsilon \frac{k+1}{k-1} b_n < a_n < ab_n + \varepsilon \frac{k+1}{k-1} b_n$$

于是

$$\begin{aligned} & a(b_{n+1} - b_n) - \varepsilon \frac{k+1}{k-1}(b_{n+1} + b_n) \\ & < a_{n+1} - a_n \\ & < a(b_{n+1} - b_n) + \varepsilon \frac{k+1}{k-1}(b_{n+1} + b_n) \end{aligned}$$

除以 $b_{n+1} - b_n > 0$，对于所有的 $n \geqslant n(\varepsilon)$，我们得出

$$a - \varepsilon \frac{k+1}{k-1} \cdot \frac{b_{n+1} + b_n}{b_{n+1} - b_n} < \frac{a_{n+1} - a_n}{b_{n+1} - b_n} < a + \varepsilon \frac{k+1}{k+1} \cdot \frac{b_{n+1} + b_n}{b_{n+1} - b_n}$$

由关系式 ii）我们推出

$$\frac{b_{n+1} + b_n}{b_{n+1} - b_n} \leqslant \frac{k-1}{k+1}, n \geqslant 1$$

从而

$$a - \varepsilon < \frac{a_{n+1} - a_n}{b_{n+1} - b_n} < a + \varepsilon, n \geqslant n(\varepsilon)$$

因此

$$\lim_{n\to\infty}\frac{a_{n+1}-a_n}{b_{n+1}-b_n}=a=\lim_{n\to\infty}\frac{a_n}{b_n}$$

这正是所要求的结果.

(D. Andrica,RMT 数学杂志,NO.2(1978),pp.6 - 12)

41 令 k 是正整数,令

$$a_n=\left[(k+\sqrt{k^2+1})^n+\left(\frac{1}{2}\right)^n\right],n\geqslant 0$$

求证

$$\sum_{n=1}^{\infty}\frac{1}{a_{n-1}a_{n+1}}=\frac{1}{8k^2}$$

证 令 $x_1=k+\sqrt{k^2+1}$,$x_2=k-\sqrt{k^2+1}$.我们有

$$|x_2|=\frac{1}{x_1}<\frac{1}{2k}\leqslant\frac{1}{2}$$

于是

$$-\left(\frac{1}{2}\right)^n\leqslant x_2^n\leqslant\left(\frac{1}{2}\right)^n$$

因此,对于所有的 $n\geqslant 1$,有

$$\begin{aligned}x_1^n+x_2^n-1&<x_1^n+\left(\frac{1}{2}\right)^n-1\\&<a_n<x_1^n-\left(\frac{1}{2}\right)^n+1\\&<x_1^n+x_2^n+1\end{aligned}$$

恒等式

$$\begin{aligned}x_1^{n+1}+x_2^{n+1}&=(x_1+x_2)(x_1^n+x_2^n)-x_1x_2(x_1^{n-1}+x_2^{n-1})\\&=2k(x_1^n+x_2^n)+(x_1^{n-1}+x_2^{n-1}),n\geqslant 1\end{aligned}$$

说明,对于所有的 n,$x_1^n+x_2^n$ 是整数,因为 a_n 是整数,所以由此得出,对于所有的 $n\geqslant 0$,有

$$a_n=x_1^n+x_2^n$$

并且对于所有的 $n\geqslant 1$,有

$$a_{n+1}=2ka_n+a_{n-1}$$

于是

$$\begin{aligned}\frac{1}{a_{n-1}a_{n+1}}&=\frac{1}{2k}\cdot\frac{2ka_n}{a_{n-1}a_na_{n+1}}\\&=\frac{1}{2k}\cdot\frac{a_{n+1}-a_{n-1}}{a_{n-1}a_na_{n+1}}\\&=\frac{1}{2k}\left(\frac{1}{a_{n-1}a_n}-\frac{1}{a_na_{n+1}}\right)\end{aligned}$$

与

$$\sum_{n=1}^{N}\frac{1}{a_{n-1}a_{n+1}}=\frac{1}{2k}\left(\frac{1}{a_0a_1}-\frac{1}{a_na_{n+1}}\right)$$

因此

$$\sum_{n=1}^{+\infty}\frac{1}{a_{n-1}a_{n+1}}=\frac{1}{2ka_0a_1}=\frac{1}{8k^2}$$

(T. Andreescu)

42 令 $f:\mathbf{R}\to\mathbf{R}$

$$f(x)=\sum_{k=1}^{n}\sin a_kx$$

其中 a_k 是实数.

求证:如果对于 $i\neq j$,有 $|a_i|\neq|a_j|$,那么有实数 x_0,使 $f(x_0)\neq 0$.

证　用反证法,对于所有的 $x\in\mathbf{R}$,设 $f(x_0)\neq 0$. 显然,对于所有的整数 $p>0$,有 $f^{(p)}(x)=0$. 当 $p=0,2,4,\cdots,2(n-1)$ 时,我们得出,对于所有的 $x\in\mathbf{R}$,有

$$\begin{cases}\sin a_1x+\sin a_2x+\cdots+\sin a_nx=0\\ a_1^2\sin a_1x+a_2^2\sin a_2x+\cdots+a_n^2\sin a_nx=0\\ \qquad\vdots\\ a_1^{2(n-1)}\sin a_1x+a_2^{2(n-1)}\sin a_2x+\cdots+a_n^{2(n-1)}\sin a_nx=0\end{cases}\qquad ①$$

考虑这样的数 x,使 $\sin a_1x,\sin a_2x,\cdots,\sin a_nx$ 中至少有1个不为0,则线性齐次方程组 ① 有非平凡解,因此行列式是0

$$\Delta_s=\begin{vmatrix}1&1&\cdots&1\\ a_1^2&a_2^2&\cdots&a_n^2\\ \vdots&\vdots&&\vdots\\ a_1^{2(n-1)}&a_2^{2(n-1)}&\cdots&a_n^{2(n-1)}\end{vmatrix}=\prod_{\substack{i,j=1\\ i>j}}(a_i^2-a_j^2)=0$$

由此得出,对于某一 $k\neq l$,有 $a_k^2=a_1^2$,即 $|a_k|=|a_l|$,矛盾. 解答完毕.

(D. Andrica,RMT 数学杂志,NO. 1 - 2(1980),pp. 69,问题4148)

43 令 $f:\mathbf{R}\to\mathbf{R}$ 是可微函数,有连续导数,使

$$\lim_{x\to\infty}f(x)=\lim_{x\to\infty}f'(x)=\infty$$

求证:函数 $g:\mathbf{R}\to\mathbf{R}$

$$g(x)=\sin f(x)$$

不是周期函数.

证 用反证法,设 $g:\mathbf{R}\to\mathbf{R}, g(x)=\sin f(x)$ 是周期函数.我们有

$$g'(x)=f'(x)\cos f(x)$$

因为 f 与 f' 是连续的,所以 g' 也是连续的.

注意,如果 g 是周期函数,那么 g' 是周期函数.此外,g' 是连续函数,于是它是有界的.

考虑数列

$$y_n=(4n+1)\frac{\pi}{2}, n\geqslant 1$$

函数 f 是连续的,且

$$\lim_{n\to\infty} x_n=\infty$$

因此对于充分大的 n,有

$$f(x_n)=y_n$$

因此

$$g'(x_n)=f'(x_n)$$

于是

$$\lim_{n\to\infty} g'(x_n)=\lim_{n\to\infty} f'(x_n)=\infty$$

矛盾,因为 g' 是有界的.这就完成了证明.

(D. Andrica, RMT 数学杂志, NO. 2(1978), pp. 54, 问题 3544)

44 令 a 是实数,$f:\mathbf{N}\to[0,1), f(n)=\{a_n\}$,即数 a_n 的小数部分.

i) 求证:当且仅当 a 是无理数时,f 是单射的;

ii) 如果 a 是有理数,求集合

$$M=\{f(n)\mid n\in\mathbf{N}\}$$

的元素个数.

证 i) 令 f 是单射的,用反证法,设 a 是有理数.因此有整数 p,q,使 $a=\frac{p}{q}$,且 $\gcd(p,q)=1$.

于是,$f(q)=f(2q)$,矛盾.因此 a 是无理数.

反之,令 a 是无理数,用反证法,对于某些整数 $m\neq n\geqslant 0$,设 $f(m)=f(n)$,则

$$\{am\}=\{an\}$$

于是

$$am-[am]=an-[an]$$

我们得出

$$a=\frac{[am]-[an]}{m-n}\in\mathbf{Q}$$

矛盾,推出结论.

ii) 令 p,q 是互质整数,使 $a=\frac{p}{q}$. 我们有

$$f(n)=\{an\}=\left\{\frac{pn}{q}\right\}$$

用带余算法,有整数 q 与 r,使

$$n=tq+r,r\in\{0,1,2,\cdots,q-1\}$$

于是

$$f(n)=\left\{\frac{p(tq+r)}{q}\right\}=\left\{pt+\frac{rp}{q}\right\}=\left\{\frac{rp}{q}\right\}=f(r)$$

我们来证明 $f(0),f(1),\cdots,f(q-1)$ 都是不同的. 实际上,如果 $f(i)=f(j)$,那么

$$\left\{\frac{ip}{q}\right\}=\left\{\frac{jp}{q}\right\}$$

由此得出 $\frac{(i-j)p}{q}$ 是整数. 注意,$\gcd(p,q)=1$,$|i-j|<q$,因此 $i-j=0$,于是

$$i=j$$

所以

$$M=\{f(0),f(1),\cdots,f(q-1)\}=\left\{0,\frac{1}{q},\frac{2}{q},\cdots,\frac{q-1}{q}\right\}$$

因为 M 有 q 个元素.

(D. Andrica,罗马尼亚数学冬令营,1984;RMT 数学杂志,NO. 1(1985),pp. 67,问题3)

45 令 $f:\mathbf{R}\to\mathbf{R}$ 是函数,使:

i) f 有周期 $T>0$;

ii) 对于所有的 x,有 $f(x)\leqslant M$;

iii) 对于某一整数 k,当且仅当 $x=kT$ 时,有 $f(x)=M$.

求证:对于任何无理数 θ,函数 $g:\mathbf{R}\to\mathbf{R}$

$$g(x)=f(x)+f(\theta x)$$

不是周期函数.

证 用反证法,设有一数 $t>0$,使

$$g(x+t)=g(x),x\in\mathbf{R}$$

则

$$f(x+t)+f(x\theta+t\theta)=f(x)+f(x\theta),x\in\mathbf{R}$$

因此

$$f(t)+f(t\theta)=2f(0)=2M$$

由关系式 iii) 推出

$$f(t) = f(t\theta) = M$$

其次推出,对于某些整数 $k_1, k_2 \neq 0$,有

$$t = k_1 T, t\theta = k_2 T$$

这给出

$$\theta = \frac{k_2}{k_1} \in \mathbf{Q}$$

矛盾.

(D. Andrica)

46 令 $f: \mathbf{R} \to \mathbf{R}$ 是连续函数,有周期 $T > 0$.

a) 求证:如果 T 是无理数,那么对于任何 $\lambda \in [\min\limits_{x \in \mathbf{R}} f(x), \max\limits_{x \in \mathbf{R}} f(x)]$,有整数数列 $(x_n)_{n \geqslant 1}$,使

$$\min_{n \to \infty} f(x_n) = \lambda$$

b) 求证:如果 T 是有理数,那么对于任何 $\lambda \in [\min\limits_{x \in \mathbf{R}} f(x), \max\limits_{x \in \mathbf{R}} f(x)]$ 与任何无理数 θ,有整数数列 $(x_n)_{n \geqslant 1}$,使

$$\lim_{n \to \infty} f(\theta x_n) = \lambda$$

证 我们从一个有用的引理开始:

引理 如果 θ 是一个无理数,那么集合

$$M = \{m\theta + n \mid m, n \text{ 是整数}\}$$

在 $\mathbf{R}$ 中是稠密的.

证 我们来证明,在任一有界开区间 $J \subseteq \mathbf{R} \setminus \{0\}$ 中,有 M 的一个元素,即 $J \cap M \neq \varnothing$. 令 J 是这样一个区间,不失一般性,考虑 $J \subset (0, +\infty)$.

有一整数 $n(J)$,使

$$\frac{1}{n(J)} J \subset (0,1)$$

我们考虑两种情形:

1. $J_1 = \frac{1}{n(J)} J = (0, \varepsilon), 0 < \varepsilon < 1$.

令 N 是一整数,使 $\frac{1}{N} < \varepsilon$,考虑数

$$\{\theta\}, \{2\theta\}, \cdots, \{N\theta\}$$

有 $p, q \in \{1, 2, \cdots, N, N+1\}$,使

$$0 < \{p\theta\} - \{q\theta\} \leqslant \frac{1}{N}$$

另一方面

$$\{p\theta\} - \{q\theta\} = [q\theta] - [p\theta] + (p - q)\theta \in M$$

因此

$$J_1 \cap M \neq \varnothing$$

由此得出

$$n(J)(\{p\theta\} - \{q\theta\}) \in J \cap M$$

这正是所要求的结果.

2. $J_1 = \dfrac{1}{n(J)}J = (a,b), 0 < a < b < 1$.

于是$0 < b - a < 1$,由情形1),有$c \in M$使$0 < c < b - a$.

令

$$n_0 = \left[\frac{a}{c}\right] + 1$$

则

$$a < n_0 c < b, n_0 c \in M \cap J_1$$

同样

$$J \cap M \neq \varnothing$$

这正是所要求的结果.

引理现在证毕.

a) 令$\lambda \in [\min\limits_{x \in \mathbf{R}} f(x), \max\limits_{x \in \mathbf{R}} f(x)]$. 从而有$x_0 \in \mathbf{R}$使$f(x_0) = \lambda$. 由引理,我们推出,有数列$(x_n)_{n \geqslant 1}$与$(y_n)_{n \geqslant 1}$使

$$\lim_{n \to \infty}(x_n + y_n T) = x$$

函数f是连续的,于是

$$\lim_{n \to \infty} f(x_n + y_n T) = f(x_0) = \lambda$$

注意

$$f(x_n + y_n T) = f(x_n)$$

因此

$$\lim_{n \to \infty} f(x_n) = \lambda$$

这正是所要求的结果.

b) 令θ是无理数,考虑函数$g(x) = f(x\theta), x \in \mathbf{R}$. 数$\dfrac{T}{\theta}$是无理数,并且是函数$g$的周期. 利用a)的结果,有一个整数数列$(x_n)_{n \geqslant 1}$,使

$$\lambda = \lim_{n \to \infty} g(x_n) = \lim_{n \to \infty} f(\theta x_n)$$

这正是所要求的结果.

(D. Andrica, GM - B 数学杂志, NO. 11(1979), pp. 404 - 406)

47 i) 令 x,y,z,v 是不同的正整数,使 $x+y=z+v$.

求证:没有 $\lambda>1$,使

$$x^{\lambda}+y^{\lambda}=z^{\lambda}+v^{\lambda}$$

ii) 令 p 是质数,a,b,c,d 是正整数,使

$$a^{p}+b^{p}=c^{p}+d^{p}$$

求证

$$|a-c|+|b-d|\geqslant p$$

证 i) 令 $u=x+y=z+v$,设 $x<y$ 与 $z<u$,则我们有

$$x<\frac{u}{2},z<\frac{u}{2},y=u-x,v=u-z$$

用反证法,设有一整数 $\lambda>1$,使

$$x^{\lambda}+y^{\lambda}=z^{\lambda}+v^{\lambda}$$

考虑函数 $f:(0,u)\rightarrow(0,+\infty)$

$$f(t)=t^{\lambda}+(u-t)^{\lambda}$$

注意 f 是可微的,我们有

$$f'(t)=\lambda[t^{\lambda-1}-(u-t)^{\lambda-1}],t\in(0,u)$$

因为 $\lambda>1$,所以由此推出 f 在 $(0,\frac{u}{2})$ 内是递增的. x,z 两者在 $(0,\frac{u}{2})$ 内,于是 $f(x)\neq f(z)$,因为 $x\neq z$. 这蕴含 $x^{\lambda}+y^{\lambda}\neq z^{\lambda}+v^{\lambda}$,矛盾.

ii) 因为 p 是质数,所以由费马小定理,我们有

$$a^{p}-a\equiv b^{p}-b\equiv c^{p}-c\equiv d^{p}-d\equiv 0(\bmod p)$$

因此

$$-(a^{p}-a)+(b^{p}-b)-(c^{p}-c)+(d^{p}-d)\equiv 0(\bmod p)$$

由 $a^{p}+b^{p}=c^{p}+d^{p}$,我们推出

$$a-c+b-d\equiv 0(\bmod p) \quad ①$$

由 i) 我们注意 $a+b\neq c+d$,因此

$$|a-c+b-d|\geqslant p$$

其次

$$|a-c|+|b-d|\geqslant p$$

这正是所要求的结果.

(T. Andreescu,RMT 数学杂志,NO.2(1978),pp.55,问题 3550)

48 i) 求证:对于任何 $x > y > 0$,有

$$(\mathrm{e}y)^{x-y} \leqslant \frac{x^x}{y^y} \leqslant (\mathrm{e}x)^{x-y}$$

ii) 求证

$$\frac{(n+1)^n}{\mathrm{e}^n} < n! < \frac{(n+1)^{n+1}}{\mathrm{e}^n}, n \geqslant 1$$

证 i) 考虑函数 $\varphi:(0,+\infty) \to \mathbf{R}$

$$\varphi(t) = t\ln t - 1$$

由中值定理给出,对于某一 $\theta \in (y,x)$,有

$$\frac{\varphi(x)-\varphi(y)}{x-y} = \varphi'(\theta)$$

于是

$$\frac{x\ln x - y\ln y - x + y}{x-y} = \ln\theta$$

由此得出

$$\ln\frac{x^x}{y^y\mathrm{e}^{x-y}} = \ln\theta^{x-y}$$

于是

$$\frac{x^x}{y^y} = (\mathrm{e}\theta)^{x-y}$$

不等式 $y < \theta < x$,蕴含

$$(\mathrm{e}y)^{x-y} \leqslant \frac{x^x}{y^y} \leqslant (\mathrm{e}x)^{x-y}$$

这正是所要求的结果.

ii) 设 $x = k+1, y = k$,给出

$$\frac{\mathrm{e}k}{k+1} < \frac{(k+1)^k}{k^k} < \mathrm{e}, k > 0$$

这些从 $k = 1$ 到 $k = n$ 的不等式相乘,给出

$$\frac{\mathrm{e}^n}{n+1} < \frac{2\cdot 3^2\cdot 4^3\cdots(n+1)^n}{1\cdot 2^2\cdot 3^3\cdots n^n} < \mathrm{e}^n$$

于是

$$\frac{\mathrm{e}^n}{(n+1)^{n+1}} < \frac{1}{n!} < \frac{\mathrm{e}^n}{(n+1)^n}$$

因此

$$\frac{(n+1)^n}{\mathrm{e}^n} < n! < \frac{(n+1)^{n+1}}{\mathrm{e}^n}$$

这正是所要求的结果.

(D. Andrica,GM - B 数学杂志,NO. 8(1977),pp. 327,问题

16820;RMT 数学杂志,NO. 1 - 2(1980),pp. 70,问题 4153)

49 令 a,c 是非负实数,$f:[a,b]\to[c,d]$ 是双射函数.

i) 如果 f 递增,求证

$$\int_a^b f(t)\,\mathrm{d}t+\int_c^d f^{-1}(t)\,\mathrm{d}t=bd-ac$$

ii) 如果 f 递减,求证

$$\int_a^b f(t)\,\mathrm{d}t-\int_c^b f^{-1}(t)\,\mathrm{d}t=bc-ad$$

证 i) 注意 f 是双射且递增的,因此 f 是连续的.

在题 49(1) 图形中,我们有

$$S_1=\int_a^b f(t)\,\mathrm{d}t,S_2=\int_c^d f^{-1}(t)\,\mathrm{d}t$$

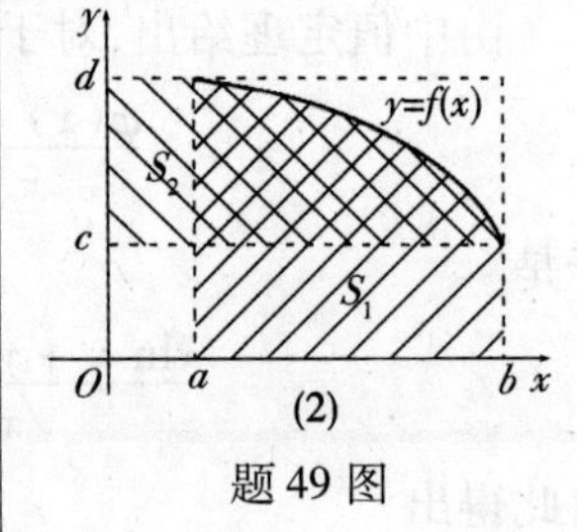

题 49 图

因此

$$S_1+S_2=bd-ac$$

这正是所要求的结果.

ii) f 又是连续的,题 49(2) 图形说明

$$S_1-S_2=(b-a)c-(d-c)a=bc-ad$$

这正是所要求的结果.

(D. Andrica,RMT 数学杂志,NO. 1(1981),pp. 62,问题 4363)

50 i) 令 $\mu:(0,+\infty)\to\mathbf{R}$ 是连续函数,使

$$\lim_{x\to\infty}\mu(x)=0$$

求证

$$\lim_{x\to\infty}\mathrm{e}^{-x}\int_0^x\mathrm{e}^t\mu(t)\,\mathrm{d}t=0$$

ii) 令 $f:[0,+\infty)\to\mathbf{R}$ 是 n 次可微函数,有连续的 n 阶导数,使得存在

$$\lim_{x\to\infty}\sum_{k=0}^n \mathrm{C}_n^k f^{(k)}(x)=A$$

求证:$\lim\limits_{x\to\infty}f(x)$ 存在,且

$$\lim_{x\to\infty}f(x)=A$$

证 i) 令 $\varepsilon>0$,有 $\delta_1>0$,使得对于所有的 $t>\delta_1$,有

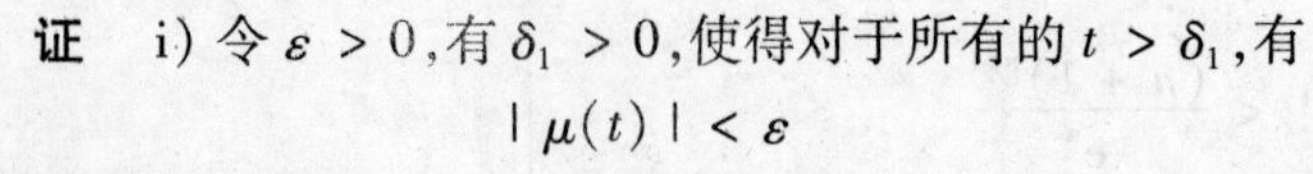

$$|\mu(t)|<\varepsilon$$

并且有 $\delta_2>0$,使

$$e^{-x} < \varepsilon \frac{1}{\int_0^{\delta_1} e^t \mid \mu(t) \mid dt}, x > \delta_2$$

对于 $x > \delta = \max(\delta_1, \delta_2)$，我们有

$$\left| e^{-x} \int_0^x e^t \mu(t) dt \right| \leqslant e^{-x} \int_0^{\delta_1} e^t \mid \mu(t) \mid dt + e^{-x} \int_{\delta_1}^x e^t \mid \mu(t) \mid dt$$

$$< \varepsilon + \varepsilon e^{-x}(e^x - e^{\delta_1}) < 2\varepsilon$$

这就推出结论.

ii) 我们从以下引理开始：

引理 如果 $\varphi:[0, +\infty)$ 是可微函数，且有连续导数，使

$$\lim_{x \to \infty} [\varphi(x) + \varphi'(x)] = a$$

那么极限 $\lim_{x \to \infty} \varphi(x)$ 存在且等于 a.

证 不失一般性，我们可以设

$$\varphi(0) = 0$$

定义 $\omega:[0, +\infty) \to \mathbf{R}, \omega(t) = \varphi(t) + \varphi'(t) - a$. 函数 ω 是连续的，并且

$$\lim_{t \to \infty} \omega(t) = 0$$

注意

$$(e^t \varphi(t))' = e^t a + e^t \omega(t)$$

于是在 $[0,x]$ 上求积分，所以有

$$e^x \varphi(x) = e^x a - a + \int_0^x e^t \omega(t) dt$$

由此得出

$$\varphi(x) = a - \frac{a}{e^x} + e^{-x} \int_0^x e^t \omega(t) dt$$

由 i) 我们得出

$$\lim_{x \to \infty} \varphi(x) = a$$

记

$$f_m(x) = \sum_{k=0}^{m} \binom{m}{k} f^{(k)}(x)$$

注意

$$f_m(x) = f_{m-1}(x) + f'_{m-1}(x), m > 0$$

利用引理，$\lim_{x \to \infty} f_n(x) = A$ 蕴含

$$\lim_{x \to \infty} f_{n-1}(x) = A$$

应用相同的论证，我们最后得出

$$\lim_{x \to \infty} f_0(x) = \lim_{x \to \infty} f(x) = A$$

这正是所要求的结果.

(D. Andrica)

51 令 $f:[a,b]\to[c,d]$ 是连续函数,使

$$\frac{1}{a-b}\int_a^b f^2(x)\mathrm{d}x = cd$$

求证:如果 $c+d\neq 0$,那么

$$0\leqslant \frac{1}{c+d}\int_a^b f(x)\mathrm{d}x\leqslant \frac{b-a}{4}\left(\frac{c-d}{c+d}\right)^2$$

证　注意

$$(f(x)-c)(f(x)-d)\leqslant 0$$

于是

$$f^2(x)+cd\leqslant (c+d)f(x), x\in[a,b]$$

其次

$$\int_a^b f^2(x)\mathrm{d}x+(b-a)cd\leqslant (c+d)\int_a^b f(x)\mathrm{d}x$$

因为左边是0,由假设,我们得出

$$0\leqslant (c+d)\int_a^b f(x)\mathrm{d}x$$

其次

$$0\leqslant \frac{1}{c+d}\int_a^b f(x)\mathrm{d}x \qquad ①$$

另一方面

$$\left(f(x)-\frac{c+d}{2}\right)^2$$

$$=f^2(x)-(c+d)f(x)+\frac{(c+d)^2}{4}\geqslant 0, x\in[a,b]$$

于是

$$\int_a^b f^2(x)\mathrm{d}x+(b-a)\frac{(c+d)^2}{4}\geqslant (c+d)\int_a^b f(x)\mathrm{d}x$$

所以

$$\frac{1}{(c+d)^2}\left[-(b-a)cd+(b-a)\frac{(c+d)^2}{4}\right]\geqslant \frac{1}{c+d}\int_a^b f(x)\mathrm{d}x$$

因此

$$\frac{b-a}{4}\left(\frac{c-d}{c+d}\right)^2\geqslant \frac{1}{c+d}\int_a^b f(x)\mathrm{d}x \qquad ②$$

由式①与②得出结论.

(T. Andreescu,RMT数学杂志,NO.2(1986),pp.76,问题6004)

52 令 $f:[a,b]\to\mathbf{R}$ 是连续的单调函数, $F:[a,b]\to\mathbf{R}$, 且

$$F(x)=(x-a)\int_x^b f(t)\,dt+(x-b)\int_a^x f(t)\,dt$$

求证: F 的所有的值有相同符号.

证　由中值定理, 有数 $c_x\in(x,b)$ 与 $c'_x\in(a,x)$, 使

$$\begin{aligned}F(x)&=(x-a)(b-x)f(c_x)+(x-b)(x-a)f(c'_x)\\&=(x-a)(b-x)[f(c_x)-f(c'_x)]\end{aligned}$$

对于所有的 $x\in[a,b]$, 我们有

$$c'_x<c_x$$

因为 f 是单调的, 所以 $f(c_x)-f(c'_x)$ 在 $[a,b]$ 上有不变符号. 此外, 对于所有的 $x\in[a,b]$, 有

$$(x-a)(b-x)\geqslant 0$$

这就推出结论.

(T. Andreescu, RMT 数学杂志, NO. 1(1985), pp. 63, 问题 5505)

53 a) 考虑函数 $f:(0,+\infty)\to\mathbf{R}$ 与 $g:(1,+\infty)\to\mathbf{R}$, 使:

1) g 是可微的, 有连续导数;

2) f 是连续的, 函数 $h:[1,+\infty)\to\mathbf{R}$, $h(x)=g'(x)-f(g(x))$ 是非增的.

记

$$a_n=\sum_{k=1}^n h(x)$$

求证

$$a_{n+1}-h(1)\leqslant\int_{g(1)}^{g(n+1)}f(x)\,dx\leqslant a_n,\ n\geqslant 1$$

b) 求证

$$\lim_{n\to\infty}\sum_{k=1}^n\frac{1}{k^2}\cot\frac{1}{k}=\infty$$

证　a) 函数 h 是连续的, 从而它是导数. 令 F 是 h 的原函数. 由中值定理, 对于一些 $c_k\in(k,k+1)$, 我们有

$$F(k+1)-F(k)=h(c_k),\ c_k\in(k,k+1)$$

因为 h 是非增的, 所以

$$h(k+1)\leqslant h(c_k)\leqslant h(k)$$

于是

$$h(k+1)\leqslant F(k+1)-F(k)\leqslant h(k)$$

把这些不等式从 $k=1$ 到 $k=n$ 求和, 给出

$$a_{n+1}-h(1)\leqslant F(n+1)-F(1)\leqslant a_n$$

因此

$$a_{n+1}-h(1)\leqslant\int_1^{n+1}g'(x)f(g(x))\mathrm{d}x\leqslant a_n,n\geqslant 1$$

因为

$$\int_1^{n+1}g'(x)f(g(x))\mathrm{d}x=\int_{g(1)}^{g(n+1)}f(x)\mathrm{d}x$$

所以得出结论.

b) 设$f:(0,\frac{\pi}{2})\to\mathbf{R},f(x)=-\cot x$与$g:[1,+\infty)\to\mathbf{R}$,

$g(x)=\frac{1}{x}$,我们得出

$$h(x)=\frac{1}{x^2}\cot\frac{1}{x}$$

它在区间$[1,+\infty]$上递减.

我们有

$$\begin{aligned}\int_{g(1)}^{g(n+1)}f(x)\mathrm{d}x&=-\int_1^{\frac{1}{n+1}}\cot x\mathrm{d}x\\&=-\ln(\sin x)\Big|_1^{\frac{1}{n+1}}\\&=-\ln\left(\sin\frac{1}{n+1}\right)+\ln(\sin 1)\end{aligned}$$

因此

$$\lim_{n\to\infty}\int_{g(1)}^{g(n+1)}f(x)\mathrm{d}x=\lim_{n\to\infty}\left[-\ln\left(\sin\frac{1}{n+1}\right)+\ln(\sin 1)\right]=+\infty$$

由 a) 利用左边不等式,得出

$$\lim_{n\to\infty}a_n=\lim_{n\to\infty}\sum_{k=1}^{n}\frac{1}{k^2}\cot\frac{1}{k}=\infty$$

(D. Andrica)

54 令a是正实数,$f:[0,1]\to\mathbf{R}_+^*$是可积函数.

求

$$\lim_{n\to\infty}\left(\sum_{k=1}^{n}a^{\frac{1}{n}f(\frac{k}{n})}-n\right)$$

的值.

解 回忆

$$\lim_{t\to 0}\frac{a^t-1}{t}=\ln a$$

对于$\varepsilon>0$,有$\delta>0$,使

$$\ln a-\varepsilon<\frac{a^t-1}{t}<\ln a+\varepsilon,|t|<\delta \qquad ①$$

函数 f 在 $[0,1]$ 上可积,从而是有界的. 令 $M > 0$,使对于所有的 $x \in [0,1]$,有 $f(x) \leqslant M$. 有一整数 n,使得对于所有的 $n \geqslant n_0$ 及 $k = 0,1,\cdots,n$,有

$$\frac{1}{n}f\left(\frac{k}{n}\right) < \delta$$

不等式 ① 给出

$$\ln a - \varepsilon < \frac{a^{\frac{1}{n}f\left(\frac{k}{n}\right)} - 1}{\frac{1}{n}f\left(\frac{k}{n}\right)} < \ln a + \varepsilon, k = 0,1,\cdots,n$$

于是

$$\ln a - \varepsilon < \frac{\sum_{k=1}^{n}\left(a^{\frac{1}{n}f\left(\frac{k}{n}\right)} - 1\right)}{\sum_{k=1}^{n}\frac{1}{n}\left(\frac{k}{n}\right)} < \ln a + \varepsilon$$

由此推出

$$\lim_{n\to\infty}\frac{\sum_{k=1}^{n}\left(a^{\frac{1}{n}f\left(\frac{k}{n}\right)} - 1\right)}{\sum_{k=1}^{n}\frac{1}{n}\left(\frac{k}{n}\right)} = \ln a$$

另一方面

$$\lim_{n\to\infty}\sum_{k=1}^{n}\frac{1}{n}f\left(\frac{k}{n}\right) = \int_0^1 f(x)\,\mathrm{d}x$$

因此

$$\lim_{n\to\infty}\left(\sum_{k=1}^{n}a^{\frac{1}{n}f\left(\frac{k}{n}\right)} - n\right) = \left(\int_0^1 f(x)\,\mathrm{d}x\right)\ln a$$

(D. Andrica,马罗尼亚数学竞赛“Grigore Moisil”,1997)

55 对于所有整数 $n \geqslant 0$,考虑函数 $f_n:\mathbf{R}\to\mathbf{R}$

$$f_n(x) = \begin{cases}\left(\dfrac{\sin\dfrac{n}{x}}{\sin\dfrac{1}{x}}\right)^2, x \neq 0, x \neq \dfrac{1}{k\pi}, k \in \mathbf{Z}^* \\ a_{n,k}, x = \dfrac{1}{k\pi}, k \in \mathbf{Z}^* \\ a_n, x = 0\end{cases}$$

1) 求数 $a_{n,k}$,使 f_n 在 $\mathbf{R}^*$ 上连续.

2) 求数 a_n,使 f_n 是导函数.

解　1) 我们有

$$\lim_{x \to \frac{1}{k\pi}} f_n(x) = \lim_{t \to 1}\left(\frac{\sin nk\pi t}{\sin k\pi t}\right)^2 = \left(\lim_{t \to 1}\frac{\sin nk\pi t}{\sin k\pi t}\right)^2 = \left(\lim_{t \to 1}\frac{nk\pi\cos nk\pi t}{k\pi\cos k\pi t}\right)^2 = n^2[(-1)^{nk-k}]^2 = n^2$$

因此当且仅当对于所有的 $k \in \mathbf{Z}^*$, $a_{n,k} = n^2$ 时, f_n 在 $\mathbf{R}^*$ 上是连续的.

2) 已知 $h_\alpha:\mathbf{R} \to \mathbf{R}$, 有

$$h_\alpha(x) = \begin{cases} \cos\dfrac{\alpha}{a}, x \neq 0 \\ 0, x = 0 \end{cases}$$

是导数. 回忆恒等式

$$\left(\frac{\sin nx}{\sin x}\right)^2 = n + 2\sum_{1 \leqslant l \leqslant k \leqslant n} \cos 2(k-l)x, x \in \mathbf{R} \setminus \{m\pi, m \in \mathbf{Z}\}$$

从而

$$f_n(x) = \begin{cases} n, x \neq 0 \\ a_n, x = 0 \end{cases} + 2\sum_{1 \leqslant l \leqslant k \leqslant n} h_{2(k-l)}(x)$$

于是当且仅当对于所有的 $k \in \mathbf{Z}^*$, 有

$$a_n = n$$

与

$$a_{n,k} = n^2$$

时, f_n 是导函数.

(D. Andrica, 罗马尼亚部分地区数学竞赛"Grigore Moisil", 1995)

56 令 p, q 是整数.

求数 $c_{p,q}$, 使 $f_{p,q}:\mathbf{R} \to \mathbf{R}$, 且

$$f_{p,q}(x) = \begin{cases} \sin^p \dfrac{1}{x} \cdot \cos^q \dfrac{1}{x}, \text{当 } x \neq 0 \text{ 时} \\ c_{p,q}, \text{当 } x = 0 \text{ 时} \end{cases}$$

是导函数.

证 我们有

$$f_{0,0}(x) = \begin{cases} 1, \text{当 } x \neq 0 \text{ 时} \\ c_{0,0}, \text{当 } x = 0 \text{ 时} \end{cases}$$

于是当 $c_{0,0} = 1$ 时, $f_{0,0}$ 是导数.

函数

$$u(x) = \begin{cases} \sin \frac{1}{x}, x \neq 0 \\ 0, x = 0 \end{cases}$$

与

$$v(x) = \begin{cases} \cos \frac{1}{x}, x \neq 0 \\ 0, x = 0 \end{cases}$$

是导数,于是

$$c_{1,0} = c_{0,1} = 0$$

当 $c_{1,1} = 0$ 时,函数

$$f_{1,1}(x) = \begin{cases} \sin \frac{1}{x} \cos \frac{1}{x}, x \neq 0 \\ c_{1,1}, x = 0 \end{cases}$$

$$= \frac{1}{2} \begin{cases} \sin \frac{2}{x}, x \neq 0 \\ 2c_{1,1}, x = 0 \end{cases}$$

$$= \frac{1}{2} u(2x) + \frac{1}{2} \begin{cases} 0, x \neq 0 \\ 2 c_{1,1}, x = 0 \end{cases}$$

是导数.

对于 $p,q > 1$,考虑函数 $G:\mathbf{R} \to \mathbf{R}$,且

$$G(x) = \begin{cases} x^2 \sin^p \frac{1}{x} \cos^q \frac{1}{x}, x \neq 0 \\ 0, x = 0 \end{cases}$$

与

$$G'(x) = \begin{cases} 2x \sin^p \frac{1}{x} \cos^q \frac{1}{x} - p\sin^{p-1} \frac{1}{x} \cos^{q+1} \frac{1}{x} + \\ q \sin^{p+1} \frac{1}{x} \cos^{q-1} \frac{1}{x}, x \neq 0 \\ 0, x = 0 \end{cases}$$

函数

$$x \to \begin{cases} 2x\sin^p \frac{1}{x} \cos^q \frac{1}{x}, x \neq 0 \\ 0, x = 0 \end{cases}$$

是连续的,从而是导数. 因此

$$g(x) = \begin{cases} - p \sin^{p-1} \frac{1}{x} \cos^{q+1} \frac{1}{x} + q \sin^{p+1} \frac{1}{x} \cos^{q-1} \frac{1}{x}, x \neq 0 \\ 0, x = 0 \end{cases}$$

是导数. 利用事实

$$\sin^2 t = 1 - \cos^2 t, \cos^2 t = 1 - \sin^2 t$$

我们得出

$$g(x)=\begin{cases}-p\sin^{p-1}\frac{1}{x}\cos^{q-1}\frac{1}{x}+(p+q)\sin^{p+1}\frac{1}{x}\cos^{q-1}\frac{1}{x}, x\neq 0\\ 0, x=0\end{cases}$$

从而

$$\begin{aligned} g(x) &= -pf_{p-1,q-1}(x)+(p+q)f_{p+1,q-1}(x)+\\ &\quad \begin{cases}0, x\neq 0\\ pc_{p-1,q-1}-(p+q)c_{p+1,q-1}, x=0\end{cases}\\ &= \begin{cases}0, x\neq 0\\ (p+q)c_{p-1,q+1}-qc_{p-1,q-1}, x=0\end{cases}\end{aligned}$$

因此

$$p\,c_{p-1,q-1}=(p+q)c_{p+1,q-1}$$
$$q\,c_{p-1,q-1}=(p+q)c_{p-1,q+1}$$

于是

$$c_{p+1,q-1}=\frac{p}{p+q}c_{p-1,q-1}$$

$$c_{p-1,q+1}=\frac{q}{p+q}c_{p-1,q-1}$$

对于 $k,l\geqslant 1$,我们得出

$$\begin{aligned} c_{2k,2l} &= \frac{2k-1}{2k+2l}c_{2k-2,2l}=\frac{2k-1}{2k+2l}\cdot\frac{2k-3}{2k+2l-2}c_{2k-4,2l}=\cdots\\ &= \frac{2k-1}{2k+2l}\cdot\frac{2k-3}{2k+2l-2}\cdots\frac{1}{2l+2}c_{0,2l}\\ &= \frac{2k-1}{2k+2l}\cdot\frac{2k-3}{2k+2l-2}\cdots\frac{1}{2l+2}\cdot\frac{2l-1}{2l}c_{0,2l-2}=\cdots\\ &= \frac{2k-1}{2k+2l}\cdot\frac{2k-3}{2k+2l-2}\cdots\frac{2}{2l+2}\cdot\frac{2l-1}{2l}\cdot\frac{2l-3}{2l-2}\cdots\frac{1}{2}c_{0,0}\\ &= \frac{1\cdot 3\cdots(2l-1)\cdot 1\cdot 3\cdots(2k-1)}{2^{k+1}(k+l)!}\end{aligned}$$

注意

$$c_{2k,2l+1}=A\cdot c_{0,1}\cdot c_{2k+1,2l}=B\cdot c_{1,0}$$

与

$$c_{2k+1}c_{2l+1}=c\cdot c_{11}$$

其中 A,B,C 是有理数,且

$$c_{0,1}=c_{1,0}=c_{1,1}=0$$

因此对于所有的 $k,l\geqslant 0$,有

$$c_{2k,2l+1}=c_{2k+1,2l}=c_{2k+1,2l+1}=0$$

最后

$$c_{p,q}=\begin{cases}\frac{(2k-1)!!(2l-1)!!}{2^{k+1}(k+l)!}, \text{当 } p=2k \text{ 与 } q=2l \text{ 时}\\ 0, \text{在其他情形时}\end{cases}$$

(D. Andrica, RMT 数学杂志, NO. 1(1986), pp. 78, 问题 5773)

57 令 q 是正整数. 对任何整数 n, 求数 $a_n(q)$, 使 $f_n:\mathbf{R}\to\mathbf{R}$, 且

$$f_n(x)=\begin{cases}\cos\frac{1}{x}\cos\frac{q}{x}\cdots\cos\frac{q^{n-1}}{x},x\neq 0\\ a_n(q),x=0\end{cases},n\in\mathbf{N}^*$$

是导函数.

证 我们从一个有用的引理开始:

引理 对于任何实数 $x_1,x_2,\cdots,x_n$, 我们有

$$\cos x_1\cdot\cos x_2\cdots\cos x_n=\frac{1}{2^n}\sum\cos(\pm x_1\pm x_2\pm\cdots\pm x_n)$$

其中求和是对符号的所有 2^n 种可能的选择进行的.

可以用对 n 作归纳法进行证明.

另一方面, 回忆函数 $g_\alpha:\mathbf{R}\to\mathbf{R}$, 且

$$g_\alpha(x)=\begin{cases}\cos\frac{\alpha}{x},x\neq 0\\ 0,x=0\end{cases}$$

是一个导数.

我们有两种情形:

情形1. 如果 $q\geqslant 2$, 那么设

$$x_1=\frac{1}{x},x_2=\frac{8}{x},\cdots,x_n=\frac{q^{n-1}}{x},x\neq 0$$

由引理, 我们得出

$$\cos\frac{1}{x}\cdot\cos\frac{q}{x}\cdots\cos\frac{q^{n-1}}{x}=\frac{1}{2^n}\sum\cos(\pm 1\pm q\pm\cdots\pm q^{n-1})\frac{1}{x}$$

因此

$$f_n(x)=\frac{1}{2^n}\sum g_{\pm 1\pm q\pm\cdots\pm q^{n-1}}(x)+\begin{cases}\frac{1}{2^n}\alpha_n(q),x\neq 0\\ \alpha_n(q),x=0\end{cases}$$

其中 $\alpha_n(q)$ 是符号"+","-"的选择的个数, 使

$$\pm 1\pm q\pm q^2\pm\cdots\pm q^{n-1}=0$$

因为在和中只考虑这样的符号选择, 使

$$\pm 1\pm q\pm q^2+\cdots\pm q^{n-1}\neq 0$$

注意, 如果 $\pm 1\pm q\pm q^2\pm\cdots\pm q^{n-1}=0$, 那 $q<1$, 这不成立. 从而 $\alpha_n(q)=0$, 因此, 当且仅当 $\alpha_n(q)=0$ 时, f_n 是导数.

情形2. 如果 $q=1$, 那么对于奇数 n, 我们有 $\alpha_n(1)=0$, 因为 $\pm 1\pm 1\pm\cdots\pm 1$ 不能为0, 它有奇数项. 如果 n 是偶数, 那么令 $n=2m$. 有 m 个符号"-"与 m 个符号"+"的 $\binom{2m}{m}$ 种选择, 于是

$$\alpha_n(1) = \binom{2m}{m} = \binom{n}{\frac{n}{2}}$$

最后我们有

$$\alpha_n(q) = \begin{cases} 0, \text{当 } q \geqslant 2 \text{ 时} \\ 0, \text{当 } q = 1 \text{ 且 } n \text{ 是奇数时} \\ \dfrac{1}{2^n}\dbinom{n}{\frac{n}{2}}, \text{当 } q = 1 \text{ 且 } n \text{ 是偶数时} \end{cases}$$

(D. Andrica,罗马尼亚部分地区数学竞赛“Grigore Moisil”,1999)

58 1) 令 $f:\mathbf{R}\to\mathbf{R}$ 是连续函数,使

$$\lim_{|y|\to\infty}\frac{1}{y}\int_0^y f(x)\,\mathrm{d}x = M(f)$$

求证:函数

$$g(x) = \begin{cases} f\left(\dfrac{1}{x}\right), x \neq 0 \\ M(f), x = 0 \end{cases}$$

是导函数.

2) 令 $f:\mathbf{R}\to\mathbf{R}$ 是连续函数,有周期 $T>0$.

求证

$$M(f) = \lim_{|t|\to\infty}\frac{1}{t}\int_0^t f(x)\,\mathrm{d}x = \frac{1}{T}\int_0^T f(x)\,\mathrm{d}x$$

证 1) 函数 f 是连续的,于是它是导数. 令 F 是 f 的原函数. 对于 $x \neq 0$,我们有

$$\left(x^2F\left(\frac{1}{x}\right)\right)' = 2xF\left(\frac{1}{x}\right) - f\left(\frac{1}{x}\right)$$

因此

$$f\left(\frac{1}{x}\right) = 2xF\left(\frac{1}{x}\right) - \left(x^2F\left(\frac{1}{x}\right)\right)', x \neq 0$$

考虑函数 $h:\mathbf{R}\to\mathbf{R}$,且

$$h(x) = \begin{cases} 2xF\left(\dfrac{1}{x}\right), x \neq 0 \\ 2M(f), x = 0 \end{cases}$$

注意到

$$\lim_{\substack{x\to 0\\ x>0}} h(x) = \lim_{\substack{x\to 0\\ x>0}} 2xF\left(\frac{1}{x}\right) = \lim_{y\to\infty}\frac{2}{y}\int_0^y f(s)\,\mathrm{d}s = 2M(f)$$

因此 h 是连续的,于是它是导函数. 令 H 是 h 的原函数.

我们有

$$g(x)=\begin{cases}2xF(\frac{1}{x})-(x^2F(\frac{1}{x}))',x\neq 0\\ M(f),x=0\end{cases}$$

$$h(x)=\begin{cases}(x^2F(\frac{1}{x}))',x\neq 0\\ M(f),x=0\end{cases}$$

函数 $u:\mathbf{R}\to\mathbf{R}$,且

$$u(x)=\begin{cases}(x^2F(\frac{1}{x}))',x\neq 0\\ M(f),x=0\end{cases}$$

是导数,因为 $U:\mathbf{R}\to\mathbf{R}$,且

$$U(x)=\begin{cases}x^2F(\frac{1}{x}),x\neq 0\\ 0,x=0\end{cases}$$

是可微的,$U'=u$.

由此得出,函数 $G=H-U$ 是 g 的原函数,这正是所要求的结果.

2) 我们有

$$\lim_{t\to\infty}\frac{1}{t}\int_0^t f(x)\,\mathrm{d}x=M(f)$$

对于 $t>0$,有整数 $n=n(t)$ 与数 $a=a(t)\in[0,T]$,使

$$t=nT+a$$

于是

$$\int_0^t f(x)\,\mathrm{d}x=\int_0^{nT}f(x)\,\mathrm{d}x+\int_{nT}^t f(x)\,\mathrm{d}x \qquad ①$$

另一方面

$$\int_0^{nT}f(x)\,\mathrm{d}x=\sum_{k=0}^{n-1}\int_{kT}^{(k+1)T}f(x)\,\mathrm{d}x \qquad ②$$

设 $x=\theta+kT$,给出

$$\int_{kT}^{(k+1)T}f(x)\,\mathrm{d}x=\int_0^T f(\theta+kT)\,\mathrm{d}\theta=\int_0^T f(\theta)\,\mathrm{d}\theta$$

则关系式②给出

$$\int_0^{nT}f(x)\,\mathrm{d}x=n\int_0^T f(x)\,\mathrm{d}x$$

设 $\theta=x-nT$,给出

$$\int_{nT}^t f(x)\,\mathrm{d}x=\int_0^{t-nT}f(\theta+nT)\,\mathrm{d}\theta=\int_0^{a(t)}f(\theta)\,\mathrm{d}\theta$$

关系式①变为

$$\int_0^t f(x)\,\mathrm{d}x=n\int_0^T f(x)\,\mathrm{d}x+\int_0^{a(t)}f(x)\,\mathrm{d}x \qquad ③$$

因此

$$\frac{1}{t}\int_0^t f(x)\,\mathrm{d}x = \frac{n(t)}{t}\int_0^T f(x)\,\mathrm{d}x + \frac{1}{t}\int_0^{a(t)} f(x)\,\mathrm{d}x,\ t > 0$$

我们有

$$0 \leqslant \left|\frac{1}{t}\int_0^{a(t)} f(x)\,\mathrm{d}x\right| \leqslant \frac{1}{t}\int_0^{a(t)} |f(x)|\,\mathrm{d}x \leqslant \frac{1}{t}\int_0^T |f(x)|\,\mathrm{d}x \xrightarrow{t\to+\infty} 0$$

因此

$$\lim_{t\to\infty}\frac{1}{t}\int_0^{a(t)} f(x)\,\mathrm{d}x = 0$$

此外

$$\lim_{t\to\infty}\frac{n(t)}{t} = \lim_{t\to\infty}\frac{n(t)}{n(t)T + a(t)} = \lim_{t\to\infty}\frac{1}{T + \frac{a(t)}{n(t)}} = \frac{1}{T}$$

所以

$$m(f) = \lim_{t\to\infty}\frac{1}{t}\int_0^t f(x)\,\mathrm{d}x = \frac{1}{T}\int_0^T f(x)\,\mathrm{d}x$$

这正是所要求的结果.

对于 $t\to-\infty$ 的情形,证明是类似的.

(D. Andrica)

59 如果 $f:\mathbf{R}\to\mathbf{R}$ 是导函数,那么 $g:\mathbf{R}\to\mathbf{R}, g(x) = |f(x)|$ 也是导函数吗?

解　答案是否定的. 实际上,考虑导函数 $f:\mathbf{R}\to\mathbf{R}$,且

$$f(x) = \begin{cases}\cos\frac{1}{x}, x \neq 0\\ 0, x = 0\end{cases}$$

利用以前的问题,函数

$$g(x) = \begin{cases}\left|\cos\frac{1}{x}\right|, x \neq 0\\ \frac{2}{\pi}, x = 0\end{cases}$$

也是导数. 因此函数

$$|f(x)| = \begin{cases}\left|\cos\frac{1}{x}\right|, x \neq 0\\ 0, x = 0\end{cases}$$

不是导数,我们证毕.

(D. Andrica,罗马尼亚部分地区数学竞赛"Grigore Moisil",1992)

60 如果$f_1,f_2:\mathbf{R}\to\mathbf{R}$是导函数,那么
$$f=\max\{f_1,f_2\}$$
也是导函数吗?

解法一 答案是否定的.例如,考虑导函数$f_1,f_2:\mathbf{R}\to\mathbf{R}$,且
$$f_1(x)=\begin{cases}-\cos\dfrac{1}{x},x\neq 0\\0,x=0\end{cases},f_2(x)=\begin{cases}\cos\dfrac{1}{x},x\neq 0\\0,x=0\end{cases}$$
于是
$$f(x)=\max\{f_1(x),f_2(x)\}=\begin{cases}\left|\cos\dfrac{1}{x}\right|,x\neq 0\\0,x=0\end{cases}$$
这不是导函数(见问题59)

解法二 考虑导函数
$$f_1(x)=\begin{cases}\cos\dfrac{1}{x},x\neq 0\\0,x=0\end{cases}$$
$$f_2(x)=\begin{cases}-\cos\dfrac{1}{x},x\neq 0\\0,x=0\end{cases}$$
$$f_3(x)=\begin{cases}\cos^2\dfrac{1}{x},x\neq 0\\\dfrac{1}{2},x=0\end{cases}$$
为了找出矛盾起见,设陈述成立,则
$$g=\max(f_1,f_2,f_3)-\max(f_1,f_2)$$
是导函数,这是一个矛盾,因为
$$g(x)=\begin{cases}0,x\neq 0\\\dfrac{1}{2},x=0\end{cases}$$
因此答案是否定的.

(D. Andrica,罗马尼亚部分地区数学竞赛"Grigore Moisil",1997)

哈尔滨工业大学出版社刘培杰数学工作室已出版(即将出版)图书目录

书名	出版时间	定价	编号
新编中学数学解题方法全书(高中版)上卷	2007-09	38.00	7
新编中学数学解题方法全书(高中版)中卷	2007-09	48.00	8
新编中学数学解题方法全书(高中版)下卷(一)	2007-09	42.00	17
新编中学数学解题方法全书(高中版)下卷(二)	2007-09	38.00	18
新编中学数学解题方法全书(高中版)下卷(三)	2010-06	58.00	73
新编中学数学解题方法全书(初中版)上卷	2008-01	28.00	29
新编中学数学解题方法全书(初中版)中卷	2010-07	38.00	75
新编中学数学解题方法全书(高考复习卷)	2010-01	48.00	67
新编中学数学解题方法全书(高考真题卷)	2010-01	38.00	62
新编中学数学解题方法全书(高考精华卷)	2011-03	68.00	118
新编平面解析几何解题方法全书(专题讲座卷)	2010-01	18.00	61
新编中学数学解题方法全书(自主招生卷)	2013-08	88.00	261
数学眼光透视	2008-01	38.00	24
数学思想领悟	2008-01	38.00	25
数学应用展观	2008-01	38.00	26
数学建模导引	2008-01	28.00	23
数学方法溯源	2008-01	38.00	27
数学史话览胜	2008-01	28.00	28
数学思维技术	2013-09	38.00	260
从毕达哥拉斯到怀尔斯	2007-10	48.00	9
从迪利克雷到维斯卡尔迪	2008-01	48.00	21
从哥德巴赫到陈景润	2008-05	98.00	35
从庞加莱到佩雷尔曼	2011-08	138.00	136
数学奥林匹克与数学文化(第一辑)	2006-05	48.00	4
数学奥林匹克与数学文化(第二辑)(竞赛卷)	2008-01	48.00	19
数学奥林匹克与数学文化(第二辑)(文化卷)	2008-07	58.00	36′
数学奥林匹克与数学文化(第三辑)(竞赛卷)	2010-01	48.00	59
数学奥林匹克与数学文化(第四辑)(竞赛卷)	2011-08	58.00	87
数学奥林匹克与数学文化(第五辑)	2015-06	98.00	370

哈尔滨工业大学出版社刘培杰数学工作室已出版(即将出版)图书目录

书　　名	出版时间	定　价	编号
世界著名平面几何经典著作钩沉——几何作图专题卷(上)	2009-06	48.00	49
世界著名平面几何经典著作钩沉——几何作图专题卷(下)	2011-01	88.00	80
世界著名平面几何经典著作钩沉(民国平面几何老课本)	2011-03	38.00	113
世界著名平面几何经典著作钩沉(建国初期平面三角老课本)	2015-08	38.00	507
世界著名解析几何经典著作钩沉——平面解析几何卷	2014-01	38.00	264
世界著名数论经典著作钩沉(算术卷)	2012-01	28.00	125
世界著名数学经典著作钩沉——立体几何卷	2011-02	28.00	88
世界著名三角学经典著作钩沉(平面三角卷Ⅰ)	2010-06	28.00	69
世界著名三角学经典著作钩沉(平面三角卷Ⅱ)	2011-01	38.00	78
世界著名初等数论经典著作钩沉(理论和实用算术卷)	2011-07	38.00	126

书　　名	出版时间	定　价	编号
发展空间想象力	2010-01	38.00	57
走向国际数学奥林匹克的平面几何试题诠释(上、下)(第1版)	2007-01	68.00	11,12
走向国际数学奥林匹克的平面几何试题诠释(上、下)(第2版)	2010-02	98.00	63,64
平面几何证明方法全书	2007-08	35.00	1
平面几何证明方法全书习题解答(第1版)	2005-10	18.00	2
平面几何证明方法全书习题解答(第2版)	2006-12	18.00	10
平面几何天天练上卷·基础篇(直线型)	2013-01	58.00	208
平面几何天天练中卷·基础篇(涉及圆)	2013-01	28.00	234
平面几何天天练下卷·提高篇	2013-01	58.00	237
平面几何专题研究	2013-07	98.00	258
最新世界各国数学奥林匹克中的平面几何试题	2007-09	38.00	14
数学竞赛平面几何典型题及新颖解	2010-07	48.00	74
初等数学复习及研究(平面几何)	2008-09	58.00	38
初等数学复习及研究(立体几何)	2010-06	38.00	71
初等数学复习及研究(平面几何)习题解答	2009-01	48.00	42
几何学教程(平面几何卷)	2011-03	68.00	90
几何学教程(立体几何卷)	2011-07	68.00	130
几何变换与几何证题	2010-06	88.00	70
计算方法与几何证题	2011-06	28.00	129
立体几何技巧与方法	2014-04	88.00	293
几何瑰宝——平面几何500名题暨1000条定理(上、下)	2010-07	138.00	76,77
三角形的解法与应用	2012-07	18.00	183
近代的三角形几何学	2012-07	48.00	184
一般折线几何学	2015-08	48.00	203
三角形的五心	2009-06	28.00	51
三角形的六心及其应用	2015-10	68.00	542
三角形趣谈	2012-08	28.00	212
解三角形	2014-01	28.00	265
三角学专门教程	2014-09	28.00	387

哈尔滨工业大学出版社刘培杰数学工作室已出版(即将出版)图书目录

书　名	出版时间	定　价	编号
距离几何分析导引	2015－02	68.00	446
圆锥曲线习题集(上册)	2013－06	68.00	255
圆锥曲线习题集(中册)	2015－01	78.00	434
圆锥曲线习题集(下册)	即将出版		
论九点圆	2015－05	88.00	645
近代欧氏几何学	2012－03	48.00	162
罗巴切夫斯基几何学及几何基础概要	2012－07	28.00	188
罗巴切夫斯基几何学初步	2015－06	28.00	474
用三角、解析几何、复数、向量计算解数学竞赛几何题	2015－03	48.00	455
美国中学几何教程	2015－04	88.00	458
三线坐标与三角形特征点	2015－04	98.00	460
平面解析几何方法与研究(第1卷)	2015－05	18.00	471
平面解析几何方法与研究(第2卷)	2015－06	18.00	472
平面解析几何方法与研究(第3卷)	2015－07	18.00	473
解析几何研究	2015－01	38.00	425
解析几何学教程.上	2016－01	38.00	574
解析几何学教程.下	2016－01	38.00	575
几何学基础	2016－01	58.00	581
初等几何研究	2015－02	58.00	444
俄罗斯平面几何问题集	2009－08	88.00	55
俄罗斯立体几何问题集	2014－03	58.00	283
俄罗斯几何大师——沙雷金论数学及其他	2014－01	48.00	271
来自俄罗斯的5000道几何习题及解答	2011－03	58.00	89
俄罗斯初等数学问题集	2012－05	38.00	177
俄罗斯函数问题集	2011－03	38.00	103
俄罗斯组合分析问题集	2011－01	48.00	79
俄罗斯初等数学万题选——三角卷	2012－11	38.00	222
俄罗斯初等数学万题选——代数卷	2013－08	68.00	225
俄罗斯初等数学万题选——几何卷	2014－01	68.00	226
463个俄罗斯几何老问题	2012－01	28.00	152
超越吉米多维奇.数列的极限	2009－11	48.00	58
超越普里瓦洛夫.留数卷	2015－01	28.00	437
超越普里瓦洛夫.无穷乘积与它对解析函数的应用卷	2015－05	28.00	477
超越普里瓦洛夫.积分卷	2015－06	18.00	481
超越普里瓦洛夫.基础知识卷	2015－06	28.00	482
超越普里瓦洛夫.数项级数卷	2015－07	38.00	489
初等数论难题集(第一卷)	2009－05	68.00	44
初等数论难题集(第二卷)(上、下)	2011－02	128.00	82,83
数论概貌	2011－03	18.00	93
代数数论(第二版)	2013－08	58.00	94
代数多项式	2014－06	38.00	289
初等数论的知识与问题	2011－02	28.00	95
超越数论基础	2011－03	28.00	96
数论初等教程	2011－03	28.00	97
数论基础	2011－03	18.00	98
数论基础与维诺格拉多夫	2014－03	18.00	292

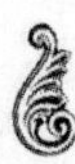

哈尔滨工业大学出版社刘培杰数学工作室已出版(即将出版)图书目录

书　　名	出版时间	定　价	编号
解析数论基础	2012—08	28.00	216
解析数论基础(第二版)	2014—01	48.00	287
解析数论问题集(第二版)(原版引进)	2014—05	88.00	343
解析数论问题集(第二版)(中译本)	2016—04	88.00	607
解析数论基础(潘承洞,潘承彪著)	2016—07	98.00	673
解析数论导引	2016—07	58.00	674
数论入门	2011—03	38.00	99
代数数论入门	2015—03	38.00	448
数论开篇	2012—07	28.00	194
解析数论引论	2011—03	48.00	100
Barban Davenport Halberstam 均值和	2009—01	40.00	33
基础数论	2011—03	28.00	101
初等数论 100 例	2011—05	18.00	122
初等数论经典例题	2012—07	18.00	204
最新世界各国数学奥林匹克中的初等数论试题(上、下)	2012—01	138.00	144,145
初等数论(Ⅰ)	2012—01	18.00	156
初等数论(Ⅱ)	2012—01	18.00	157
初等数论(Ⅲ)	2012—01	28.00	158
平面几何与数论中未解决的新老问题	2013—01	68.00	229
代数数论简史	2014—11	28.00	408
代数数论	2015—09	88.00	532
数论导引提要及习题解答	2016—01	48.00	559

书　　名	出版时间	定　价	编号
谈谈素数	2011—03	18.00	91
平方和	2011—03	18.00	92
复变函数引论	2013—10	68.00	269
伸缩变换与抛物旋转	2015—01	38.00	449
无穷分析引论(上)	2013—04	88.00	247
无穷分析引论(下)	2013—04	98.00	245
数学分析	2014—04	28.00	338
数学分析中的一个新方法及其应用	2013—01	38.00	231
数学分析例选:通过范例学技巧	2013—01	88.00	243
高等代数例选:通过范例学技巧	2015—06	88.00	475
三角级数论(上册)(陈建功)	2013—01	38.00	232
三角级数论(下册)(陈建功)	2013—01	48.00	233
三角级数论(哈代)	2013—06	48.00	254
三角级数	2015—07	28.00	263
超越数	2011—03	18.00	109
三角和方法	2011—03	18.00	112
整数论	2011—05	38.00	120
从整数谈起	2015—10	28.00	538
随机过程(Ⅰ)	2014—01	78.00	224
随机过程(Ⅱ)	2014—01	68.00	235
算术探索	2011—12	158.00	148
组合数学	2012—04	28.00	178
组合数学浅谈	2012—03	28.00	159
丢番图方程引论	2012—03	48.00	172
拉普拉斯变换及其应用	2015—02	38.00	447
高等代数.上	2016—01	38.00	548
高等代数.下	2016—01	38.00	549
高等代数教程	2016—01	58.00	579

哈尔滨工业大学出版社刘培杰数学工作室已出版(即将出版)图书目录

书　名	出版时间	定　价	编号
数学解析教程.上卷.1	2016－01	58.00	546
数学解析教程.上卷.2	2016－01	38.00	553
函数构造论.上	2016－01	38.00	554
函数构造论.下	即将出版		555
数与多项式	2016－01	38.00	558
概周期函数	2016－01	48.00	572
变叙的项的极限分布律	2016－01	18.00	573
整函数	2012－08	18.00	161
近代拓扑学研究	2013－04	38.00	239
多项式和无理数	2008－01	68.00	22
模糊数据统计学	2008－03	48.00	31
模糊分析学与特殊泛函空间	2013－01	68.00	241
谈谈不定方程	2011－05	28.00	119
常微分方程	2016－01	58.00	586
平稳随机函数导论	2016－03	48.00	587
量子力学原理·上	2016－01	38.00	588
图与矩阵	2014－08	40.00	644
受控理论与解析不等式	2012－05	78.00	165
解析不等式新论	2009－06	68.00	48
建立不等式的方法	2011－03	98.00	104
数学奥林匹克不等式研究	2009－08	68.00	56
不等式研究(第二辑)	2012－02	68.00	153
不等式的秘密(第一卷)	2012－02	28.00	154
不等式的秘密(第一卷)(第2版)	2014－02	38.00	286
不等式的秘密(第二卷)	2014－01	38.00	268
初等不等式的证明方法	2010－06	38.00	123
初等不等式的证明方法(第二版)	2014－11	38.00	407
不等式·理论·方法(基础卷)	2015－07	38.00	496
不等式·理论·方法(经典不等式卷)	2015－07	38.00	497
不等式·理论·方法(特殊类型不等式卷)	2015－07	48.00	498
不等式的分拆降维降幂方法与可读证明	2016－01	68.00	591
不等式探究	2016－03	38.00	582
同余理论	2012－05	38.00	163
[x]与{x}	2015－04	48.00	476
极值与最值.上卷	2015－06	28.00	486
极值与最值.中卷	2015－06	38.00	487
极值与最值.下卷	2015－06	28.00	488
整数的性质	2012－11	38.00	192
完全平方数及其应用	2015－08	78.00	506
多项式理论	2015－10	88.00	541
历届美国中学生数学竞赛试题及解答(第一卷)1950－1954	2014－07	18.00	277
历届美国中学生数学竞赛试题及解答(第二卷)1955－1959	2014－04	18.00	278
历届美国中学生数学竞赛试题及解答(第三卷)1960－1964	2014－06	18.00	279
历届美国中学生数学竞赛试题及解答(第四卷)1965－1969	2014－04	28.00	280
历届美国中学生数学竞赛试题及解答(第五卷)1970－1972	2014－06	18.00	281
历届美国中学生数学竞赛试题及解答(第七卷)1981－1986	2015－01	18.00	424

哈尔滨工业大学出版社刘培杰数学工作室已出版(即将出版)图书目录

书名	出版时间	定价	编号
历届 IMO 试题集(1959—2005)	2006—05	58.00	5
历届 CMO 试题集	2008—09	28.00	40
历届中国数学奥林匹克试题集	2014—10	38.00	394
历届加拿大数学奥林匹克试题集	2012—08	38.00	215
历届美国数学奥林匹克试题集:多解推广加强	2012—08	38.00	209
历届美国数学奥林匹克试题集:多解推广加强(第 2 版)	2016—03	48.00	592
历届波兰数学竞赛试题集.第 1 卷,1949～1963	2015—03	18.00	453
历届波兰数学竞赛试题集.第 2 卷,1964～1976	2015—03	18.00	454
历届巴尔干数学奥林匹克试题集	2015—05	38.00	466
保加利亚数学奥林匹克	2014—10	38.00	393
圣彼得堡数学奥林匹克试题集	2015—01	38.00	429
匈牙利奥林匹克数学竞赛题解.第 1 卷	2016—05	28.00	593
匈牙利奥林匹克数学竞赛题解.第 2 卷	2016—05	28.00	594
历届国际大学生数学竞赛试题集(1994—2010)	2012—01	28.00	143
全国大学生数学夏令营数学竞赛试题及解答	2007—03	28.00	15
全国大学生数学竞赛辅导教程	2012—07	28.00	189
全国大学生数学竞赛复习全书	2014—04	48.00	340
历届美国大学生数学竞赛试题集	2009—03	88.00	43
前苏联大学生数学奥林匹克竞赛题解(上编)	2012—04	28.00	169
前苏联大学生数学奥林匹克竞赛题解(下编)	2012—04	38.00	170
历届美国数学邀请赛试题集	2014—01	48.00	270
全国高中数学竞赛试题及解答.第 1 卷	2014—07	38.00	331
大学生数学竞赛讲义	2014—09	28.00	371
普林斯顿大学数学竞赛	2016—06	38.00	669
亚太地区数学奥林匹克竞赛题	2015—07	18.00	492
日本历届(初级)广中杯数学竞赛试题及解答.第 1 卷(2000～2007)	2016—05	28.00	641
日本历届(初级)广中杯数学竞赛试题及解答.第 2 卷(2008～2015)	2016—05	38.00	642
哈尔滨市早期中学数学竞赛试题汇编	2016—07	28.00	672
全国高中数学联赛试题及解答:1981—2015	2016—08	98.00	676
高考数学临门一脚(含密押三套卷)(理科版)	2015—01	24.80	421
高考数学临门一脚(含密押三套卷)(文科版)	2015—01	24.80	422
新课标高考数学题型全归纳(文科版)	2015—05	72.00	467
新课标高考数学题型全归纳(理科版)	2015—05	82.00	468
洞穿高考数学解答题核心考点(理科版)	2015—11	49.80	550
洞穿高考数学解答题核心考点(文科版)	2015—11	46.80	551
高考数学题型全归纳:文科版.上	2016—05	53.00	663
高考数学题型全归纳:文科版.下	2016—05	53.00	664
高考数学题型全归纳:理科版.上	2016—05	58.00	665
高考数学题型全归纳:理科版.下	2016—05	58.00	666
王连笑教你怎样学数学:高考选择题解题策略与客观题实用训练	2014—01	48.00	262
王连笑教你怎样学数学:高考数学高层次讲座	2015—02	48.00	432
高考数学的理论与实践	2009—08	38.00	53
高考数学核心题型解题方法与技巧	2010—01	28.00	86
高考思维新平台	2014—03	38.00	259
30 分钟拿下高考数学选择题、填空题(第二版)	2012—01	28.00	146
高考数学压轴题解题诀窍(上)	2012—02	78.00	166
高考数学压轴题解题诀窍(下)	2012—03	28.00	167
北京市五区文科数学三年高考模拟题详解:2013～2015	2015—08	48.00	500

哈尔滨工业大学出版社刘培杰数学工作室 已出版(即将出版)图书目录

书　　名	出版时间	定　价	编号
北京市五区理科数学三年高考模拟题详解:2013～2015	2015－09	68.00	505
向量法巧解数学高考题	2009－08	28.00	54
高考数学万能解题法	2015－09	28.00	534
高考物理万能解题法	2015－09	28.00	537
高考化学万能解题法	2015－11	25.00	557
高考生物万能解题法	2016－03	25.00	598
高考数学解题金典	2016－04	68.00	602
高考物理解题金典	2016－03	58.00	603
高考化学解题金典	2016－04	48.00	604
高考生物解题金典	即将出版		605
我一定要赚分:高中物理	2016－01	38.00	580
数学高考参考	2016－01	78.00	589
2011～2015 年全国及各省市高考数学文科精品试题审题要津与解法研究	2015－10	68.00	539
2011～2015 年全国及各省市高考数学理科精品试题审题要津与解法研究	2015－10	88.00	540
最新全国及各省市高考数学试卷解法研究及点拨评析	2009－02	38.00	41
2011 年全国及各省市高考数学试题审题要津与解法研究	2011－10	48.00	139
2013 年全国及各省市高考数学试题解析与点评	2014－01	48.00	282
全国及各省市高考数学试题审题要津与解法研究	2015－02	48.00	450
新课标高考数学——五年试题分章详解(2007～2011)(上、下)	2011－10	78.00	140,141
全国中考数学压轴题审题要津与解法研究	2013－04	78.00	248
新编全国及各省市中考数学压轴题审题要津与解法研究	2014－05	58.00	342
全国及各省市 5 年中考数学压轴题审题要津与解法研究	2015－04	58.00	462
中考数学专题总复习	2007－04	28.00	6
中考数学较难题、难题常考题型解题方法与技巧.上	2016－01	48.00	584
中考数学较难题、难题常考题型解题方法与技巧.下	2016－01	58.00	585
北京中考数学压轴题解题方法突破	2016－03	38.00	597
助你高考成功的数学解题智慧:知识是智慧的基础	2016－01	58.00	596
助你高考成功的数学解题智慧:错误是智慧的试金石	2016－04	58.00	643
助你高考成功的数学解题智慧:方法是智慧的推手	2016－04	68.00	657
高考数学奇思妙解	2016－04	38.00	610
高考数学解题策略	2016－05	48.00	670
数学解题泄天机	2016－06	48.00	668

书　　名	出版时间	定　价	编号
新编 640 个世界著名数学智力趣题	2014－01	88.00	242
500 个最新世界著名数学智力趣题	2008－06	48.00	3
400 个最新世界著名数学最值问题	2008－09	48.00	36
500 个世界著名数学征解问题	2009－06	48.00	52
400 个中国最佳初等数学征解老问题	2010－01	48.00	60
500 个俄罗斯数学经典老题	2011－01	28.00	81
1000 个国外中学物理好题	2012－04	48.00	174
300 个日本高考数学题	2012－05	38.00	142
500 个前苏联早期高考数学试题及解答	2012－05	28.00	185
546 个早期俄罗斯大学生数学竞赛题	2014－03	38.00	285
548 个来自美苏的数学好问题	2014－11	28.00	396
20 所苏联著名大学早期入学试题	2015－02	18.00	452
161 道德国工科大学生必做的微分方程习题	2015－05	28.00	469
500 个德国工科大学生必做的高数习题	2015－06	28.00	478
360 个数学竞赛问题	2016－08	58.00	677
德国讲义日本考题.微积分卷	2015－04	48.00	456
德国讲义日本考题.微分方程卷	2015－04	38.00	457

哈尔滨工业大学出版社刘培杰数学工作室已出版(即将出版)图书目录

书 名	出版时间	定 价	编号
中国初等数学研究 2009 卷(第 1 辑)	2009－05	20.00	45
中国初等数学研究 2010 卷(第 2 辑)	2010－05	30.00	68
中国初等数学研究 2011 卷(第 3 辑)	2011－07	60.00	127
中国初等数学研究 2012 卷(第 4 辑)	2012－07	48.00	190
中国初等数学研究 2014 卷(第 5 辑)	2014－02	48.00	288
中国初等数学研究 2015 卷(第 6 辑)	2015－06	68.00	493
中国初等数学研究 2016 卷(第 7 辑)	2016－04	68.00	609
几何变换(Ⅰ)	2014－07	28.00	353
几何变换(Ⅱ)	2015－06	28.00	354
几何变换(Ⅲ)	2015－01	38.00	355
几何变换(Ⅳ)	2015－12	38.00	356
博弈论精粹	2008－03	58.00	30
博弈论精粹.第二版(精装)	2015－01	88.00	461
数学 我爱你	2008－01	28.00	20
精神的圣徒 别样的人生——60 位中国数学家成长的历程	2008－09	48.00	39
数学史概论	2009－06	78.00	50
数学史概论(精装)	2013－03	158.00	272
数学史选讲	2016－01	48.00	544
斐波那契数列	2010－02	28.00	65
数学拼盘和斐波那契魔方	2010－07	38.00	72
斐波那契数列欣赏	2011－01	28.00	160
数学的创造	2011－02	48.00	85
数学美与创造力	2016－01	48.00	595
数海拾贝	2016－01	48.00	590
数学中的美	2011－02	38.00	84
数论中的美学	2014－12	38.00	351
数学王者 科学巨人——高斯	2015－01	28.00	428
振兴祖国数学的圆梦之旅:中国初等数学研究史话	2015－06	78.00	490
二十世纪中国数学史料研究	2015－10	48.00	536
数字谜、数阵图与棋盘覆盖	2016－01	58.00	298
时间的形状	2016－01	38.00	556
数学发现的艺术:数学探索中的合情推理	2016－07	58.00	671
活跃在数学中的参数	2016－07	48.00	675
数学解题——靠数学思想给力(上)	2011－07	38.00	131
数学解题——靠数学思想给力(中)	2011－07	48.00	132
数学解题——靠数学思想给力(下)	2011－07	38.00	133
我怎样解题	2013－01	48.00	227
数学解题中的物理方法	2011－06	28.00	114
数学解题的特殊方法	2011－06	48.00	115
中学数学计算技巧	2012－01	48.00	116
中学数学证明方法	2012－01	58.00	117
数学趣题巧解	2012－03	28.00	128
高中数学教学通鉴	2015－05	58.00	479
和高中生漫谈:数学与哲学的故事	2014－08	28.00	369
自主招生考试中的参数方程问题	2015－01	28.00	435
自主招生考试中的极坐标问题	2015－04	28.00	463
近年全国重点大学自主招生数学试题全解及研究.华约卷	2015－02	38.00	441
近年全国重点大学自主招生数学试题全解及研究.北约卷	2016－05	38.00	619
自主招生数学解证宝典	2015－09	48.00	535

哈尔滨工业大学出版社刘培杰数学工作室已出版(即将出版)图书目录

书　　名	出版时间	定　价	编号
格点和面积	2012－07	18.00	191
射影几何趣谈	2012－04	28.00	175
斯潘纳尔引理——从一道加拿大数学奥林匹克试题谈起	2014－01	28.00	228
李普希兹条件——从几道近年高考数学试题谈起	2012－10	18.00	221
拉格朗日中值定理——从一道北京高考试题的解法谈起	2015－10	18.00	197
闵科夫斯基定理——从一道清华大学自主招生试题谈起	2014－01	28.00	198
哈尔测度——从一道冬令营试题的背景谈起	2012－08	28.00	202
切比雪夫逼近问题——从一道中国台北数学奥林匹克试题谈起	2013－04	38.00	238
伯恩斯坦多项式与贝齐尔曲面——从一道全国高中数学联赛试题谈起	2013－03	38.00	236
卡塔兰猜想——从一道普特南竞赛试题谈起	2013－06	18.00	256
麦卡锡函数和阿克曼函数——从一道前南斯拉夫数学奥林匹克试题谈起	2012－08	18.00	201
贝蒂定理与拉姆贝克莫斯尔定理——从一个拣石子游戏谈起	2012－08	18.00	217
皮亚诺曲线和豪斯道夫分球定理——从无限集谈起	2012－08	18.00	211
平面凸图形与凸多面体	2012－10	28.00	218
斯坦因豪斯问题——从一道二十五省市自治区中学数学竞赛试题谈起	2012－07	18.00	196
纽结理论中的亚历山大多项式与琼斯多项式——从一道北京市高一数学竞赛试题谈起	2012－07	28.00	195
原则与策略——从波利亚“解题表”谈起	2013－04	38.00	244
转化与化归——从三大尺规作图不能问题谈起	2012－08	28.00	214
代数几何中的贝祖定理(第一版)——从一道IMO试题的解法谈起	2013－08	18.00	193
成功连贯理论与约当块理论——从一道比利时数学竞赛试题谈起	2012－04	18.00	180
素数判定与大数分解	2014－08	18.00	199
置换多项式及其应用	2012－10	18.00	220
椭圆函数与模函数——从一道美国加州大学洛杉矶分校(UCLA)博士资格考题谈起	2012－10	28.00	219
差分方程的拉格朗日方法——从一道2011年全国高考理科试题的解法谈起	2012－08	28.00	200
力学在几何中的一些应用	2013－01	38.00	240
高斯散度定理、斯托克斯定理和平面格林定理——从一道国际大学生数学竞赛试题谈起	即将出版		
康托洛维奇不等式——从一道全国高中联赛试题谈起	2013－03	28.00	337
西格尔引理——从一道第18届IMO试题的解法谈起	即将出版		
罗斯定理——从一道前苏联数学竞赛试题谈起	即将出版		
拉克斯定理和阿廷定理——从一道IMO试题的解法谈起	2014－01	58.00	246
毕卡大定理——从一道美国大学数学竞赛试题谈起	2014－07	18.00	350
贝齐尔曲线——从一道全国高中联赛试题谈起	即将出版		
拉格朗日乘子定理——从一道2005年全国高中联赛试题的高等数学解法谈起	2015－05	28.00	480
雅可比定理——从一道日本数学奥林匹克试题谈起	2013－04	48.00	249
李天岩一约克定理——从一道波兰数学竞赛试题谈起	2014－06	28.00	349
整系数多项式因式分解的一般方法——从克朗耐克算法谈起	即将出版		
布劳维不动点定理——从一道前苏联数学奥林匹克试题谈起	2014－01	38.00	273
伯恩赛德定理——从一道英国数学奥林匹克试题谈起	即将出版		
布查特一莫斯特定理——从一道上海市初中竞赛试题谈起	即将出版		

哈尔滨工业大学出版社刘培杰数学工作室
已出版(即将出版)图书目录

书　　名	出版时间	定　价	编号
数论中的同余数问题——从一道普特南竞赛试题谈起	即将出版		
范·德蒙行列式——从一道美国数学奥林匹克试题谈起	即将出版		
中国剩余定理:总数法构建中国历史年表	2015－01	28.00	430
牛顿程序与方程求根——从一道全国高考试题解法谈起	即将出版		
库默尔定理——从一道 IMO 预选试题谈起	即将出版		
卢丁定理——从一道冬令营试题的解法谈起	即将出版		
沃斯滕霍姆定理——从一道 IMO 预选试题谈起	即将出版		
卡尔松不等式——从一道莫斯科数学奥林匹克试题谈起	即将出版		
信息论中的香农熵——从一道近年高考压轴题谈起	即将出版		
约当不等式——从一道希望杯竞赛试题谈起	即将出版		
拉比诺维奇定理	即将出版		
刘维尔定理——从一道《美国数学月刊》征解问题的解法谈起	即将出版		
卡塔兰恒等式与级数求和——从一道 IMO 试题的解法谈起	即将出版		
勒让德猜想与素数分布——从一道爱尔兰竞赛试题谈起	即将出版		
天平称重与信息论——从一道基辅市数学奥林匹克试题谈起	即将出版		
哈密尔顿－凯莱定理:从一道高中数学联赛试题的解法谈起	2014－09	18.00	376
艾思特曼定理——从一道 CMO 试题的解法谈起	即将出版		
一个爱尔特希问题——从一道西德数学奥林匹克试题谈起	即将出版		
有限群中的爱丁格尔问题——从一道北京市初中二年级数学竞赛试题谈起	即将出版		
贝克码与编码理论——从一道全国高中联赛试题谈起	即将出版		
帕斯卡三角形	2014－03	18.00	294
蒲丰投针问题——从2009年清华大学的一道自主招生试题谈起	2014－01	38.00	295
斯图姆定理——从一道"华约"自主招生试题的解法谈起	2014－01	18.00	296
许瓦兹引理——从一道加利福尼亚大学伯克利分校数学系博士生试题谈起	2014－08	18.00	297
拉姆塞定理——从王诗宬院士的一个问题谈起	2016－04	48.00	299
坐标法	2013－12	28.00	332
数论三角形	2014－04	38.00	341
毕克定理	2014－07	18.00	352
数林掠影	2014－09	48.00	389
我们周围的概率	2014－10	38.00	390
凸函数最值定理:从一道华约自主招生题的解法谈起	2014－10	28.00	391
易学与数学奥林匹克	2014－10	38.00	392
生物数学趣谈	2015－01	18.00	409
反演	2015－01	28.00	420
因式分解与圆锥曲线	2015－01	18.00	426
轨迹	2015－01	28.00	427
面积原理:从常庚哲命的一道 CMO 试题的积分解法谈起	2015－01	48.00	431
形形色色的不动点定理:从一道 28 届 IMO 试题谈起	2015－01	38.00	439
柯西函数方程:从一道上海交大自主招生的试题谈起	2015－02	28.00	440
三角恒等式	2015－02	28.00	442
无理性判定:从一道 2014 年"北约"自主招生试题谈起	2015－01	38.00	443
数学归纳法	2015－03	18.00	451
极端原理与解题	2015－04	28.00	464
法雷级数	2014－08	18.00	367
摆线族	2015－01	38.00	438
函数方程及其解法	2015－05	38.00	470
含参数的方程和不等式	2012－09	28.00	213
希尔伯特第十问题	2016－01	38.00	543
无穷小量的求和	2016－01	28.00	545
切比雪夫多项式:从一道清华大学金秋营试题谈起	2016－01	38.00	583

哈尔滨工业大学出版社刘培杰数学工作室已出版(即将出版)图书目录

书　名	出版时间	定　价	编号
泽肯多夫定理	2016－03	38.00	599
代数等式证题法	2016－01	28.00	600
三角等式证题法	2016－01	28.00	601
吴大任教授藏书中的一个因式分解公式:从一道美国数学邀请赛试题的解法谈起	2016－06	28.00	656

书　名	出版时间	定　价	编号
中等数学英语阅读文选	2006－12	38.00	13
统计学专业英语	2007－03	28.00	16
统计学专业英语(第二版)	2012－07	48.00	176
统计学专业英语(第三版)	2015－04	68.00	465
幻方和魔方(第一卷)	2012－05	68.00	173
尘封的经典——初等数学经典文献选读(第一卷)	2012－07	48.00	205
尘封的经典——初等数学经典文献选读(第二卷)	2012－07	38.00	206
代换分析:英文	2015－07	38.00	499

书　名	出版时间	定　价	编号
实变函数论	2012－06	78.00	181
复变函数论	2015－08	38.00	504
非光滑优化及其变分分析	2014－01	48.00	230
疏散的马尔科夫链	2014－01	58.00	266
马尔科夫过程论基础	2015－01	28.00	433
初等微分拓扑学	2012－07	18.00	182
方程式论	2011－03	38.00	105
初级方程式论	2011－03	28.00	106
Galois 理论	2011－03	18.00	107
古典数学难题与伽罗瓦理论	2012－11	58.00	223
伽罗华与群论	2014－01	28.00	290
代数方程的根式解及伽罗瓦理论	2011－03	28.00	108
代数方程的根式解及伽罗瓦理论(第二版)	2015－01	28.00	423
线性偏微分方程讲义	2011－03	18.00	110
几类微分方程数值方法的研究	2015－05	38.00	485
N 体问题的周期解	2011－03	28.00	111
代数方程式论	2011－05	18.00	121
线性代数与几何:英文	2016－06	58.00	578
动力系统的不变量与函数方程	2011－07	48.00	137
基于短语评价的翻译知识获取	2012－02	48.00	168
应用随机过程	2012－04	48.00	187
概率论导引	2012－04	18.00	179
矩阵论(上)	2013－06	58.00	250
矩阵论(下)	2013－06	48.00	251
对称锥互补问题的内点法:理论分析与算法实现	2014－08	68.00	368
抽象代数:方法导引	2013－06	38.00	257
集论	2016－01	48.00	576
多项式理论研究综述	2016－01	38.00	577
函数论	2014－11	78.00	395
反问题的计算方法及应用	2011－11	28.00	147
初等数学研究(Ⅰ)	2008－09	68.00	37
初等数学研究(Ⅱ)(上、下)	2009－05	118.00	46,47
数阵及其应用	2012－02	28.00	164
绝对值方程—折边与组合图形的解析研究	2012－07	48.00	186
代数函数论(上)	2015－07	38.00	494
代数函数论(下)	2015－07	38.00	495
偏微分方程论:法文	2015－10	48.00	533
时标动力学方程的指数型二分性与周期解	2016－04	48.00	606
重刚体绕不动点运动方程的积分法	2016－05	68.00	608
水轮机水力稳定性	2016－05	48.00	620
Lévy 噪音驱动的传染病模型的动力学行为	2016－05	48.00	667

哈尔滨工业大学出版社刘培杰数学工作室已出版(即将出版)图书目录

书　　名	出版时间	定　价	编号
趣味初等方程妙题集锦	2014－09	48.00	388
趣味初等数论选美与欣赏	2015－02	48.00	445
耕读笔记(上卷):一位农民数学爱好者的初数探索	2015－04	28.00	459
耕读笔记(中卷):一位农民数学爱好者的初数探索	2015－05	28.00	483
耕读笔记(下卷):一位农民数学爱好者的初数探索	2015－05	28.00	484
几何不等式研究与欣赏.上卷	2016－01	88.00	547
几何不等式研究与欣赏.下卷	2016－01	48.00	552
初等数列研究与欣赏·上	2016－01	48.00	570
初等数列研究与欣赏·下	2016－01	48.00	571
火柴游戏	2016－05	38.00	612
异曲同工	即将出版		613
智力解谜	即将出版		614
故事智力	2016－07	48.00	615
名人们喜欢的智力问题	即将出版		616
数学大师的发现、创造与失误	即将出版		617
数学的味道	即将出版		618
数贝偶拾——高考数学题研究	2014－04	28.00	274
数贝偶拾——初等数学研究	2014－04	38.00	275
数贝偶拾——奥数题研究	2014－04	48.00	276
集合、函数与方程	2014－01	28.00	300
数列与不等式	2014－01	38.00	301
三角与平面向量	2014－01	28.00	302
平面解析几何	2014－01	38.00	303
立体几何与组合	2014－01	28.00	304
极限与导数、数学归纳法	2014－01	38.00	305
趣味数学	2014－03	28.00	306
教材教法	2014－04	68.00	307
自主招生	2014－05	58.00	308
高考压轴题(上)	2015－01	48.00	309
高考压轴题(下)	2014－10	68.00	310
从费马到怀尔斯——费马大定理的历史	2013－10	198.00	Ⅰ
从庞加莱到佩雷尔曼——庞加莱猜想的历史	2013－10	298.00	Ⅱ
从切比雪夫到爱尔特希(上)——素数定理的初等证明	2013－07	48.00	Ⅲ
从切比雪夫到爱尔特希(下)——素数定理 100 年	2012－12	98.00	Ⅲ
从高斯到盖尔方特——二次域的高斯猜想	2013－10	198.00	Ⅳ
从库默尔到朗兰兹——朗兰兹猜想的历史	2014－01	98.00	Ⅴ
从比勃巴赫到德布朗斯——比勃巴赫猜想的历史	2014－02	298.00	Ⅵ
从麦比乌斯到陈省身——麦比乌斯变换与麦比乌斯带	2014－02	298.00	Ⅶ
从布尔到豪斯道夫——布尔方程与格论漫谈	2013－10	198.00	Ⅷ
从开普勒到阿诺德——三体问题的历史	2014－05	298.00	Ⅸ
从华林到华罗庚——华林问题的历史	2013－10	298.00	Ⅹ

哈尔滨工业大学出版社刘培杰数学工作室已出版(即将出版)图书目录

书　名	出版时间	定　价	编号
吴振奎高等数学解题真经(概率统计卷)	2012－01	38.00	149
吴振奎高等数学解题真经(微积分卷)	2012－01	68.00	150
吴振奎高等数学解题真经(线性代数卷)	2012－01	58.00	151
钱昌本教你快乐学数学(上)	2011－12	48.00	155
钱昌本教你快乐学数学(下)	2012－03	58.00	171
高等数学解题全攻略(上卷)	2013－06	58.00	252
高等数学解题全攻略(下卷)	2013－06	58.00	253
高等数学复习纲要	2014－01	18.00	384
三角函数	2014－01	38.00	311
不等式	2014－01	38.00	312
数列	2014－01	38.00	313
方程	2014－01	28.00	314
排列和组合	2014－01	28.00	315
极限与导数	2014－01	28.00	316
向量	2014－09	38.00	317
复数及其应用	2014－08	28.00	318
函数	2014－01	38.00	319
集合	即将出版		320
直线与平面	2014－01	28.00	321
立体几何	2014－04	28.00	322
解三角形	即将出版		323
直线与圆	2014－01	28.00	324
圆锥曲线	2014－01	38.00	325
解题通法(一)	2014－07	38.00	326
解题通法(二)	2014－07	38.00	327
解题通法(三)	2014－05	38.00	328
概率与统计	2014－01	28.00	329
信息迁移与算法	即将出版		330
三角函数(第2版)	即将出版		627
向量(第2版)	即将出版		628
立体几何(第2版)	2016－04	38.00	630
直线与圆(第2版)	即将出版		632
圆锥曲线(第2版)	即将出版		633
极限与导数(第2版)	2016－04	38.00	636
美国高中数学竞赛五十讲.第1卷(英文)	2014－08	28.00	357
美国高中数学竞赛五十讲.第2卷(英文)	2014－08	28.00	358
美国高中数学竞赛五十讲.第3卷(英文)	2014－09	28.00	359
美国高中数学竞赛五十讲.第4卷(英文)	2014－09	28.00	360
美国高中数学竞赛五十讲.第5卷(英文)	2014－10	28.00	361
美国高中数学竞赛五十讲.第6卷(英文)	2014－11	28.00	362
美国高中数学竞赛五十讲.第7卷(英文)	2014－12	28.00	363
美国高中数学竞赛五十讲.第8卷(英文)	2015－01	28.00	364
美国高中数学竞赛五十讲.第9卷(英文)	2015－01	28.00	365
美国高中数学竞赛五十讲.第10卷(英文)	2015－02	38.00	366

哈尔滨工业大学出版社刘培杰数学工作室已出版(即将出版)图书目录

书　名	出版时间	定　价	编号
IMO 50年.第1卷(1959—1963)	2014—11	28.00	377
IMO 50年.第2卷(1964—1968)	2014—11	28.00	378
IMO 50年.第3卷(1969—1973)	2014—09	28.00	379
IMO 50年.第4卷(1974—1978)	2016—04	38.00	380
IMO 50年.第5卷(1979—1984)	2015—04	38.00	381
IMO 50年.第6卷(1985—1989)	2015—04	58.00	382
IMO 50年.第7卷(1990—1994)	2016—01	48.00	383
IMO 50年.第8卷(1995—1999)	2016—06	38.00	384
IMO 50年.第9卷(2000—2004)	2015—04	58.00	385
IMO 50年.第10卷(2005—2009)	2016—01	48.00	386
IMO 50年.第11卷(2010—2015)	即将出版		646
历届美国大学生数学竞赛试题集.第一卷(1938—1949)	2015—01	28.00	397
历届美国大学生数学竞赛试题集.第二卷(1950—1959)	2015—01	28.00	398
历届美国大学生数学竞赛试题集.第三卷(1960—1969)	2015—01	28.00	399
历届美国大学生数学竞赛试题集.第四卷(1970—1979)	2015—01	18.00	400
历届美国大学生数学竞赛试题集.第五卷(1980—1989)	2015—01	28.00	401
历届美国大学生数学竞赛试题集.第六卷(1990—1999)	2015—01	28.00	402
历届美国大学生数学竞赛试题集.第七卷(2000—2009)	2015—08	18.00	403
历届美国大学生数学竞赛试题集.第八卷(2010—2012)	2015—01	18.00	404
新课标高考数学创新题解题诀窍:总论	2014—09	28.00	372
新课标高考数学创新题解题诀窍:必修1～5分册	2014—08	38.00	373
新课标高考数学创新题解题诀窍:选修2—1,2—2,1—1,1—2分册	2014—09	38.00	374
新课标高考数学创新题解题诀窍:选修2—3,4—4,4—5分册	2014—09	18.00	375
全国重点大学自主招生英文数学试题全攻略:词汇卷	2015—07	48.00	410
全国重点大学自主招生英文数学试题全攻略:概念卷	2015—01	28.00	411
全国重点大学自主招生英文数学试题全攻略:文章选读卷(上)	即将出版		412
全国重点大学自主招生英文数学试题全攻略:文章选读卷(下)	即将出版		413
全国重点大学自主招生英文数学试题全攻略:试题卷	2015—07	38.00	414
全国重点大学自主招生英文数学试题全攻略:名著欣赏卷	即将出版		415
数学物理大百科全书.第1卷	2016—01	418.00	508
数学物理大百科全书.第2卷	2016—01	408.00	509
数学物理大百科全书.第3卷	2016—01	396.00	510
数学物理大百科全书.第4卷	2016—01	408.00	511
数学物理大百科全书.第5卷	2016—01	368.00	512
劳埃德数学趣题大全.题目卷.1:英文	2016—01	18.00	516
劳埃德数学趣题大全.题目卷.2:英文	2016—01	18.00	517
劳埃德数学趣题大全.题目卷.3:英文	2016—01	18.00	518
劳埃德数学趣题大全.题目卷.4:英文	2016—01	18.00	519
劳埃德数学趣题大全.题目卷.5:英文	2016—01	18.00	520
劳埃德数学趣题大全.答案卷:英文	2016—01	18.00	521

哈尔滨工业大学出版社刘培杰数学工作室 已出版(即将出版)图书目录

书　名	出版时间	定　价	编号
李成章教练奥数笔记.第1卷	2016－01	48.00	522
李成章教练奥数笔记.第2卷	2016－01	48.00	523
李成章教练奥数笔记.第3卷	2016－01	38.00	524
李成章教练奥数笔记.第4卷	2016－01	38.00	525
李成章教练奥数笔记.第5卷	2016－01	38.00	526
李成章教练奥数笔记.第6卷	2016－01	38.00	527
李成章教练奥数笔记.第7卷	2016－01	38.00	528
李成章教练奥数笔记.第8卷	2016－01	48.00	529
李成章教练奥数笔记.第9卷	2016－01	28.00	530
zeta函数,q-zeta函数,相伴级数与积分	2015－08	88.00	513
微分形式:理论与练习	2015－08	58.00	514
离散与微分包含的逼近和优化	2015－08	58.00	515
艾伦·图灵:他的工作与影响	2016－01	98.00	560
测度理论概率导论,第2版	2016－01	88.00	561
带有潜在故障恢复系统的半马尔柯夫模型控制	2016－01	98.00	562
数学分析原理	2016－01	88.00	563
随机偏微分方程的有效动力学	2016－01	88.00	564
图的谱半径	2016－01	58.00	565
量子机器学习中数据挖掘的量子计算方法	2016－01	98.00	566
量子物理的非常规方法	2016－01	118.00	567
运输过程的统一非局部理论:广义波尔兹曼物理动力学,第2版	2016－01	198.00	568
量子力学与经典力学之间的联系在原子、分子及电动力学系统建模中的应用	2016－01	58.00	569
第19～23届"希望杯"全国数学邀请赛试题审题要津详细评注(初一版)	2014－03	28.00	333
第19～23届"希望杯"全国数学邀请赛试题审题要津详细评注(初二、初三版)	2014－03	38.00	334
第19～23届"希望杯"全国数学邀请赛试题审题要津详细评注(高一版)	2014－03	28.00	335
第19～23届"希望杯"全国数学邀请赛试题审题要津详细评注(高二版)	2014－03	38.00	336
第19～25届"希望杯"全国数学邀请赛试题审题要津详细评注(初一版)	2015－01	38.00	416
第19～25届"希望杯"全国数学邀请赛试题审题要津详细评注(初二、初三版)	2015－01	58.00	417
第19～25届"希望杯"全国数学邀请赛试题审题要津详细评注(高一版)	2015－01	48.00	418
第19～25届"希望杯"全国数学邀请赛试题审题要津详细评注(高二版)	2015－01	48.00	419
闵嗣鹤文集	2011－03	98.00	102
吴从炘数学活动三十年(1951～1980)	2010－07	99.00	32
吴从炘数学活动又三十年(1981～2010)	2015－07	98.00	491
物理奥林匹克竞赛大题典——力学卷	2014－11	48.00	405
物理奥林匹克竞赛大题典——热学卷	2014－04	28.00	339
物理奥林匹克竞赛大题典——电磁学卷	2015－07	48.00	406
物理奥林匹克竞赛大题典——光学与近代物理卷	2014－06	28.00	345
历届中国东南地区数学奥林匹克试题集(2004～2012)	2014－06	18.00	346
历届中国西部地区数学奥林匹克试题集(2001～2012)	2014－07	18.00	347
历届中国女子数学奥林匹克试题集(2002～2012)	2014－08	18.00	348

哈尔滨工业大学出版社刘培杰数学工作室 已出版(即将出版)图书目录

书　名	出版时间	定　价	编号
数学奥林匹克在中国	2014—06	98.00	344
数学奥林匹克问题集	2014—01	38.00	267
数学奥林匹克不等式散论	2010—06	38.00	124
数学奥林匹克不等式欣赏	2011—09	38.00	138
数学奥林匹克超级题库(初中卷上)	2010—01	58.00	66
数学奥林匹克不等式证明方法和技巧(上、下)	2011—08	158.00	134,135
他们学什么——东德中学数学课本	即将出版		658
他们学什么——英国中学数学课本	即将出版		659
他们学什么——法国中学数学课本(一)	即将出版		660
他们学什么——法国中学数学课本(二)	即将出版		661
他们学什么——法国中学数学课本(三)	即将出版		662
高中数学题典——集合与简易逻·函数	2016—07	48.00	647
高中数学题典——导数	2016—07	48.00	648
高中数学题典——三角函数·平面向量	2016—07	48.00	649
高中数学题典——数列	2016—07	58.00	650
高中数学题典——不等式·推理与证明	2016—07	38.00	651
高中数学题典——立体几何	2016—07	48.00	652
高中数学题典——平面解析几何	2016—07	48.00	653
高中数学题典——计数原理·统计·概率·复数	2016—07	48.00	654
高中数学题典——算法·平面几何·初等数论·组合数学·其他	2016—07	68.00	655

联系地址:哈尔滨市南岗区复华四道街10号　**哈尔滨工业大学出版社刘培杰数学工作室**

网　　址:http://lpj.hit.edu.cn/

邮　　编:150006

联系电话:0451—86281378　　13904613167

E-mail:lpj1378@163.com